高等院校城市地下空间工程专业"十二五"规划教材

城市地下空间工程导论

主编　曹　平　王志伟
主审　陈志龙

中国水利水电出版社
www.waterpub.com.cn

内 容 提 要

本书是高等院校城市地下空间工程专业“十二五”规划教材之一。城市地下空间工程专业主要培养城市地下空间开发利用的规划、设计、研究、开发利用、施工等领域的技术和管理人才。城市地下空间工程导论是该专业的综合性、引导性课程，本书是快速了解城市地下空间工程专业的综合性教材，简要介绍城市地下空间开发利用政策与法规、城市地下空间规划、城市地下空间利用形态、城市地下工程结构设计、城市地下工程施工、城市地下空间工程监测、城市地下工程施工设备、城市地下空间环境控制和地下空间工程灾害防护与安全技术等方面的内容。根据各学校的教学计划安排，课时可以安排为8～24学时。

本书适用于城市地下空间工程专业的教学，以及城市地下铁道、地下隧道与管线、基础工程、地下商业与工业空间、地下储库等工程的设计、研究、施工、管理、投资、开发等部门从事技术或管理工作的人员参考。

图书在版编目（CIP）数据

城市地下空间工程导论 / 曹平，王志伟主编. -- 北京：中国水利水电出版社，2013.10(2024.3重印)
高等院校城市地下空间工程专业“十二五”规划教材
ISBN 978-7-5170-1299-3

Ⅰ. ①城… Ⅱ. ①曹… ②王… Ⅲ. ①城市规划－地下工程－高等学校－教材 Ⅳ. ①TU94

中国版本图书馆CIP数据核字(2013)第236139号

书　　名	高等院校城市地下空间工程专业“十二五”规划教材 **城市地下空间工程导论**
作　　者	主编　曹平　王志伟　主审　陈志龙
出版发行	中国水利水电出版社 （北京市海淀区玉渊潭南路1号D座　100038） 网址：www.waterpub.com.cn E-mail：sales@mwr.gov.cn 电话：(010) 68545888（营销中心）
经　　售	北京科水图书销售有限公司 电话：(010) 68545874、63202643 全国各地新华书店和相关出版物销售网点
排　　版	中国水利水电出版社微机排版中心
印　　刷	北京市密东印刷有限公司
规　　格	184mm×260mm　16开本　15.5印张　368千字
版　　次	2013年10月第1版　2024年3月第6次印刷
印　　数	12001—14000册
定　　价	**48.00**元

凡购买我社图书，如有缺页、倒页、脱页的，本社营销中心负责调换

丛书编委会

主　　任： 李夕兵　李术才

副主任： 陈国兴　唐礼忠　陈志龙　范留明　徐　颖
杨双锁　宋玉香

委　　员：（按拼音排序）
陈海明　丁德馨　胡建华　蒋　刚　王　瑶
王志华　王志伟　徐洪钟　朱建明

编辑办公室

主　　任： 李　亮

成　　员： 王志华　徐帮树　胡建华

本册编委会

主　　编： 曹　平　王志伟

副主编： 徐帮树　郭金敏　林　杭　崔光耀　李地元
高　春

参　　编： 朱良成　张乐文　武　科

主　　审： 陈志龙

序

1991 年在东京召开的地下空间国际学术会议通过的《东京宣言》指出："二十一世纪是地下空间开发利用的世纪"。如何建设具有中国特色的资源节约型、环境友好型城市，以及具有高防灾减灾水平的城市，成为我国城市建设面临的重大问题。解决该问题的关键在于运用先进的城市规划理论，先进适用的科学技术进行城市的规划、建设和运营，必须充分开发利用城市地下空间。

城市地下空间工程专业是为适应我国城市建设的新特点而诞生的新兴专业，并将在解决"城市综合症"、改善城市综合条件，建设环境宜人、交通便捷、设施先进齐全的生态型城市，提升国家社会发展水平中发挥重要作用，把该专业办好、办出特色，对提高我国现代化城市建设水平有着重要的积极意义。

为了加快城市地下空间工程专业的建设与发展，至今已经连续三年举行了全国城市地下空间工程专业建设研讨会，围绕城市地下空间工程专业的办学经验、专业特色、人才培养模式、专业系列教材建设、毕业生就业去向等问题进行了广泛、深入的探讨与交流，参会高校代表普遍认为，鉴于设置城市地下空间专业的高校背景差异较大，涉及矿业、核能、交通、建筑、水利、铁路等不同行业，目前尚缺乏专门针对城市地下空间专业出版的合适教材，有必要针对该专业的内涵与特点，编写特色明显的高等院校城市地下空间专业系列核心课程教材。中国水利水电出版社组织部分城市地下空间工程专业的教授，对城市地下空间工程专业的教材建设进行研讨，并组织编写《高等院校城市地下空间工程专业"十二五"规划教材》。为了保证教材编写质量，组织成立了该系列教材编审委员会，汇集了全国设置城市地下空间工程专业或方向的学术带头人及学术骨干，具有广泛的代表性，并聘请了一批学术造诣深、工程经验丰富的专家作教材主审。首批即将出版的 7 本教材《城市地下空间工程导论》、《城市地下工程灾害与防护》、《城市地下空间规划》、《城市地下工程监测技术》、《岩石力学》、《地下工程施工技术》、《地下空间结构》，都是经过各高校代表广泛沟通、协商并达成共识，适应面较广、急需出版的教材，教材编写达到“学校优势互补，质量上乘”的目标。

该系列教材将于2013年10月起陆续出版。我相信，该系列教材的出版对我国城市地下空间工程专业的发展和教学质量的提高及人才培养必将起到重要的推动作用，为我国城市建设和社会发展作出重要贡献。对该系列教材的面世表示祝贺，并希望在编委会主任、副主任的指导下，各位作者能精益求精，写出更好、更多的特色优质教材。

国际岩石力学学会主席
中国岩石力学与工程学会主席
中国科学院武汉岩土力学研究所　冯夏庭

2013年9月于武汉

前言

城市地下空间工程专业主要培养城市地下空间开发利用的规划、设计、研究、开发利用、施工等领域的技术和管理人才。城市地下空间工程导论是该专业的综合性、引导性课程。本书是高等院校城市地下空间工程专业“十二五”规划教材之一，是快速了解城市地下空间工程专业的综合性教材，书中介绍了城市地下空间开发利用政策与法规，城市地下空间规划，城市地下空间利用形态，城市地下工程结构设计，城市地下工程施工，城市地下空间工程监测，城市地下工程施工设备，城市地下空间环境控制，以及地下空间工程灾害防护与安全技术等方面的内容。根据各学校的教学计划安排，课时可以安排为8～24学时。

城市地下空间工程专业是根据我国城市发展趋势、新时期城市建设对人才的需要而设立的新专业，在充分利用资源与能源、提升国家经济与社会发展水平、改善城市综合条件和加快国家现代化建设等方面发挥了重要作用。近年来，大型建筑向地下的自然延伸发展到多功能地下综合设施，如地下街、地下城、地下市政设施，从单纯的交通设施、地下供水、排水管网发展到地下大型供排水系统、地下大型能源供应系统、地下大型污水处理系统、垃圾的地下处置系统和地下综合管线廊道，同时也出现了相当数量的地下图书馆、会展中心、体育馆、音乐厅、大型实验室、地下文化娱乐设施等大型地下公共建筑。地下空间的环境控制、防灾措施、安全设施以及运营管理水平都达到了较高水平。

城市地下空间工程是城市系统的具有独特性质的有机组成部分，具有独立的理论体系与技术体系，它不仅涉及一般土木工程的属性，而且更具有与地下特定的物理力学、人文心理、社会与生产功能等属性，涉及城市地理信息系统、城市规划系统工程学、城市地下建筑学、城市地下空间结构稳定理论与技术、城市地下工程施工技术、城市地下与地面一体化系统、地下环境科学、安全维护与运营管理学、投资经营管理学等领域。城市地下空间工程专业涉及面广泛，本书结合该专业本科生的培养要求，对其中的部分内容进行简要的综合介绍。

本书由中南大学曹平、哈尔滨学院王志伟担任主编。教材编写分工如下：

中南大学曹平编写第1、第9章，哈尔滨学院王志伟编写第2章，上海市政工程设计研究总院（集团）有限公司朱良成、山东大学张乐文、武科编写第3章，中南大学李地元编写第4章，山东大学徐帮树编写第5章，中南大学林杭编写第6章，河南城建学院郭金敏编写第7章，北方工业大学崔光耀编写第8章，哈尔滨学院高春编写第10章。中南大学的李凯辉、陈瑞文、王琪、王涛，山东大学的张明伟、北方工业大学的吕志做了部分整理和文字工作。全书由曹平统稿。

本书内容丰富、涵盖面广、可读性强，适合城市地下空间工程专业本科教学使用，可供土木工程、水利工程、铁道工程、矿山工程、国防工程等专业使用和参考，也可供城市地下空间工程、市政工程等领域的规划、设计、施工和管理的工程技术人员使用和参考。

由于编者水平所限，书中不当之处恳请读者和各方面专家批评指正。

编者

2013年6月

目　录

第1章 绪　论

1.1 城市地下空间工程的概念、范畴及特征

城市地下空间是指城市规划区内地表以下的空间。城市地下空间工程是指在城市地下空间的土体或岩体中修建各种类型的地下建筑物或结构物的工程，它是一门涉及范围广阔的综合性学科，是实现高效、文明、舒适和安全的现代化城市的重要组成部分。城市地下空间工程一般包括：①交通运输方面的地下铁道、公路隧道、地下快车道；②城市基础设施，如地下的过街通道、地下的停车场、综合管廊（共同沟）等；③商业地产工程如地下商业街、购物广场、娱乐广场；④工业与民用方面的各种地下制作车间、电站、各种车房；⑤人防市政地下工程；⑥文化、体育、娱乐与生活等方面的联合建筑体。

地下空间具有以下特征：①具有良好的热稳定性和密闭性；②具有良好的抗灾和防护性，能满足重点设防城市的基本战备要求，良好的防护性能可免遭或减轻包括核武器在内的空袭、炮轰、爆破的破坏，也能较有效地抗御地震、飓风等自然灾害以及火灾、爆炸等人为灾害；③施工条件较复杂，通常，地下建筑的造价要比同类地面建筑高出1～3倍，且建设周期较长，施工较复杂；④一旦开发就很难改变，是一种不可再生的自然资源。

1.2 地下空间利用的发展历史与现状

1.2.1 地下空间发展历史

人类对地下空间的利用是与人类文明史相呼应的，经历了一个从自发到自觉的过程。推动这一过程的原因：一是人类自身的发展如人口的繁衍和智能的提高，二是社会生产力的发展和科学技术的进步。从历史的角度可以将人类对地下空间的利用史划分为四个时代。

第一时代：从人类出现到公元前3000年的远古时期。人类利用天然洞穴作为居住处所。考古学家发现距今3万年前被称为“新洞人”和“山顶洞人”的两种古人类居住地址，就在北京周口店龙骨山自然条件较好的天然岩洞中。黄河流域已发现公元前8000～前3000年的洞穴遗址7000余处，其中最早的是河南新郑裴李岗及河北武安磁山的窑址和窑穴。中国古代文献也有记载如《易・系辞》谓“上古穴居而野处”，《礼记・礼运》谓“昔者先王未有宫室，冬则居营窟夏则居曾巢”，宋代郑刚中《西征道呈记》描述了北宋末年陕西境内有长达数里、曲折复杂的窑洞。在日本、欧洲、美洲、西亚、中东、北非等地也都发现了古人类居住洞穴。在我国河南、陕西、山西、甘肃等省的黄土地区，土壤具有含水少、湿度不大、冬暖夏凉、施工便利等一系列优越性，人们为了适应地质、地形、气候和经济条件建造了各种窑洞式住宅，如图1-1所示。目前仍约有3500万～4000万人

居住在窑洞中，其中以豫西的河南荥阳至渑池一带较为典型。

图1-1 西北黄土高原窑洞

第二时代：从公元前3000年至5世纪的古代时期。公元前3000年以后世界进入了铜器和铁器时代，劳动工具的进步和生产关系的改变导致生产力有很大发展，出现了古埃及、希腊、罗马及古代中国的高度文明。人类对地下空间的利用从单纯的居住进入了更广的领域。埃及金字塔、巴比伦幼发拉底河引水隧道均为这一时代的建筑典范。

第三时代：从5世纪至14世纪中世纪时期。欧洲在中世纪经历了封建社会最黑暗的千年文化低潮，地下空间的开发利用也基本上处于停滞状态。在这一时期我国地下空间的开发多用于建造陵墓和满足宗教建筑的一些特殊要求，用于屯兵和储粮的地下空间也有建造。隋朝（7世纪）在洛阳东北建造了面积达600m×700m的近200个地下粮仓，其中第160号仓直径11m，深11m，容量445m^3，可存粮2500～3000t。自4世纪中叶佛教传入我国后相继建成著名的云冈石窟、龙门石窟（北魏）、敦煌莫高窟（从北魏到隋、唐、宋、元各朝）以及甘肃麦积山石窟和河北邯郸响堂山石窟（北齐）等，这些石窟岩洞形成了大型的雕刻艺术空间。

第四时代：从15世纪开始的近代和现代。从15世纪开始欧洲出现文艺复兴产业革命、科学技术开始走在世界的前列，地下建筑工程迅速发展。1613年建成伦敦地下水道，1863年伦敦建成世界第一条城市地下铁道，1900年国际博览会时巴黎第一条地铁线路正式起用，然后地下系统扩展成一个巨大的城市网络。使用地铁的人次从第一年的5500万增长到1913年的4.5亿。各类地下电站也迅速增长，其中地下水力发电站的数日全世界已超过400座，其发电量达45亿W以上。原苏联的罗戈水电站，土石方量510万m^3，混凝土用量160万m^3，开凿的隧道、洞室294个，总长度达62km。我国在十分薄弱的基础上开始了地下水电站建设，经过最近半个多世纪的发展，电站的规模和技术水平都有很大的跨越，取得了巨大成就。据统计，80年代建设的坝高超过100m的8座水电站中，采用地下厂房布置的有2座，装机容量都超过50万kW。20世纪90年代开始了以黄河小浪底和长江三峡工程为标志的向大江大河进军的水电发展新时期，先后上了一批高坝大库项目。

1.2.2 国外地下空间的利用现状

近年来，随着城市可持续发展需要的增加和科技技术水平的巨大进步，地下空间的理念越来越被更多的国家认可和实施。国际上把21世纪作为“人类开发利用地下空间的年代”。美国、瑞典、挪威、加拿大、芬兰、日本和前苏联国家在城市地下空间开发利用领域已经到达相当规模的水平。

1. 北美

美国有数百个覆土住区，一些大学图书馆、办公建筑以及农业仓储空间设置在地下。如美国明尼阿波利斯市南部商业中心的地下公共图书馆。哈佛大学、加州大学伯克利分校、密歇根大学、伊利诺伊大学等处的地下、半地下图书馆较好地解决了与原馆的联系，并保存了校园的原有面貌。这种现象首先开始于20世纪70年代，适逢能源危机之时，它由关注环境而引发主要关注覆土建筑的发展，建筑被大约2～3m厚的土层覆盖，目的是创造有效的绝热。其中一个最普遍的利用地下空间的用途是覆土类居所以及一些其他用途。非居住的地下空间利用的发展重点放在商业、仓储、办公、停车以及宗教、娱乐和农业设施等方面。

加拿大的多伦多地下步行道系统在上世纪70年代已有4个街区宽，9个街区长，在地下连接了20座停车库、很多旅馆、电影院。目前，这个入口处标有彩色的“PATH”标志的地下城，入口遍及市中心金融区的街道各处，长达27km的通道连接起伊顿购物中心（Eaton Centre）和联合火车站（Union Station），内有1200多家商店，还有餐厅和美容院等众多设施。此外该地下城还连接着市政厅、联邦火车站、证券交易所、5个地铁车站和30座高层建筑的地下室，如图1-2所示。北美几个城市的地下步行道系统说明，在大城市的中心区建设地下步行道系统，可以改善交通、节省用地、改善环境，保证了恶劣气候下城市的繁荣，同时也为城市防灾提供了条件。

图1-2 加拿大的多伦多地下城内景

2. 欧洲

北欧地质条件良好，是地下空间开发利用的先进地区，特别是在市政设施和公共建筑方面。负担瑞典南部地区供水的大型系统全部在地下，埋深30～90m，隧道长80km，靠重力自流。芬兰赫尔辛基的大型供水系统，隧道长120km，过滤等处理设施全在地下。挪威的大型地下供水系统，其水源也实现地下化，在岩层中建造大型贮水库，既节省土地又减少水的蒸发损失。瑞典的大型地下排水系统，无论在数量上还是处理率上，在世界上处于领先地位，瑞典排水系统的污水处理厂全在地下，仅斯德哥尔摩市就有大型排水隧道200km。拥有大型污水处理厂6座，处理率为100%，在其他一些中、小城市，也都有地下污水处理厂，不但保护了城市水源，还使波罗的海免遭污染。

莫斯科地铁是世界上规模最大的地铁之一，它一直被公认为世界上最漂亮的地铁，享有“地下的艺术殿堂”之美称。地铁站除根据民族特点建造外，还以名人、历史事迹、政治事件为主题而建造，地铁站的建筑造型各异、华丽典雅。莫斯科地铁系统相当发达，是世界上客运量最高的城市，每年达26亿人次，在多达四条线路相汇处，乘客可以最少的时间达到换乘的目的。此外俄罗斯的地下共同沟也相当发达，莫斯科地下有130km的共同沟，除煤气管外，各种管线均有，只是截面较小（3m×2m），内部通风条件也较差。

著名的“大卢浮宫计划”在无扩建用地、原有建筑必须保持的情况下，设计者美籍华人贝聿铭先生利用拿破仑广场下的地下空间容纳了全部扩建内容，成功对古典建筑进行了现代化改造，整个地下空间深14m，地下3层面积73万m^2，主要包括：入口大厅、剧场、餐厅、商场、文物仓库及可容纳600辆小汽车、80辆大巴的地下停车场。

瑞士的军事设施包括地下通讯中心、地下档案馆、地下储油和其他避难设施，它们不仅能起到防护的用途，同时也很好地满足了社区的生活需要。世界各国还修建了大量的地下贮藏库，其建造技术得到不断革新。欧洲多国将在未来15年内建设一批地下深层储存库，用来“永久”埋藏高放射性核废料。这些国家包括法国、瑞典和芬兰，而瑞士和英国也准备效仿此举。

3. 日本

日本在20世纪30年代就开始建设地下商业街，1957年东京第一条商业街建成。目前在26座城市构筑了146条地下街及商业用途的建筑地下空间，面积已达150万m^2。日本新宿地下街规模宏大，全长6790m，两侧的地下商场与地面建筑相连并通过地下步行道与其他的4个地下街联系起来，可以说是20世纪利用地下空间的优秀杰作。除商业设施外其他的公共设施也相继转入地下，如公共图书馆和大学图书馆、会议中心、展览中心以及体育馆、音乐厅、大型实验室等地下文化体育教育设施。日本是世界上兴建地下共同沟数量居于前列的国家之一。1926年，日本开始建设地下共同沟，到1992年，日本已经拥有共同沟长度约310km，而且在不断增长过程中。在地下高速道路、停车场、共同沟、排洪与蓄水的地下河川、地下热电站、蓄水的融雪槽和防灾设施等市政设施方面，日本充分发挥了地下空间的作用。

1.2.3 中国地下空间利用现状

我国城市地下空间大规模开发利用始于20世纪60年代后期的人防工程。大规模兴建人防工程主要的出发点是备战，而且几乎所有的地下工程都按“三防”要求建设，都是“防护空间”。与美国和欧洲各大城市相比，中国的地下空间发展大约滞后100年甚至更久。目前我国是世界城市地下空间开发利用的大国，特大城市地下空间开发利用的总体规模和发展速度已居世界同类城市的先进行列。

目前，我国内地已有北京、上海、天津、重庆、广州、深圳、武汉、南京、沈阳、长春、大连、成都、西安、昆明、苏州、杭州和佛山等城市累计开通64条城市轨道交通运营线路（含地铁、轻轨线路，不含磁浮），运营车站1291座，运营总里程2008km，其中北京442km、上海435km、广州222km、深圳176km、重庆131km、天津131km。目前北京全市轨道交通路网的日客运量已经突破1000万人次。

我国香港地铁（Mass Transit Railway，简称MTR）是香港的城市轨道交通系统，由地铁有限公司（MTR Corporation Limited）营运。自1979年开通以来，香港地铁已经发展成有8条路线，全长90.9km的铁路系统网络。系统共有52个车站，其中14个为转车站。台北捷运即地铁，台北的捷运系统在20世纪90年代初期开始规划建设，1996年第一条捷运线正式通车。目前共有6条线路，总长度67.2km，平均每日的载客量达到95万人次。

除地铁外，北京、上海、天津、广州、深圳、南京、青岛、无锡等诸多经济强市已经建立了大量的人防工事、地下商场和地下停车场、高层建筑地下室和少部分市政管线廊道（共同沟）、地下排洪沟等，并且仍在不断地扩大和完善地下空间系统。规模较大的有：上海人民广场地下商城、上海徐家汇地下商业街、北京西单地下商城等一批工程。目前各大城市都在规划建设大型的地下建筑综合体以拓展城市空间容量，解决城市面临的诸多问题。我国大陆地区于1958年在北京天安门广场下建设了第一条共同沟之后，共同沟的建设一直没有得到有力地推动。总结国内外共同沟建设的发展经历，制约我国共同沟建设的因素主要有三个：一是没有相应的法律法规，限制了共同沟在我国的快速发展；二是共同沟前期的建设成本较高，限制了共同沟的广泛应用；三是我国目前市政基础设施的管理与运营机制为各自为政的模式，而共同沟则需要统一管理、统一运营，两者之间形成了矛盾，限制了共同沟的发展。

尽管我国目前的地下空间利用有了发展，但也应该看到我们的工程“含金量”并不是很高。和西方发达国家相比，我们对地下空间的利用水平还相对落后。国外地下空间利用发展的主要趋势是综合化，而我国的建设往往显得形式单一，利用率不高。我国城市地下建筑空间主要存在以下一些问题。

1. 缺乏长期、综合规划

国外大城市的地下空间开发一般是结合城市交通和基础设施的改造起步，而我国则由于历史原因，城市地下开发的主体始于人防工程，建设形成了相对独立的体系并且长时期内没有纳入城市的总体规划。再加上地下空间规划编制没有相应的规范和标准，在中国城市规划领域，地下空间规划仍然属于一个新兴课题，其发展历程并不长。所以，到目前为止，中国仍然还没有颁布任何国家性质的地下空间规划编制规范和技术标准。这就造成了缺乏统一的规划，在功能上比较单一，空间形态呈分散、点状和浅层布局等一系列问题。各院所及相关地下空间研究机构对于城市在地下空间规划的编制深度、阶段把握、技术方法等方面还处于各自摸索阶段，也未统一。

2. 空间环境差、缺乏人性化设计

首先外部空间形象单调不具艺术魅力。外观缺乏统一的形象、出入口不明显、地上显现物布置分散等等不利于人们识别和对空间内部布局的整体把握。从外部空间进入地下空间时缺乏过渡空间的处理，没有很好地考虑到人的心理因素加剧了人们的恐惧心理。其次多数地下人防空间尺度小而封闭通风差、自然光线不足、湿度大、空气污浊、环境恶劣不适宜长期的工作与生活。内部空间可识别性差、缺少与外界的联系，从而极易使人迷失方向造成人们的情绪不稳定和恐惧。

1.3 城市地下空间工程专业的兴起与建设

1.3.1 我国城市地下空间工程具有巨大的发展前景

在城市发展的诸多矛盾中，最突出的矛盾是人口的增长。在上世纪初，世界人口仅有

18亿，1987年已经达到了50亿，1999年世界人口上升到60亿。2011年全球第70亿个宝宝降生，预计2050年时将突破100亿。与此同时居住在城市的人口增长更快，特别在发展中国家，人口增长速度平均为2%以上，而城市人口的年增长速度为4%，相差约一倍。以此推算，到2025年，发展中国家人口将为77.7亿，其中城市人口为56.8亿，城市化水平将上升到73%。为了现有城市用地状况的改善，需要扩大用地近60万km^2，在耕地以每年700万～900万亩的速度减少的情况下，这样的扩大城市用地显然是不合理的。因此，不论是为了现有城市状况的改善，还是为了未来的发展，城市化都不是仅仅依靠扩大城市用地来实现，而必须寻求新的途径，做到既扩大城市空间，又不多占用土地；既节约资源，又能使城市生活现代化；既保持城市传统风格，又充分利用新技术革命的成果。

开发利用城市地下空间是对目前城市问题的富有远见的一种解决方案。首先，在原有基础上发展新技术要比开发宇宙技术和海上技术容易得多；其次，开发陆地以下地下空间的最大优势在于不脱离原来的土地和原有的城市，地下空间可与城市上部空间得到协调的发展。

地铁建设方面，借鉴发达国家的发展经验，人均GDP达到2000美元之后，就具备利用城市地下空间的能力和条件。根据国务院批准地铁建设的基本要求，目前全国有近50个城市可以建设地铁，我国地下空间工程建设未来发展有着巨大潜力。到2015年，全国地铁运营里程将达到3000km，2020年将有40个城市建设地铁，总规划里程7000km，是目前总里程的4.3倍。与此同时，中国城市轨道领域的相关装备企业也步入了发展的黄金时期。中国已成为世界最大的城市轨道交通建设市场，可见城市地下空间建设的发展空间和市场非常巨大，将吸引大量的资金和人力资源投入。

地下综合体建设和共同沟建设方面，我国各大城市都开始广泛兴建地下综合体，高效的把地下交通枢纽同地下商场、步行街等商业设施结合起来。既方便了大众又充分利用了城市空间。近年来，国内许多城市都在积极创造条件规划建设共同沟，建成的共同沟主要分布在上海、广州、北京等大城市，其中规模最大的当属广州大学城共同沟，长达17.4km。目前我国共同沟系统还处于发展初期，一些相关的法规和政策还有待完善。随着政府对地下空间开发利用的重视，共同沟的发展将在各城市兴起。将共同沟系统网络与城市道路、地铁网络进行统筹规划与建设，将成为城市发展与升级的重要契机。

在今后很长的历史时期内，地下空间的开发利用都将成为与人类社会生活密不可分的内容，成为城市发展和建设的有机组成部分。现代地下空间利用越来越呈现多样化，地下空间不会只局限于仓库、车库和基础设施，大量的实际优势带来的一些其他建筑类，如地下学校、图书馆、购物中心、交通系统、艺术馆和防御掩蔽等，正在为人类开拓新的生存空间的努力中发挥重要作用，有着广阔的发展前景。

1.3.2 城市地下空间工程专业技术人才紧缺

根据前面所述，城市地下空间工程可以突破城市可持续发展面临的困境，城市地下空间建设的发展空间和市场是非常巨大的，将吸引大量的资金和人力资源投入，而城市地下空间工程专业是根据我国城市发展的趋势和当前以地铁为代表的城市地下工程人才匮乏的实际情况而设立的新专业，随着中国进入第三波地铁建设高潮，城市现代化建设急需大量受过城市地下空间工程专业知识系统教育的人才，必须从现在开始，培养满足城市地下空间利用的专业技术人才。城市地下空间工程方面所缺人才的60%为专业人才，其中70%来自学校培养，而我国目前培养城市地下空间工程专业人才的院校不多，被称为物以稀为贵的专业。供需矛盾突出，据专家预测，到2016年我国将新建轨道交通线路89条，以上述标准共需地铁行业各类人才11.7万人。因此，中国以地铁建设为龙头的城市地下空间工程专业教育与实际需求间存在较大缺口，急需通过高等教育培养高级专门技术人才。

1.3.3 城市地下空间工程专业

1. 城市地下空间工程专业建设

为适应国家经济和社会发展对城市地下空间工程专业人才培养的需要，1992年国家教委批准，中南工业大学正式开办“城市地下建筑工程”本科专业，2001年经教育部批准中南大学创办了“城市地下空间工程”本科专业，专业代码为080706W，专业类别属土建类。2012年版普通高等学校本科专业目录将“城市地下空间工程”列为特设专业，专业代码为081005T，专业类别属土木类。至2012年，已有中南大学、山东大学、东南大学、南京工业大学、安徽理工大学、南华大学、山东建筑大学、太原理工大学、西南石油大学、石家庄铁道大学、北方工业大学、河北工程大学、昆明理工大学、山东建筑大学、哈尔滨学院、河南城建学院、吉林建筑工程学院、徐州工程学院、湖南城市学院等25所大学开办了城市地下空间工程专业，2013年将有哈尔滨工业大学、郑州大学等7所大学开办城市地下空间工程专业。

2. “城市地下空间工程专业”与国家经济社会发展

“城市地下空间工程专业”是为适应新时期城市建设的新特点而诞生的新兴专业，在充分利用资源与能源、提升国家社会发展水平、改善城市综合条件和加快国家现代化建设中发挥了重要作用，专业的招生、就业情况非常好，把该专业办好办出特色，对提高我国城市建设水平有着重要的积极意义。进入新世纪以来，特别是近年来“城市地下空间工程专业”得到了长足的发展，经过多年的建设和发展，我国城市地下空间工程的应用领域不断增加，工程规模进一步扩大，对城市地下空间工程专业人才的培养提出了更高的要求。

目前，我国城市化和城市现代化的进程明显加快，城市人口大量聚集、人口众多的城市迅速增多，土地资源日趋紧张，城市现状的土地资源和地面空间布局已难以适应现代化城市建设和人民群众日益丰富的物质文化生活的需要，充分开发和利用地下空间呈必然趋势。城市地下空间系统化开发的首要任务如地铁、地下汽车和人行通道网。比如100万人口以上城市地铁已经成为现代解决中心城区交通的首选方式，并成为城市现代化的重要标志。随着城市地下空间资源大规模的开发利用，需要大量的从事城市地下空间建设的专业技术人才。

3. “城市地下空间工程专业”的学科知识体系

城市地下空间工程是城市系统的具有独特性质有机组成部分，具有独立的理论体与技术体系，它不仅涉及一般土木工程的属性，更具有与地下特定的物理力学、人文心理、社会与生产功能等属性，即城市地下空间资源开发不仅涉及地下空间结构、开挖与稳定，还涉及众多学科知识，如：

（1）城市地理信息系统，包括人口、交通、生活、居住等各种数据系统，为城市地下空间规划提供基础资料。

（2）城市规划系统工程学，对城市系统的统计分析、分析预测、优化评价和规划。

（3）城市地下建筑学，包括地下空间的平面布局、空间组合、交通安排、建筑艺术效果、艺术处理、空间利用及装修技术等。

（4）城市地下空间结构稳定理论与技术，解决地下复杂的地质物理力学环境条件下工程结构的稳定性问题与优化设计。

（5）城市地下工程施工技术，解决城市既有建筑与基础设施复杂条件下的工程施工问题。

（6）城市地下与地面一体化系统，形成生活、生产、文化、商业、交通等网络系统科学。

（7）地下环境科学，包括地下设施运营环境及人员生理与心理环境，保证人员健康舒适。

（8）安全维护与运营管理学，建立检测、维护、安全事故应急处理技术以及信息系统。

（9）投资经营管理学，包括城市地下空间开发利用的投资体制、投资决策、经营管理等。

综上，城市地下空间的开发利用密切涉及社会科学、城市科学、土木工程科学、安全科学、人防科学、环境科学、工程经济学、心理学、生理学、机械电子与信息科学等众多学科，是一门综合交叉的新型学科。

1.4 城市地下空间发展的趋势与展望

1.4.1 地下空间开发利用发展趋势分析

1. 综合化

国外地下空间利用发展的主要趋势是综合化。其表现首先是地下综合体的出现，欧洲、北美和日本等一些大城市在新城区的建设和旧城区的再开发过程中都建设了不同规模的地下综合体，成为具有大城市现代化象征的建筑类型之一。其次，综合化表现在地下步行道系统和地下快速轨道系统、地下高速道路系统的结合以及地下综合体和地下交通换乘枢纽的结合。第三，综合化表现在地上、地下空间功能既有区分更有协调发展的相互结合模式。

2. 分层化与深层化

随着一些发达国家和先进城市的地下浅层部分已基本利用完毕，以及深层开挖技术和装备的逐步完善，为了综合利用地下空间资源，地下空间开发逐步向深层发展。如美国明尼苏达大学艺术与矿物工程系展馆的地下建筑物多达7层，加拿大温哥华修建的地下车库多达14层，总面积72324m²。以日本学者为主正在研究30m以下的深层地下空间利用的规划。深层地下空间资源的开发利用已成为未来城市现代化建设的主要课题。在地下空间深层化的同时各空间层面分化趋势越来越强。这种分层面的地下空间，以人及为其服务的功能区为中心，人、车分流，市政管线、污水和垃圾的处理分置于不同的层次，各种地下交通也分层设置以减少相互干扰，保证了地下空间利用的充分性和完整性。

3. 城市交通和城市间交通的地下化

城市交通和“高密度、高城市化地区”城市间交通的地下化将成为未来地下空间开发利用的重点。交通拥挤是21世纪不变的城市问题，城市道路建设赶不上机动车数量的发展也是21世纪城市发展的规律。发展高速轨道交通也就成为主要的选择。21世纪人类对环境、美化和舒适的要求越来越严格。人们的环境意识和对城市的环境要求将越来越加强和提高，以前修建的高架路或将转入地下，如美国波士顿1950年建成的中央干道已成功转入地下。地下高速轨道交通将成为大城市和高密度、高城市化地区城市间交通的最佳选择。

4. 先进技术手段的不断成熟和运用

随着地下空间开发利用程度不断扩展，超长超大隧道开挖以及遇到不良地层机会的增多，要求隧道开挖速度及开挖安全程度越来越高。预计在硬岩采用TBM开挖软岩中采用各种盾构的趋势将更加明显。由于地下空间开挖中定位和地质地理信息、勘察现代化的需要，GPS（卫星全球定位）、RS（遥感）和GIS（地理信息系统）技术在地下空间开发中的应用也将会得到越来越大的推广。

1.4.2 展望

在研究未来地下空间利用的时候，我们应以过去的经验和已经取得的成就为基础。因此，今后的地下空间利用，仍应遵循已被实践证明是正确的原则，例如：人在地上物在地下；人的长时间活动在地面，短时间活动在地下；以及先近后远、先浅后深、先易后难等原则。此外，如何完善中国城市地下空间规划的法律及规范体系是当前亟须解决的问题，也是未来地下空间规划发展的一个重要趋势。在现有地下空间研究与实践基础之上，制定地下空间规划编制规范和技术标准，将有效控制地下空间规划各层次的内容和深度；衔接地下空间规划与规划主干体系的关系；界定规划当中所需要的各项强制性指标和指导性意见。所以，未来中国城市地下空间需要符合国情的规范编制，在技术上探索新思想，在制度上规范编制内容，同时涉及人防、交通、投资、建设等多个领域。

1.5 本书内容及其特点简介

本书为城市地下空间工程专业编写的教材，比较全面地介绍了城市地下空间工程相关法规、建设技术和运营管理。内容包括：城市地下空间开发利用政策与法规、城市地下空间规划、城市地下空间利用形态、城市地下工程结构设计、城市地下工程施工、城市地下空间工程监测、城市地下工程施工设备、城市地下空间环境控制和地下空间工程灾害防护与安全技术。

城市化是全球发展的必然趋势。城市人口愈来愈多，修筑了大量的建筑设施，单靠地面空间已很难于容纳。为了城市化的发展能够拥有幽美清洁的环境，尽量减少破坏地面自然景观，不使城市地面建筑过分拥挤，应当充分考虑利用地下空间，达到地面空间、地下空间协调发展，相互配合，为提高城市居民的生活质量服务。对此，本书作了简要的论述，指明了开发利用地下空间是现代城市发展的必由之路，21世纪是人类开发利用地下空间的世纪，我国将进入大规模开发利用地下空间的时代。但我国针对城市地下空间开发利用的政策与法规还不尽完善，本书第2章介绍了相关的法律法规研究和现行的政策法规，可以帮助读者更好地掌握如何在我国环境下开发和利用地下空间。

在一些发达国家，城市地下空间的利用已占有相当大的比重。为此，本书第3章针对城市地下空间规划，介绍了城市地下空间资源评估、需求预测和总体布局形态。书中列举了许多实例和统计资料，很有参考价值，可以帮助人们树立正确的观念，在考虑城市规划建设时，能够有较广的思路，吸取有益的经验。

城市地下空间利用形态有很多种，各有特点，书中第4章列举的很全面，能够给人一个总体概念，简要地论述了地下轨道交通与快速交通、地下停车场、地下商业街、地下管网、地下储藏硐室、地下人防工程，非常全面、深刻、具体。

本书第5章是城市地下工程设计中的重点之一，比较详细地介绍了城市地下空间结构的类型、设计理论与方法、结构载荷、材料与构造、结构设计原则及内容，可供从事城市地下工程工作的技术人员参考使用。

地下空间与地上空间有很大的不同，修筑地下空间场地很受限制，地下水对地下建筑物的建设和营运影响很大，地下空间的封闭性使得采光采热是个问题，地下空间开挖后的不可逆性等问题，使得地下工程在建设中具有其自身特点。本书的第6章、第7章和第8章论述了城市地下工程施工、监测和施工装备。具体内容有：地下工程施工的基本内容、施工方法和施工实例；地下工程的监测方法，围岩压力和变形监测，支护结构内力和变形监测，施工监控及量测数据的分析与应用，地下空间工程监测与信息反馈实例；地下工程施工装备的类型与特点，施工设备的使用方法，施工装备的选用原则和内容。

本书讲述城市地下空间环境控制时，特别强调了环境质量评价标准、通风空调系统、噪声控制技术、采光及照明设计技术、节能控制与能量管理系统。在建设和运营中必须考虑环境和经济因素，投资少而效益大，不但要使工程安全可靠，而且要做到环境保护与经济合理，达到最优化的境界。

最后一章涉及地下空间工程灾害防护与安全技术，论述了地下空间灾害的分类特点和防灾减灾技术。

本章思考题

1. 请思考除了本书所写外的地下空间范畴及特征。

2. 请阅读课外资料，就某一特定方向，深入了解发达国家的地下空间发展和利用的现状并找出我国可以借鉴的地方。

3. 你认为地下空间未来的发展趋势是怎样的?

4. 我国目前在地下空间方面的法律法规还很不完善，请查找相关资料并指出需要改进的地方。

第 2 章　城市地下空间开发利用政策与法规

2.1　概述

地下空间如同地表土地和地下矿产一样，是一种宝贵的自然资源，需要法律保障合理、有序地开发利用，避免无秩序、无计划地乱挖、乱建引起的破坏和浪费。同时，地下空间利用的不可逆转性决定了制定和实施城市地下空间开发利用规划的严肃性。地下空间一旦被开发利用，地层结构将不可能恢复到原来的状态，已建地下建筑物的存在将影响到邻近地区的使用。因此，城市地下空间开发利用必须是合理、科学、慎重的决策，而要实现统一规划，统一管理和综合利用，必需首先立法，通过政策的引导，依照法律法规进行开发和保护资源。

目前应结合我国具体国情，建立起一套有利于保护和促进中国城市地下空间开发利用的立法体系。我国城市地下空间开发利用总体水平还处于较低的阶段，综合化利用水平不高，上下建筑贯通性差，市民步行不便利，空间环境不良，城市重要地区土地没有充分开发；缺乏合理规划、多头管理、产权模糊不清及技术标准不完善等问题，制约了地下空间开发的可持续发展。

目前城市地下空间开发的主要是浅层空间或次深层空间（－15m 以上），用作地铁、车库、通道、仓库、地下管道等，尚处于点状、线状开发阶段，分属建设管理部门、市政管理部门、交通管理部门、民防管理部门、管线管理部门等管理。由于各自为政，缺乏长远规划和综合协调，地下工程相互影响的事例层出不穷。就以地铁来说，随着建设规模不断扩大，出现了多处交叉换乘甚至四线多层换乘，中间站改成换乘站使改建成本加大，也使换乘距离过长。地铁与市政地下通道建设，与已有建筑的基础、地下管线的冲突也逐渐增多，甚至出现了多处废弃工程。分散的点状、线状开发或浅层、次深层地下空间开发的蜂拥而上，将带来深层地下空间资源的浪费。

我国城市地下空间的产权关系较模糊，民用房地产开发可利用地下空间的深度没有规定。日本规定房地产所有者拥有地下 40m 深度空间的所有权，40m 以下不得擅自开发利用。我国原建设部出台的《城市地下空间开发利用管理规定》涉及地下空间规划、地下工程建设和管理等方面的内容，但没有明确产权归属，没有涉及对地下空间的有偿使用、地下工程产权的取得、转让、租赁、抵押等。我国很多城市的地下车库等建、构筑物所有者只有使用权证，没有产权证，开发商无法用使用权证作抵押申请银行贷款。地下空间资源的产权关系不明确制约了地下空间开发的主动性。因此，必须通过立法解决地下空间不同深度产权归属问题。

相对于地面工程而言，地下工程建设的技术要求更高，特别是深层地下工程的施工难度大、防水等级高、结构安全度大，环境要求也越来越高。包括各类地下建筑的设计规范、施工规范、质量验收标准、内部环境标准、防灾标准等。如地下快速轨道交通系统（时速 120km 以上）、地下快速道路（时速 80km 以上）对建筑、结构、机电、消防、通风排烟、逃生、环境保护等的要求会有质的不同，需要修订和完善城市地下建筑现行的设计施工规范和质量验收标准，以适应地下空间开发利用的需要，促进地下工程技术的进步。

为了规范和引导城市地下空间的开发与利用，有必要对已有的法律法规进行梳理，清理不合时宜或者是阻碍高效开发利用地下空间的有关法规条文，细化国家政策和相关基本法中涉及地下空间开发利用的内容，补充完善相关法律法规。

2.2 城市地下空间开发利用的政策法规研究

随着社会经济的不断发展，城市化、工业化迅速推进，对土地的需求日益增加，城市建设用地日益紧缺，城市空间容量供需矛盾日渐突出。鉴于此，我国许多大中城市已从一味追求建筑高度和空间平面扩张的发展模式，调整为更加注重挖掘地下空间资源的三维发展模式。同时，许多大中城市也已陆续进入地下空间开发利用规模化、系统化、综合化的高速发展期。与此相对，我们在城市地下空间开发和利用方面的专门立法极为不足。要促进地下空间有序开发和持续利用，实现地上地下统筹同步开发，实现土地节约集约利用，必须加强城市地下空间开发利用的政策法规研究与制定。

2.2.1 城市地下空间政策法规研究的意义

城市地下空间作为宝贵的国有资源及其开发的不可逆性（即地下空间资源一旦被开发利用，地层结构就不可能恢复到原来的状态），决定了我国城市地下空间大规模开发利用必须用法律的形式加以保护。目前我国在城市地下空间开发利用方面的法律法规尚不健全，城市地下空间开发利用缺乏统筹规划，引导社会资金投入地下空间开发利用的鼓励措施不力，已建成地下空间的安全和环境措施有待改善。因此，对城市地下空间开发利用政策法规研究正当其时，其研究意义有以下几点。

（1）使地下空间规划更具统一性和前瞻性。

目前，城市地下空间的开发缺乏统一的、详细的规划，各行业按照各自的发展需要自行建造地下建筑，缺乏整体性和系统性。许多地下工程之间矛盾较多，综合效益不明显。现在比较突出的问题是政府主导实施建设的基础工程领域，大多各自施政，互不通气。例如各地市政工程局主管的人行过街地道、越江隧道等地下工程，在立项审批和开工建设后，很少考虑到其他配套设施的现行规划和长远安排，必将可能导致一项建设工程完工后，当与其他配套设施工程矛盾时，需要将新建成的工程进行第二次、第三次甚至更多次的开挖，造成大量民间所称的“拉链工程”。再如，一些政府部门关于高层建筑的桩基础高度没有进行合理的限制，导致在同一地区的高层建筑的地下桩基础情况千差万别，给地下铁道、地下管线、共同沟等延续性的工程建设造成新的障碍。除此之外，地下工程之间缺乏相关各方的配合，无法实现地下工程之间的连通，影响社会效应的最大化。例如，可以将地下车库、地下商业区相连通，互相利用，分散人流。因此，必须利用政策法规将地下空间在开发利用之前，统一进行规划，协调解决地下工程之间的匹配问题。

（2）明确地下建筑物的产权关系。

由于现行的政策法规没对地下建筑物和构筑物的产权关系进行明确规定，投资者建设地下建筑物和构筑物后拿不到产权证，无法进行产权转让，开发投资者的权益无法得到法律的保护，直接影响投资者的积极性。另一方面，由于没有法律法规对开发单位进行限制，开发单位极有可能从自身经济效益出发，对地下空间进行无限制的使用。通过城市地下空间开发利用政策法规明确地下建筑物的产权关系，不仅仅是对地下空间使用权利人合法权益的保障，也是对地下空间合理安全使用的保障。

（3）实现城市空间开发利用的可持续性。

在政策法规的指导下对城市地下空间进行合理有效的开发利用，可以使地层空间资源得到高效利用的同时，保留更多的地面空间进行城市绿化，减少城市污染、提高城市的环境质量，保护城市的历史风貌、增强城市的宜居性和可持续发展的能力。

总之，我国现行的政策、法律、法规，与如今蓬勃发展的城市地下空间利用现状差距极大，因此，构建具有前瞻性的、行之有效的城市地下空间开发利用政策法规乃当务之急。

2.2.2 完善我国城市地下空间开发利用政策法规体系的措施

第一，完善现有的法律体系。

目前，我国地下空间开发利用的相关法律还很不完善，法律间的相互衔接和法律的细化还存在不足。原建设部出台的《城市地下空间开发利用管理规定》只是一个部门规章，其主要内容是有关地下空间规划、地下空间的工程建设、地下空间的工程管理等方面。《中华人民共和国人民防空法》也只提及了人防工程建设与管理的有关规定。而地下空间的空间权问题，有偿使用问题，地下工程产权的取得、转让、租赁、抵押立法等问题都没有明确立法规定。目前，部分省市进行了这方面的探索，并出台了一些地方法规，但只能限于一般民事法律规范范畴，有些属于民事基本制度范畴的还需要国家法律来规定。当前，一方面要依据《城市规划法》、《土地管理法》、《人民防空法》、《矿产资源法》、《建筑法》、《环境保护法》、《军事设施保护法》、《物权法》、《城市地下空间开发利用管理规定》等法律、法规、规章和中央的方针、政策，制定从中央到地方的配套法律、法规。另一方面对已有的地方法规也要进行必要修改，如《房产登记管理办法》、《土地登记管理办法》等。

第二，建立配套的政策体系。

政府对社会进行公共管理的手段是多种多样的，可以运用政治、行政、道德、文化、法律等多种手段。但对于一个依法行政的政府来说，最科学、最民主、最有效的手段是建立健全配套的政策体系，对地下空间开发利用起到积极的引导作用、协调作用、控制作用和合理的分配作用。与城市地下空间开发利用相配套的政策主要包括以下这些方面：①鼓励性的政策。主要通过相关的财政政策、税收政策创造优惠条件和优先条件，形成明确的导向；②多渠道融资的政策。如允许地铁、地下街、大型地下综合体的多种建设模式和融资的政策；③协调方面的政策。如地下共同沟的多方合作建设的协调政策；④有偿使用的政策。如用于商业用途的地下空间开发，可以设定合理的地下空间使用权出让金，通过市场促进地下空间资源的合理配置和效益的发挥；⑤规划控制方面的政策，如通过规划条件的设置，解决相互连通问题，配套的地下工程数量问题，优先发展的项目问题。

第三，组织高效的管理体系。

地下空间开发利用战略目标的实现，需要实施战略性的管理。需要政府在地下空间开发利用中有合适的职能定位，有合理的组织结构，要注重发展战略和规划的制定，积极为市场的运作创造条件，善于利用非营利组织的作用，政府自身的管理也符合效率、效能、公平、责任的价值标准。

地下空间开发利用涉及政府众多部门，一方面相互之间的管理不衔接或衔接不够，另一方面各自为政，管理职能重复交叉。为理顺城市地下空间开发利用的管理架构，实现各部门的相互协调与衔接，要明确一个牵头部门和综合协调部门，与其他相关部门协调。

有些城市如上海、广州等成立统一管理机构的做法值得借鉴，其主要做法是以政府分管领导挂帅，以委员会的形式协调有关问题，处理相关事宜。委员会下设办公室，可由建设、规划或人防的某一部门来主持工作。主要职责是研究制定地下空间开发利用的发展战略、法规政策；监督法规政策的执行；规划的制定与审查、项目的审查与评估；收集科技情报；新技术推广；宣传教育等。同时，政府还应积极引导行业协会、研究咨询服务机构等非政府组织的成立和健全。使之一方面既能为企业提供信息、法律、政策、行业发展方面的咨询，又能协助政府办理具体事务，接受政府委托管理某种事务，沟通政府与企业间的联系，起到政府功能的放大效应，使政府宏观管理措施在微观的企业层次得以贯彻。

第四，确立严格的规划控制体系。

应编制完成城市地下空间开发利用专项规划，在此指导下，结合城市建设时序和地面的分区规划，全面制定分区规划。对近期项目尽快制定控制性详细规划或修建性详细规划。要提高规划控制体系的科学性，必须在规划编制前完成城市地下空间利用现状调查、地下空间资源量调查、地下空间需求量调查和分析，为地下空间资源的合理分配、使用，编制规划提供科学依据。逐步建立全方位、三维立体的地下空间现状及资源储备数据库，纳入城市地理信息系统。

第五，建立多渠道的投融资体系。

投融资政策包括稳定的政府财政投入和各项市政设施的规费收入的投入、地铁沿线土地的部分增值收益投入，发行建设债券，证券市场融资等。

我国目前地下空间开发利用的投资渠道比较单一，而地下空间开发利用，往往周期长，投资大，单靠政府财政支出显然力不从心。对于地铁、共同沟等大型地下公共基础设施建设，可以借鉴国内外的成熟经验，积极制订和实施这方面的政策。

第六，创新技术体系。

地下工程建设的技术要求相对于地面工程而言更高，特别是中深层地下工程的施工技术、地下空间内部环境优化技术和安全技术，在我国仅处于起步阶段。只有不断地技术创新，才能满足未来地下空间开发利用的需要，使地下空间更适于使用，地下工程造价更低，建设周期更短，施工时对周围环境影响更小。大中城市应加强这方面的人才队伍建设和培养，包括管理人才、施工人才、设计人才等。在科研院所、设计部门设立相应的研究机构，掌握国内外动态科研信息，结合本地特点进行相关研究，成为政府的决策智囊。

2.3　我国地下空间开发利用的法律体系与主要内容

城市地下空间开发利用是一项相当复杂的系统工程，带有很多的不确定性和不可逆性。现在随着城市不断向深度空间的发展，我国也将进入到城市地下空间开发利用的重要战略机遇期，如何加强对城市地下空间开发利用的控制与引导，如何实现地下空间利用的远近期协调和可持续发展，如何建立健全地下空间开发的法律体系，增强法律法规的可执行性，如何有序开发和优化管理都成为目前需要优先解决的问题。

2.3.1　地下空间开发利用法律体系框架

城市地下空间开发利用的问题产生缘由有两方面：一方面是由于经济迅速发展，人们对地下空间的利用逐渐频繁起来；另一方面在人们利用地下空间的同时，与土地所有权人权利相冲突，需要法律来专门规定地下空间权，以限制土地所有权人的权利。在此基础上就产生了城市地下空间开发利用的立法体系。

我国城市地下空间开发利用的法律体系，是以《宪法》、《物权法》、《城乡规划法》、《土地管理法》、《城市房地产管理法》、《建筑法》、《文物保护法》、《消防法》、《人民防空法》为依据，以城市地下空间开发利用的综合法律为龙头，以城市建设空间开发利用综合行政法规和各专项部门规章为主干，以城市建设空间开发利用地方法规和规章为重要组成部分而构成的庞大的、交错的法律、法规和规章的总和。其中行政法规、地方性法规及规章的区别如表 2-1 所示。

表 2-1　　行政法规、地方性法规及规章的区别

名　称		制定主体	备案与批准	性　质
行政法规		国务院	由国务院办公厅报全国人大常委会备案	由最高国家行政机关制定
地方性法规		省、自治区、直辖市人大及人大常委会；省、自治区人民政府所在地的市和经国务院批准的较大的市以及经济特区所在地的市人大和人大常委会	省、自治区、直辖市人大及人大常委会制定的地方性法规报全国人大常委会和国务院备案；较大的市人大和人大常委会制定的地方性法规报须报省、自治区的人大及人大常委会批准，并由其报全国人大常委会和国务院备案	由立法机关制定
规章	地方政府规章	省、自治区、直辖市人民政府；省、自治区人民政府所在地的市，经济特区所在地的市和经国务院批准的较大的市人民政府	地方政府规章报本级人大常委	由行政机关制定
	部门规章	国务院各部、委员会、中国人民银行、审计署；国务院直属机构	报国务院备案	由行政机关制定

我国城市地下空间开发利用的法律体系框架中，位于顶层具有最高的法律地位和效力

的是《物权法》、《城乡规划法》、《土地管理法》、《城市房地产管理法》、《建筑法》、《文物保护法》、《消防法》、《人民防空法》。这些法律是整个法律体系框架的核心和基础。

位于我国城市地下空间开发利用的法律体系中第二个层次是由国务院依法制定并颁发的属于国务院各行政主管部门下的主管业务范围内的各项行政法规。目前具有代表性的是《土地管理法实施细则》、《建设工程质量管理条例》、《建设工程安全生产管理条例》等。

第三个层次是由各省、自治区、直辖市及较大的市的人民代表大会及其常务委员会制定的地方性法规。地方法规有两类：一类是为贯彻落实国家法律法规而制定的地方法规，另一类是国家尚未制定法律或者行政法规的省、自治区、直辖市及较大的市根据地方的具体情况和实际需要先行制定的地方性法规。

第四个层次的是部门规章和地方政府规章，两者具有同等的效力，在各自的权限范围内实行。部门规章有《土地登记办法》、《房屋登记办法》、《城市地下空间开发利用管理条例》等。地方规章有《上海市城市地下空间开发建设用地审批和房地产登记试行规定》、《杭州市地铁建设管理暂行办法》等。

还有一个层次是地方的规范性文件。在地方暂未制定法规和规章的情形下，规范性文件对于规范本区域内特定的事项是很有必要的，如《福州市城市地下空间开发利用管理若干规定》。

2.3.2 我国地下空间开发利用法律体系的主要内容

我国地下空间开发利用法律体系的主要内容包括：地下空间及地下工程权利的设定、获取、转让、保护，权属的界定、登记以及地下工程按照规划建设，平战结合的规定、质量安全等规定。

由于整个法律体系内容繁多，主要介绍在我国地下空间开发利用法律体系框架下几部重要的国家及地方法律和法规。

1.《国务院关于促进节约集约用地的通知》

《国务院关于促进节约集约用地的通知》（国发［2008］3 号）是国务院文件，它首次在国家层面上提出鼓励开发利用地上地下空间，以提高土地利用率。

我国人多地少，耕地资源稀缺，在城市化快速发展时期，为切实保护耕地，大力促进节约集约用地的目标，应该按照合理布局、经济可行、控制时序的原则，统筹协调各类交通、能源、水利等基础设施和基础产业的建设规划，避免盲目投资，过度超前和低水平重复建设，大力提高建设用地的利用率，开发利用地下空间。

2.《中华人民共和国物权法》

自 2007 年 3 月在第十次人民代表大会通过，2007 年 10 月 1 日起实施的《中华人民共和国物权法》明确了建设用地由平面使用向立体开发的趋势。

《物权法》首次在国家基本法律中明确建设用地使用权可以在土地的地表、地上或者地下分别设立，明确建设用地使用权为物权的概念，在城市地下空间开发利用的权属问题上实现了重大的突破。

随着我国经济的高速发展，城市化建设对土地的需求量越来越大，土地资源分层次利用的问题也日益突出。我国的《土地管理法》和《城市房地产管理法》仅规定了地表和地上建设用地使用权的利用，没有涉及地下空间的使用权问题。由于法律规定缺失，现实中已经出现了大量与地下空间的使用权有关的问题，如地下建设用地使用权人有哪些权利和义务，地下建筑物、构筑物的投资人可否拥有不动产产权等。

《物权法》规定的建设用地使用权可以在土地的地表、地上或者地下分别设立，新设立的建设用地使用权不得损害已设立的用益物权，这些规定具有重要的现实意义，表明地下空间可以分层出让，其建设用地使用权可以归属不同的主体。

3.《中华人民共和国人民防空法》

1997 年 1 月 1 日起施行《人民防空法》是具有中国特色的第一部城市地下空间开发利用专项法律。该法与城市地下空间资源开发利用有直接关系的内容是第三章：人民防空工程。长期以来，人防资产一直被定性为国防战备工程，产权归国家所有，随着改革开放以来社会经济的转型，人防工程设施的投资主体日益多元化，使得人防资产是否只属于国家有了争议。建设人防工程，应当在保证战时使用效率的前提下，有利于平时的经济建设、群众的生产生活和工程的开发利用。该法为我国人防在新时期实施战略重心转移指明了方向，具有里程碑意义。

4.《城市地下空间开发利用管理规定》

《城市地下空间开发利用管理规定》是原建设部于 1997 年颁布、2001 年进行修订的行政规章，是我国在城市地下空间规划、建设、管理等方面的第一部法规性文件。

该规定对城市地下空间规划、工程建设、工程管理和罚则等提出了明确规定。《规定》指出，各级人民政府在组织编制城市总体规划时，应编制城市地下空间发展规划；地下空间规划应实行竖向分层立体综合开发，横向相关空间互相连通，地面建筑与地下工程协调配合；建设单位进行地下工程建设，应持政府有关部门对工程项目的批准文件和审查通过的初步设计图纸方可实施；地下工程应由具备相应资质的施工单位承担；地下工程本着“谁投资、谁所有、谁受益、谁维护”的原则，允许建设单位对其投资开发建设的地下工程自营或依法进行转让、租赁等。

该规定自颁布实施以来，对我国城市地下空间的开发利用工作起到了积极的推进作用，由于我国地下空间开发利用工作起步相对先进国家较晚，把城市地下空间发展规划纳入到城市总体规划中，对于提高地下空间资源、地下空间开发利用及规划编制的地位和国民意识起到了重要作用。

5.《城市规划编制办法》

2006 年 4 月 1 日起施行的《城市规划编制办法》是一个部门规章，其重要性在于为各城市编制地下空间专项规划提供了法律依据。该办法将地下空间规划纳入了城市规划体系，明确城市中心规划应当提出地下空间开发利用的原则和建设方针及地下空间开发布局为城市总体规划中建设用地规划的强制性内容，要求在城市总体规划中要明确地下空间专项规划的原则和地下空间开发的具体要求。

除了国家层面的政策和法律法规之外，地方性政策法规的内容也很丰富。地方立法主要分两大类：一类是综合性的，主要是在建设部《城市地下空间开发利用管理规定》颁布施行后各地纷纷制定的各城市地下空间开发利用管理规定或办法；另一类是专门性的，早期主要是各地依据《人民防空法》的规定制定的人民防空工程建设管理规定、建设与使用管理规定及建设与维护管理规定等，近期主要是各地结合市场经济条件下城市地下空间开发利用中遇到的问题有针对性地制定的法规和规章。

地方层面涉及城市地下空间开发利用政策法规比较有代表性的有《上海市城市地下空间建设用地审批与房地产登记试行规定》、《深圳市地下空间开发利用暂行办法》、《杭州市区地下空间建设用地管理与土地登记暂行规定》、《江苏省徐州市人民政府关于进一步加强节约集约利用土地的意见》等。其中《上海市城市地下空间建设用地审批与房地产登记试行规定》是国内首个涉及地下空间建设用地审批与权属登记的地方文件。文件将地下空间工程界定为结建地下工程和单建地下工程两类，明确了地下空间工程建设的土地使用范围为该地下建（构）筑物外围实际所及的地下空间范围以及两类地下空间工程建设用地的不同审批办法。

当前虽然我国地下空间的法律体系已经初步建立，但开发、规划、管理等很多领域内的规章制度几乎处于一种空白状态。法律的缺位，纠纷的频发给人们利用地下空间造成了种种顾虑，必然会影响人们投资开发利用的积极性。同时，这种法律上的空白，也会导致现实中发生的种种地下空间利用纠纷得不到很有效地解决，或解决方式不能统一，造成人们对司法的不信任。因此，我们有必要构建一个系统的地下空间利用法律制度，只有这样，才能使得人们有预测、有计划地进行地下空间的开发活动，从而推动经济的发展和社会的进步。

2.4 地下空间开发利用的现行政策法规概况

城市地下空间是国家宝贵的国有资源，而城市地下空间开发利用的内容又比较庞杂，但与之相矛盾的是目前我国关于地下空间利用方面的专门立法尚属空白。《国务院关于促进节约集约用地的通知》明确提出鼓励开发利用地上地下空间，但没有具体的细则或办法，鼓励成为了口号。《物权法》规定了建设用地使用权可以在土地的地表、地上或者地下分别设立，但《土地管理法》和《城市房地产管理法》至今未根据物权法的精神进行相应修订。针对具体地下空间开发利用的具体问题，仅存在相关的单行法及一些地方性法规。毋庸置疑，我国当前地下空间开发利用的立法正在一步步地趋于完善，一些较为突出的法律盲点正逐步得到弥补，这为我们合理利用地下空间资源、界定地下空间产权关系、促进经济发展起到了积极的作用。然而，同样毋庸置疑的是，这些立法仍明显滞后于地下空间开发利用的发展实践，无法满足日益发展的开发地下空间的社会需求。因此，要借鉴国外地下空间的立法经验，建立适合我国国情的，并具有前瞻性、行之有效的地下空间开发利用的政策法规。

2.4.1 国外城市地下空间立法的情况

1. 日本

日本是世界上地下空间开发利用法制化建设程度最高的国家之一。19 世纪末期是日本地下空间利用的起步阶段，第二次世界大战后，日本经济得到迅速的复苏，日本地下空间进入大规模开发利用阶段。直到 20 世纪 90 年代后，日本地下空间最终进入综合开发阶段。日本在大规模开发利用地下空间各种形态过程中，暴露出一些问题。在这些问题的解决过程中，地下空间开发利用的管理体制得以建立，法律法规得以不断完善和发展，形成了一套科学合理的管理体制和一个比较完整的法律体系。日本城市地下空间开发利用的法律体系包括民事基本法律、专项立法、综合立法、配套立法等，其特点表现在以下几个方面。

第一，民事基本法为地下空间开发利用提供了民事权力基础。日本基本民事法律主要有《日本民法典》、《不动产登记法》、《建筑物区分所有法》、《大深度地下使用特别措施法》。日本将城市地下空间权设定为“区分地上权”，并进行地下空间分层确权的立法，从而引导和规范了土地不同空间层次开发利用的行为。这些法律为地下空间开发利用提供了基本的民事权利的法律基础。

第二，日本城市地下空间开发利用立法经历了由专项立法到综合立法的发展历程。日本城市地下空间开发利用的法制化建设实行的是先专项立法、后综合立法以及专项立法和综合立法相结合的发展道路。根据实践的发展需要，针对地下空间不同的利用形态进行立法。然后逐步总结经验，对地下空间开发利用进行了综合立法管理。目前专项法律有《大深度地下使用特别措施法》、《共同沟法》等，其中《大深度地下使用特别措施法》是专项立法与综合立法相结合的法制建设范例，已经成为日本科学合理、经济高效开发利用民间土地深层地下空间资源，为国家和公共事业服务的基本大法。该法对所有国家都具有显著借鉴意义。

第三，日本组成城市地下空间开发利用法律的配套立法比较完善。配套或辅助法律包括：《道路整备紧急措施法》、《交通安全设施事业紧急措置法》、《符合交通空间整备事业制度要纲》、《推进民间都市开发特别措施法》、《有关民间事业者能力活用临时措施法》以及《地方自治法》、《地方财政法》等。这些法律中主要规定了地下空间开发利用的建设费用辅助制度、融资制度和助成制度等，为有效推进城市地下空间资源开发利用起到非常重要的激励作用。

2. 美国

美国是较早将地下空间的利用从土地表面分离出来的国家。就法律体系而言，美国属于英美法系，其传统的包括不动产在内的财产法制却继承了罗马法，从而认为土地所有权的范围“上达天宇、下及地心”，而且不承认土地上的建筑物为单一的不动产。然而，19世纪末至20世纪初，在飞机发明之后，美国法律界不得不承认，在保护土地所有人的合法权益的同时，在不妨碍土地所有人的限度内，飞机等有在他人土地上空飞行的权利。这样，所谓“上达天宇、下及地心”的法律原则便被打破。土地所有权的有限性原则获得确立，这就为后来美国进行大规模城市土地的立体开发运动奠定了法律基础。

在美国有关地下空间开发利用的法律法规中《明尼苏达州地下空间开发条例》比较具有代表性。美国明尼苏达州尤其是其首府 Minneapolis 市，地下空间及其一些废矿地下空间的开发利用效果很好，且开发费用较低，因此比地上开发更富有竞争性。人们在实践中认识到了其开发的价值和潜力，然而以往的州联邦法律和一些制度却限制了这一潜力进一步发挥，因而人们感到立法极为重要。为了适应不断增长的城市地下空间开发需要，明尼苏达州政府在 1985 年 5 月 23 日正式立法，通过了《明尼苏达州地下空间开发条例》，主要内容包括：地下空间开发的权利规定、地下开发区域适合支配权规定、签约的权利规定、征税及财政补贴的规定、提供公共简易设施的规定、合同签订的规定等。

2.4.2 借鉴国外经验，完善地下空间开发利用现行政策法规

国外城市地下空间开发利用的情况除日本、美国之外，北欧等国家地下空间开发利用的政策法规也同样给我国很多启示。借鉴国外经验，我国城市地下空间法制化建设进程可遵循先专项立法后综合立法、先地方立法后国家立法的基本思路同步推进。

（1）确立我国城市地下空间开发利用管理法制选择的指导思想，地方立法可以先试行。虽然目前我国地下空间开发利用在国家层面的法律上存在欠缺，但是地下空间开发利用的现实需要却很强烈，因此，地下空间开发利用较早的城市和比较大的城市不能等国家层面的立法完善才进行地下空间的开发。在不违反国家现有法律、遵守国家法律精神的前提下，地下空间开发利用较早和较好的城市可以先通过相关政策和地方性法规或规章，对国家层面法律的欠缺进行补充和完善。

（2）从立法的顺序上，应该采取先专项立法，通过专项立法的实施总结经验，进行相对完备的综合立法。由于我国规模化开发利用城市地下空间的经验和相关立法经验还不丰富，同时考虑我国现阶段的法制化建设进程，我们不能在现阶段奢求程度极高的综合立法，而可以采用先针对性解决现实中急需解决的实际问题进行专项立法，待经验丰富、立法时机成熟时再进行综合性立法。

（3）从立法内容上，现有的地上管理的有关立法可以自然延伸至地下，地上没有的管理立法可以和地下空间管理一起进行；地下空间管理有不同特点的可以单独立法。因此，可以修改现有立法延伸至地下的地方性法规或规章，同时着手制定地下空间管理不同于地上管理的立法，制定相关配套的立法，包括税收、融资、政府基金或补贴、捆绑开发、民间参与建设等鼓励支持的法律法规。

2.5 城市地下空间建设的标准体系研究

我国的城市地下空间开发始于 20 世纪 80 年代中期的人防工程建设，至今为止一直是工程实践优先发展，尽管积累了许多建设经验，但由于城市空间工程是一个综合性很强的工程领域，涉及的工程门类繁多，学科覆盖面广且相互交融，所以多年来城市地下空间工程的建设技术标准滞后于工程建设。

工程建设标准化是在工程建设领域，通过制定标准、实施标准和对标准的实施进行监督，从而实现最佳经济效益、社会效益和环境效益的技术活动。建立城市地下空间建设标准体系有助于地下空间开发的健康、有序的进行。

2.5.1 城市地下空间建设标准体系建立的作用

城市地下空间较普通的建设工程更加复杂，因此必须将标准化贯穿于地下空间建设的各个环节。

1. 管理基础作用

工程建设的质量，涉及国家和人民群众的生命财产安全，实施科学管理是为了保障工程的质量和安全。为实施科学管理，确保工程的安全性、经济性和适用性，需要制定一系列管理标准，使其成为管理部门及单位实施管理的尺度和监督的工具。在工程建设全过程

中要进行控制，从工程建设的前期可行性研究到勘查、设计、施工、安装调试等建设实施阶段，都需要一系列统一的原则要求和技术标准来判断工程的质量和安全。我们在建设过程中采用的相关标准和规范，就是根据人们长期工程建设实践中积累的经验和教训，吸纳科技发展成果，经过总结、归纳、分析和提高，按照统一、简化、协调、择优的原则编制而成，因此地下空间工程质量需要统一的建设标准来衡量，从而减少人为的随意性，保障地下空间开发的安全性，提高监督的有效性。

2. 引导促进作用

工程建设标准是技术与管理向更高层次发展的引导手段，对新技术、新工艺、新材料、新产品的推广应用具有极大的促进作用。技术不断创新和发展，标准也应随之不断改进和发展，这是标准对事物发展起到引导促进作用的前提。体现先进性的标准的实施必将引领技术的发展方向，一些不符合标准要求或者为标准所限制的技术受到抑制，必将极大地促进行业技术与管理水平的整体提升。特别在强调超前性的高新技术领域，标准的引导性就更加突出。发挥标准的技术导向作用，能为新一轮的技术创新提供动力，同时也调动了政府机构、科研机构和企业等组织参与科技研发创新的积极性。

3. 约束保障作用

国家利用强制性标准的法律强制性特点，以国家强制力来保障实施，在面对如何合理利用资源、挖掘材料潜力、降低建筑能耗，建设资源节约型和环境友好型社会等重要课题时，约束作用明显加强。首先，国家利用标准规范的法制地位，按照现行经济和技术政策约束性条款，限制短缺物资、资源的开发利用。其次，根据科学技术的发展情况，以每一时期最佳工艺和设计、施工方法指导新材料和充分挖掘材料的功能潜能。除此之外还可以采用先进可靠的设计理论和择优方法，在保证使用和安全的条件下，降低材料和能源消耗。

4. 技术壁垒作用

在开放的国际环境下，标准问题已经成为国家经济竞争的焦点之一。几十年来，经过我国工程建设标准化工作者和广大工程技术人员的不懈努力，制定了一大批建设活动需要的标准规范。这些标准规范覆盖着我国各类建筑工程的各个建设阶段，在我国境内从事建设活动，必须了解、掌握并贯彻执行，尤其是强制性标准规范。而对于我国现行的有关标准中没有技术规定的现状，国外企业便会借机在我国推行或影响和参与这类标准规范的制定、组织技术人员的培训、解决工程技术上的障碍。因此，健全和完善我国城市地下空间建设标准体系，提高建设标准化程度，制定有利于我国国家利益和人民生命健康安全的标准，可以有效避免国外低标准产品和设备的大量进入，而且有利于保护我国企业利益。例如，国外某公司生产的建筑用通风管道，具有重量轻、风阻力小等优点，但属于难燃烧材料，由于我国《建筑设计防火规范》规定，通风管道必须由非燃烧材料制作，因而几年来这种产品迟迟未能真正进入我国市场。

2.5.2 城市地下空间建设标准体系的特点

城市地下空间建设标准化作为工程建设标准化的一部分，由于地下空间建设自身的系统性和复杂性，使得其工程标准化具有很多自身特点。

1. 同国家、人民生命财产安全密切相关

所有地下空间建设项目一旦出现安全问题，往往会造成巨大的经济损失和社会效应，所以我们在制定地下空间建设相关标准时，必须充分考虑安全合理性，保证建成的地下空间项目安全可靠，对国家和人民的生命财产安全高度负责。同时标准的制定也不是越安全越合理，还要同时根据国情，考虑到标准的适应性和工程的经济性。

2. 标准化对象涉及面更广

地下空间标准包括很多专业，例如：建筑、结构、采暖通风、电气照明、消防、道路交通和环境等。在标准体系建立时，每一个专业每一个环节都需要制定大量的相应标准，这些标准又相互联系和制约。

3. 标准化经济效果更明显

标准化根本目的之一就是创造经济效益，地下空间开发利用成本远高于地上，特别是发展中国家的大城市，经济能力不足往往成为地下空间开发利用的一大障碍。以地铁建设为例，据统计，发达国家地铁每千米平均造价在 1 亿至 5 亿美元左右，城市地下空间建设标准化可以通过技术标准简化、规范化、系列化和通用化等功能，使工程建设领域内获得最佳秩序，从而获得巨大的经济效益。

4. 受国家经济发展程度影响更大

与国家在工业、农业方面积极采用国际标准不同，在工程建设方面，则不能完全等同采用国际标准和国外先进标准，必须同国情结合，同经济发展水平同步。尤其是地下空间开发和利用方面，受经济因素制约很大，地下空间建设短期内不可能在所有城市大面积铺开，所以我国地下空间工程标准体系的建立只能是有步骤，有重点的展开。

5. 受地质、气候等自然条件影响更大

同地上工程相比，在地下工程设计施工中，更加需要充分考虑地质、气候等区域特点，同时我国幅员辽阔，自然条件的地域性分布特点突出，因此，更需要区别具体情况，充分研究各种地质、气候对地下空间工程的影响，在总结科学实验和生产试验的基础上，制定适合各自特点的技术标准。

2.5.3 城市地下空间建设标准体系的现状

城市地下空间开发利用是一门综合性很强的学科，由于学科覆盖面广且交叉融合，标准化管理涉及多个行业和部门，标准种类难以界定，加之地下空间建设需求逐年加大，标准制定更新的速度极快。因此导致标准覆盖面较窄，数量分布不均匀，总体发展不平衡。

依据城市地下空间上桯的分类、现行技术标准的分类和工程周期，地下空间工程的建设标准体系层次，如图 2-1 所示，标准体制见表 2-2。

目前我国共颁布涉及设计、施工验收、防水防火、产品设备等地下空间建设相关标准 104 项，其中国家标准 35 项，行业标准 60 项，地方标准 9 项。其中在人防建设领域标准数量较多，发展较快，现共有标准 22 项，占标准总数的 21%，包括了术语、设计、防水、施工验收、照明等一系列标准，相对比较全面。在地铁隧道领域，已发布的标准多集中在设计、施工等环节，而上游的基础、规划和下游的质量、安全、环境、运营管理的标准却很少。同时，随着地下空间开发的大型化、综合化、深层化、功能多样化趋势的出现，如在环境保护技术、安全防灾、市政公共设施地下化、地下能源与物资储备等方面出现了标准的空白。

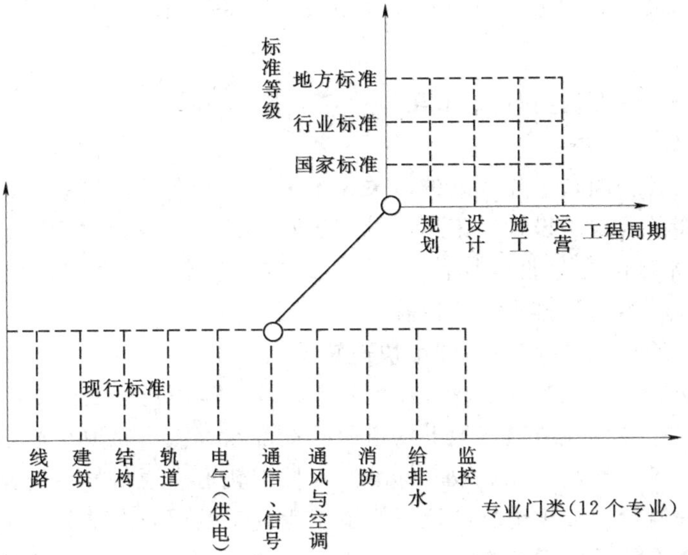

图2-1　地下空间工程建设标准体系层次图

表2-2　城市地下空间工程标准体制

标准类别	制定机构	批准、发布机构	备注
国家标准	国务院标准化行政主管部门	国务院标准化行政主管部门	分为强制性标准和推荐性标准两种
行业标准	国务院有关行政主管部门	国务院有关行政主管部门	分为强制性标准和推荐性标准两种
地方标准	各地方标准化行政主管部门和有关行政主管部门	各地方标准化行政主管部门和有关行政主管部门	分为强制性标准和推荐性标准两种
企业标准	企业	企业	报政府部门备案
指导性技术文件	国务院标准化行政主管部门	国务院标准化行政主管部门	为适应高新技术标准化发展快和变化快等特点而增设

从表2-2可以看出，在我国在现行的地下空间标准体系中，本应该存在一个统一的、相互融合的标准，但目前现行标准之间交叉重复的问题突出，各行业、专业自成体系，难以做到相互交融。由于地下人防、地下铁道、地下市政管网、地下公路隧道分别隶属于人防、城建、市政、交通等不同的行业主管部门，加之又有国家标准、行业标准、地方标准、协会标准以及强制型和推荐型标准的复杂层次分类，使得地下空间工程的建设存在多个标准化主管部门，这些部门的相互独立和互不隶属，形成了权力交叉重叠、部门色彩浓厚、责任不清的局面。

在地下空间开发利用高速发展的今天，我们需要哪些技术标准去覆盖和规范地下空间范围内的专业技术领域，地下空间技术标准应有哪些主要组成部分，各技术标准之间如何分级、分层，如何协调，都是当前亟待解决的问题。要想建立一整套完善的地下空间建设标准体系，我们必须站在工程建设标准化工作的整体高度上，大力推进工程建设标准化体制改革和创新，积极开展地下空间开发和利用关键技术的研究，共同努力使得地下空间建设标准化体系更加合理、完整和科学。

2.5.4 我国城市地下空间建设标准成果

1. 轨道交通工程

轨道交通领域已经颁布了一系列的相关技术标准，分布到国家标准、行业标准和地方标准各个层次，涉及规划、设计、施工、维护运营等各个工程建设阶段。其中标准内容覆盖了轨道交通的所有相关专业：线路、建筑、结构、轨道、电气（供电）、通信、信号、通风与空调、消防、给水与排水、监控等11个专业。

轨道交通相关的规范主要有：《城市快速轨道交通工程项目建设标准》、《地铁设计规范》、《城市轨道交通设计规范（上海）》、《地下铁道、轻轨交通工程测量规范》、《地下铁道轻轨交通岩土工程勘察规范》、《地下铁道照明标准》、《城市轨道交通站台屏蔽门》、《轻轨交通车辆通用技术条件》、《地铁限界标准》、《城市轨道交通信号系统技术规范》、《城市轨道交通通信工程质量验收规范》、《地下铁道工程施工及验收规范》，等等。

轨道交通的建设相关标准基本涵盖了工程建设的实施范围，已颁布的技术标准在轨道交通建设和管理过程中发挥了很好的作用。

2. 道路交通工程

道路交通领域还没有制订地下道路相关的技术标准，目前工程建设实施方面主要参照隧道工程的标准，涉及的专业标准主要参照普通工程的标准。

道路交通相关的规范主要有：《公路隧道设计规范》、《公路涵洞设计细则》、《公路隧道交通工程设计规范》、《城市交通设施施工及验收规程》、《公路隧道养护技术规范》等等。基本都是公路隧道方面的，没有针对城市地下道路的相关规范。

由于我国城市土地资源非常紧缺，交通专业近年发展较快，多元的各类交通内容也不断发展，使得地下道路的发展明显超前，因而显示出技术标准十分欠缺。规范中的一些指标明显不适应新的发展需要，因此需要对地下道路的相关技术标准的发展进行专题研究。

3. 静态交通与人行交通工程

静态交通、人行交通已经颁布的技术标准，分布在国家标准、行业标准和地方标准各个层次，涉及规划、设计、施工、维护运营等各个工程建设阶段。其中标准内容覆盖了静态交通、人行交通的所有相关专业，建筑、结构、电气（供电）、通信、信号、通风与空调、消防、给水与排水、监控等19个专业。

静态交通、人行交通对于地下交通网络系统的构建也是至关重要的，这两类交通是点缀和连通的重要节点。目前，地下交通网络的发展对于静态交通、人行交通的发展也提出了许多新的要求，相关技术标准不满足工程需求的情况也时有发生。

4. 物流交通工程

目前物流交通在国内尚无工程实例或工程很少，我国针对此类工程的规范标准仍然处于空白阶段。因此，需要对物流交通工程应用和相关的技术标准进行专题研究。

5. 市政类工程

目前，国内还没有颁布综合管沟、专用管沟的技术标准，工程建设实施方面基本主要参照现有专用管线工程的标准。综合管沟、专用管沟的发展需要对相关技术标准专门研究。

变电站、雨水泵站、雨水调蓄池、污水泵站等市政站点均有现行的技术标准，分布在国家标准、行业标准和地方标准各个层次，涉及到规划、设计、施工、维护运营等各个工程建设阶段。已颁布的技术标准在市政站点工程建设和管理过程中发挥了很好的作用，它们对节约城市用地、保证城市健康发展起到了重要的指导作用。

6. 公共服务设施类工程

公共服务设施类地下空间工程同属房屋建筑行业，其工程特点与建筑行业相似，虽然没有制订专用的技术标准，但建筑行业的技术标准基本包含了地下公共服务设施的内容。

在房屋建筑行业快速发展的今天，尽管相应的技术标准基本涵盖了地下公共服务设施类的特点，但地下公共服务与其他地下空间复合开发时需谨慎使用相应标准，有条件的情况下可进行专门研究。

7. 人防类工程

地下人防工程具有独立、明确的主管部门，已经形成了一套相对成熟的标准体系，分布到国家标准、行业标准和地方标准各个层次，涉及到规划、设计、施工、维护运营等各个工程建设阶段。

人防类的技术标准基本涵盖了工程建设的实施范围，已颁布的技术标准在人防工程建设和管理过程中发挥了很好的作用。人防类技术标准在地下空间的复合开发和地下综合体建设方面需与其他类标准综合考虑。

2.6 地下空间开发利用的风险及灾害应急机制

2.6.1 地下空间开发利用风险管理

地下工程建设具有高风险性。目前，地下空间开发建设的需求不同，存在着短期行为现象；建设、设计、施工主体的水平参差不齐，也使得近年来城市地下工程险情层出不穷。除此之外地下工程建设投资大，施工工艺复杂，施工周期长，周边环境复杂，建筑材料和施工设备繁多，设计专业工种与人员众多，作业空间有限，不确定性因素多。具体表现为工程建设的工程地质和水文地质等自然条件的复杂性；工程建设中机械设备、技术人员和技术方案的复杂性；工程建设的决策、管理和组织方案的复杂性；工程建设周边环境的复杂性；动态施工过程中土质力学性能的变化，围岩力学和物理性质的变化；地下工程对周边环境的振动和噪声影响等。这些特点都决定了地下工程开发和利用的高风险性。

随着向地下深层和超深层空间的开发，城市地下空间开发和利用的风险也越来越大。因此，有必要进行工程风险管理，对地下空间开发的风险分析、风险评价、风险接受标准、风险控制措施等进行规定，对项目立项、规划、勘察、设计、施工、运营等进行全过程控制，以确保地下空间开发利用的安全。

工程风险管理是指工程建设参与各方（包括建设单位、勘察单位、咨询单位、设计单位、施工单位、监理单位、监测单位等）通过风险界定、风险识别、风险评估和风险决策、优化组合等各种风险管理技术，对工程实施有效风险控制和妥善的跟踪处理的过程。

工程风险按照风险来源或损失产生的原因可以分为：自然风险和人为风险。按建设阶段可分为：规划风险、可行性研究风险、设计风险、招投标风险、施工风险等。按照项目建设目标和承担风险主体的不同可分为：安全风险、质量风险、工期风险、环境风险、投资风险及对第三方风险等。

城市地下空间工程的建设过程是一个周期长、投资多、技术要求高、系统复杂的过程，在该过程中，未确定因素、随机因素和模糊因素大量存在并不断变化，造成的风险直接威胁工程项目的顺利实施和成功。因此对地下工程进行风险管理时，应在安全可靠、经济合理、技术可行的前提下，把地下空间工程建设不同阶段中潜在的各类风险降到尽可能低的水平，以获得最大限度的建设安全与优质的工程质量，控制工程建设投资，降低经济损失或人员伤亡，保障工程建设周期，提高风险管理效益。

地下空间工程建设期的风险管理按照工程进度可具体划分为五个阶段：规划阶段、工程可行性研究阶段、设计阶段、招标阶段和施工阶段。不同阶段的风险管理内容见表 2-3。

表 2-3　　地下空间工程建设期风险管理

建设阶段划分	风险管理内容
工程规划阶段	①规划方案的风险分析； ②工程重大风险源辨识； ③工程投融资风险分析
工程可行性研究阶段	①工程风险管理等级标准及对策； ②工程可行性方案风险辨识与评估
工程设计阶段	①工程设计方案与施工方法的风险辨识与评估； ②重大风险源专项风险控制
工程招投标阶段	①招标文件的风险管理要点； ②投标文件的风险管理要点； ③合同签订的风险管理要点
工程施工阶段	①施工风险管理专项实施细则； ②建立风险预报、预警、预案体系； ③风险控制措施的实施与记录； ④工程施工风险动态跟踪与监控

2.6.2　地下空间灾害应急机制

随着地下空间进入一个前所未有的开发利用时期，城市土地的利用率得到了提升，城市空间结构得到了优化，城市功能得到了完善，同时也给城市地下空间的安全带来极大地挑战。地面建筑中所会发生的灾害，在地下建筑中也同样会遇到。这些可能的灾害包括施工事故、交通事故、水暖电供应故障、结构性损坏、爆炸事故等。地下空间与地面建筑相比，同等受灾情况下造成危害度更高的灾害类型包括火灾、空气污染和缺氧、水灾、地表沉陷、地震五种。因此有必要关注地下空间抗自然灾害的能力，提升公共卫生的保障能力，加强对人为灾害的防御能力，建立一套制度化的地下灾害应急机制。

1. 城市地下空间的灾害事故特点

第一，危害性。城市地下空间作为城市公共空间的一部分，与地上公共空间相比具有视线范围小，空间封闭性强，方位感差，通行能力有限等不足。一旦发生灾害事故，容易产生恐慌心理，在逃生时易造成拥堵和踩踏事故，因此人员的疏散是一个不容忽视的问题。

2003年2月18日韩国大邱地铁发生的人为纵火事件，造成198人死亡，146人受伤，289人失踪，成为震惊世界的重特大火灾事故（图2-2）。2010年5月25日上午，深圳地铁华强路站发生踩踏事件，起因是两名男子利用手扶电梯搬运超大、超重货物时，有一箱货物倾覆散落，后面乘客在躲避货物时摔倒，随即电梯上的人流像多米诺骨牌一样向后栽倒，造成15人轻伤。

图2-2　韩国大邱地铁火灾事件

第二，波及性。城市地下空间工程一般都建立在城市相对核心地带，或是繁华商圈及交通枢纽地区，其比邻的建筑多为商务办公楼、商场和居民生活区，交通流量大，人口比较集中。因此发生灾害后，事故的波及面较大，造成的损失也非常严重。2000年12月25日，河南省洛阳市东都商厦地下一层东都分店因非法施工、施焊人员违章作业，电焊火花溅落到地下二层家具商场的可燃物上造成火灾。事故造成309人中毒窒息死亡，7人受伤，直接经济损失275万元。

第三，影响性。城市地下空间主要以地下商业设施、地下停车场、地下娱乐设施和地铁为主，地下空间的人流主要为流动性的不确定人流，因此无法对其进行相应的安全培训。城市地下空间由于其特殊的地理位置和功能，一旦发生事故，除直接威胁到人员的人身安全外，还会造成地下及地面的交通堵塞，影响城市的正常运行，造成巨大的直接或间接经济损失。

2010年莫斯科时间3月29日7时52分，一列地铁列车在行驶至莫斯科市中心的卢比扬卡地铁站时，第2节车厢突然发生爆炸（图2-3），8时38分“文化公园”地铁站发生第2起爆炸事件，距离“卢比扬卡”地铁站爆炸仅间隔42分钟。在第2起“文化公园”地铁站爆炸发生几分钟后，莫斯科地铁“和平大街”站又发生第3起爆炸事故。总共有41人死亡，74人受伤，世界为之震惊。

图2-3　莫斯科市中心卢比扬卡地铁站爆炸现场

2. 灾害应急机制及安全管理措施

长期以来，我国由于受分门别类的灾害应急管理体制的限制，形成了单灾种、分部门、分地区的单一灾害管理模式。然而，突发灾害往往突如其来，猝不及防，从而使得任何一个部门，有时甚至是一级政府，即使水平再高，能力再强，也难以单独应对大规模的突发灾害。加之城市地下空间工程建设投资高，灾害事故的经济损失大，因此，要尽快进行灾害管理资源的整合，政府始终要发挥主导作用，构建全社会统一的城市地下空间的灾害应急机制，形成灾害应急管理的合力，具有重要的现实意义。

灾害应急机制通常都包括预防机制、预警机制、反应机制、控制机制、恢复机制五个主要部分。应急机制的主要内容是：组成应急小组，制订工作计划；确定联络方案，保障信息畅通；开设热线电话，收集各方资讯；协调有关单位共同开展工作。应急机制的启动，并非一种单纯的技术操作，它是面对突发事件反应能力增强的一种表现，它更代表处理突发事件的观念转变，危机意识在不断加强。

建立完善的灾害应急机制的关键工作是制定详尽的应急预案。灾害应急预案是针对具体设备、设施、场所和环境，在安全评价的基础上，为降低事故造成的人身、财产与环境损失，就灾害事故发生后的应急救援机构和人员、应急救援的设施、条件和环境、行动步骤和纲领、控制事故发展的方法和程序等，预先做出的科学而有效的计划和安排。灾害应急预案的主要内容主要包括：①总则，说明编制预案的目的、工作原理、编制依据、适用范围等；②组织指挥系统和职责，明确各组织结构的职责、权利和义务，以突发应急响应全过程为主线，明确事故发生、报警、响应、结束、善后处理等环节的主管部门和协作部门，以应急准备及保障结构为支线，明确各参与部门的职责；③预警和预防机制，包括信息监测与报告、预警预防行动、预警支持系统、预警级别及分布；④应急响应，包括分级响应程序，信息共享和处理、通讯、指挥和协调、紧急处理、应急人员的安全防护、群众的安全防护、社会力量动员与参与、事故调查分析、检测与后果评估、新闻报道、应急结束等；⑤后期处理，包括善后处理、社会救助、保险、事故调查报告及经验教训总结及改进建议；⑥保障措施，包括通信与信息保障，应急支援与装备保障，技术储备与保障，宣传、培训与演习，监督检查等。

针对城市地下空间的封闭性强和通行能力差的特点，在灾害事故的应急预案中，必须包括以下地下空间工程的安全管理措施：

第一，明确地下空间应当配置的安全设施设备，如机械通风系统、机械防烟排烟系统、自动喷淋系统，应急照明系统，火灾自动报警系统，防水倒灌器材和排水设施设备以及有线广播或其他报警装置。

第二，鉴于消防和防汛是地下空间安全使用的两个重要方面，必须对消防、防汛法律、法规的规定进行细化。

第三，明确地下空间的安全出口，疏散通道应设疏散指示标志，配置应急照明，并不得在使用经营期间被封闭、隔断和堵塞等。

第四，对地下空间内可能导致安全使用事故的行为应予以禁止，如禁止在地下空间内生产、储存、销售危险物品或者设置集体宿舍、托儿所、养老院等。

本章思考题

1. 简述进行城市地下空间政策法规研究的意义是什么，如何采取措施完善我国城市地下空间开发利用政策法规体系？

2. 在我国城市地下空间开发利用的法律体系框架中，哪些法律是整个法律体系框架的核心和基础？

3. 借鉴国外经验，如何采取思路来完善我国地下空间开发利用的现行政策法规？

4. 城市地下空间建设标准体系建立的作用、特点是什么？

5. 城市地下空间的灾害事故特点是什么？如何有效地建立灾害应急机制及采取安全管理措施？

第3章 城市地下空间规划

3.1 概述

城市地下空间利用规划既是一个古老的事物，又是一个崭新的课题，虽然现代城市地下空间的开发利用已有近200年的历史，但对城市地下空间进行全面的规划和设计只是近30年内的事情。一般认为，地下空间是城市地面发展的向下延伸，由于城市地下工程建设的长期性、复杂性和不可逆性等特点，城市的地下比地面更需要具有中长期预见的统一规划和合理、有序、安全、高效的开发建设。

从世界范围来看，地下空间利用规划一般是从专项规划入手，逐步形成整体系统的。专项规划中以地铁规划和市政基础设施规划最为突出，其中地铁规划的实施使整个城市的地下空间综合利用成为可能。就全市综合性的地下空间规划而言，世界各国城市仍处在探索阶段。日本、加拿大的一些城市所做的地下空间规划大多是急需开发的局部地区，如日本东京的临海副都心地区、东京新宿地区、横滨市港湾未来21世纪地区、名古屋市中心地区、札幌市都市地区和加拿大蒙特利尔中心地区等，规划的类型又大多是地面与地下同时开发的多专业门类的综合性规划和一些单项地下工程设施规划（如地下轨道交通规划、地下人行系统规划、综合管廊规划等）。

在我国，现代意义上的城市地下空间开发利用始于人民防空工程的建设，发展至今，城市地下空间的规划工作历程大致可划分为三个发展阶段。

第一阶段（1949年建国初期至1977年），缺乏规划的无序发展阶段。20世纪60年代末全国各地掀起一场“深挖洞、广积粮”的人防建设高潮，走得是“边创造、边设计、边建设”的群众路线，缺乏统一规划和技术标准，具有布局不合理，与城市建设脱节等问题。

第二阶段（1978年至1997年），专项规划发展阶段。20世纪80年代开始贯彻平战结合方针，又进一步提出了结合城市建设发展人防工程的思想，人防工程规划被作为专项规划纳入城市规划编制体系。随着城市基础设施的发展，地下空间开发利用类型日渐丰富，城市供水、排水、供电、燃气、通信等城市各专业工程系统的规划开始编制，城市轨道交通专项规划也开始编制。但当时大量开发城市地下空间尚属新生事物，对这一领域在规划和设计方面存在的问题及对潜在的不利影响缺乏认识，而且各类专项规划相互独立，难以相互协调，整体效益较差。

在这一时期，杭州、深圳等一些城市先行开展了综合开发利用城市地下空间的规划探索。1993年杭州结合城市总体规划修编在国内率先开始了人防工程建设与地下空间利用规划的编制探索，将城市地下空间开发利用的规划研究成果融入当时的人防工程与城市建设相结合规划；1996年深圳市政府在组织开展城市行政中心的专项规划设计研究时，历时三年整合国内外的先进理念和专业智慧，编制了《深圳市中心区城市设计及地下空间综合规划》。

第三阶段（1998年至今），综合性规划发展阶段。进入20世纪末，北京、上海、广州、深圳等城市纷纷启动地铁建设项目，城市高层建筑及基础设施建设突飞猛进，大规模、快速的地下空间开发利用在东部地区已初露端倪，但相应的地下空间规划和规划管理仍明显滞后，大部分城市将地下空间规划等同于人防规划，难以应对更加复杂的地下空间开发利用需求。

1997年12月建设部颁布实施了《城市地下空间开发利用管理规定》，明确提出城市地下空间规划是城市规划的重要组成部分，并要求各级人民政府根据城市发展的需要编制城市地下空间开发利用规划。2006年4月施行的新版《城市规划编制办法》也明确将地下空间规划内容纳入城市规划编制体系。城市地下空间规划编制工作从此步入快速发展阶段，国内大量城市先后编制了不同层次、不同形式的地下空间开发利用规划，积累了丰富的实践经验。

北京、深圳、上海、重庆、杭州、南京等城市率先掀起一轮地下空间规划编制高潮，由于大家对地下空间利用规划的编制尚无统一认识，编制成果各有特色，专项规划、概念规划、发展规划、详细规划、与人防工程结合规划等，种类繁多不尽相同。《城市规划编制办法》实施后，厦门、青岛、武汉、大连、郑州、昆明、沈阳、石家庄、兰州等城市又掀起一轮地下空间规划编制高潮，同时结合城市新城开发重点地区编制了大量地下空间概念规划、详细规划和城市设计，快速积累了丰富的规划编制技术经验，规划编制内容和方法等不断完善。

但是由于地下空间规划编制规范和标准的缺位，城市地下空间规划在编制深度、技术方法等方面还处于无章可循的探索积累阶段，城市地下空间专项规划编制已相对成熟，城市重点地区地下空间开发利用详细规划编制还需要加强规范和引导。

城市地下空间开发利用的主要内容一般是公益性的城市基础设施，并且往往需要大量的土地联动开发、统一建设，地下空间并非独立于地面空间存在。随着人们对城市地下空间这一资源的认识更加深刻，对城市高效率运转的要求更高，在城市规划中融合地下空间的综合利用将是一个必然的趋势。

3.2 城市地下空间的规划理论

3.2.1 国外地下空间规划理论

19世纪末、20世纪初的工业革命，使西方资本主义国家得到了前所未有的发展，城市中出现大量的工厂，大量人口拥入城市，随之而来便出现了城市居民生活条件迅速恶化、交通堵塞、环境破坏等一系列的城市问题。面对人口膨胀、城市扩张、土地稀缺和各种资源的匮乏，促使当时的建筑师、规划师们自觉与不自觉地不断尝试城市与建筑向地下发展的探索和实践。其中，最具有代表性的理论有：

1882年，西班牙工程师索里亚·玛塔（Soriay Mata）提出了“带形城市（Linear City）”的构想。这是一种主张城市平面布局呈狭长带状发展的规划理论，其规划原则是以交通干线作为城市布局的主脊骨骼；城市的生活用地和生产用地，平行的沿着交通干线布置；大部分居民日常上下班都横向的来往于相应的居住区和工业区之间（图 3-1）。此外，索里亚还对城市运输线的建设提出了三种方案：地面、地下、空中。人们普遍认为这是城市地下空间开发利用的首次提出。

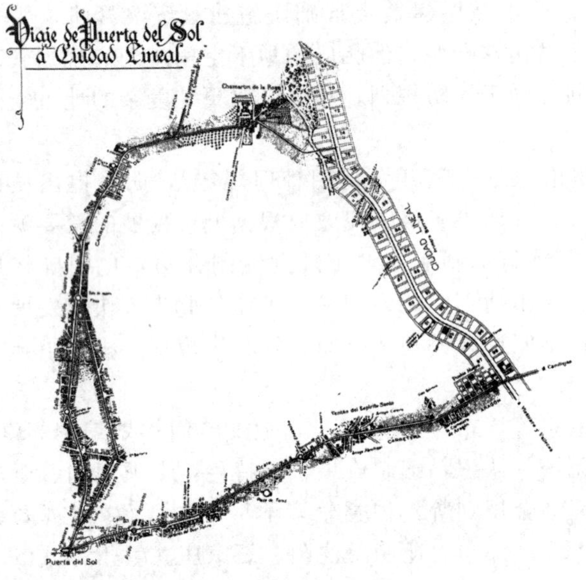

图 3-1　索里亚·玛塔为马德里做的带形城市设计方案

1910 年，法国著名建筑师欧仁·艾纳尔（Eugene Henard）在由英国皇家建筑师学会主办的都市规划会议上以论文《未来城市》（The Cities of the Future）提出具有学术意义和技术依据的未来城市的理论和设计方案。在他的未来城市结构中传统的街道被分成上下两部分（图 3-2），上部露天街道仅仅用作轻型汽车和步行交通使用，下部街道再分解成两部分用于安排城市各种市政管线系统，城市垃圾、货物和重型材料的运输。为了适应城市未来不断发展的交通需求，艾纳尔又完善了他的规划理念，未来城市交通拥挤的街道都可以拥有多层叠加的道路系统（图 3-3），地面层可以用作步行和汽车交通，地下一层用作有轨电车交通系统，地下二层用作城市各种市政管线网络铺设，地下三层用作城市垃圾的运输，地下四层则用作货物运输，从而大量的城市用地就可以用来布置花园，极大地增加了城市的绿地面积，美化了城市环境。艾纳尔的未来城市设想除了提出概念之外，甚至对其施工、构造和工程预算都有详尽的研究和论述，更具有学术性和技术的可行性，其寻求开拓地下空间的思想对后来直至现在的城市规划理念产生了深远的影响。

1922 年法国著名建筑师勒·柯布西埃（Le Corbusier）出版了著作《明天的城市》（The City of Tomorrow），同年在巴黎秋季美术展上提交了一个极其理性的城市规划方案，取名为“300 万人口的现代城市”（图 3-4），堪称现代城市规划的里程碑。在这个方案中，柯布西埃特别强调了大城市交通运输的重要性，提出了建立多层交通体系的设想。方案在城市中心区规划了一个地下铁路车站，中心区的交通干道由三层组成：地下用于重型车辆，地面用于市内交通，高架道路用于快速交通，市区和郊区通过地铁及市郊铁路来联系。柯布西埃认为城市必须集中，只有集中的城市才有生命力；而由于拥挤带来的问题则可以通过大量高层建筑和地面、空中、地下多层的高效率交通系统来解决。他的理性功能主义的城市规划思想深刻地影响了第二次世界大战后世界的城市规划和城市建设活动，这实质上表明了开发利用大城市地下空间已势在必行。

为了解决私人汽车数量激增导致的城市交通问题和能源问题，20 世纪 70 年代瑞典建筑与城市规划专家汉斯·阿斯普伦德（Hans Asplund）提出了著名的“双层城市”（Two

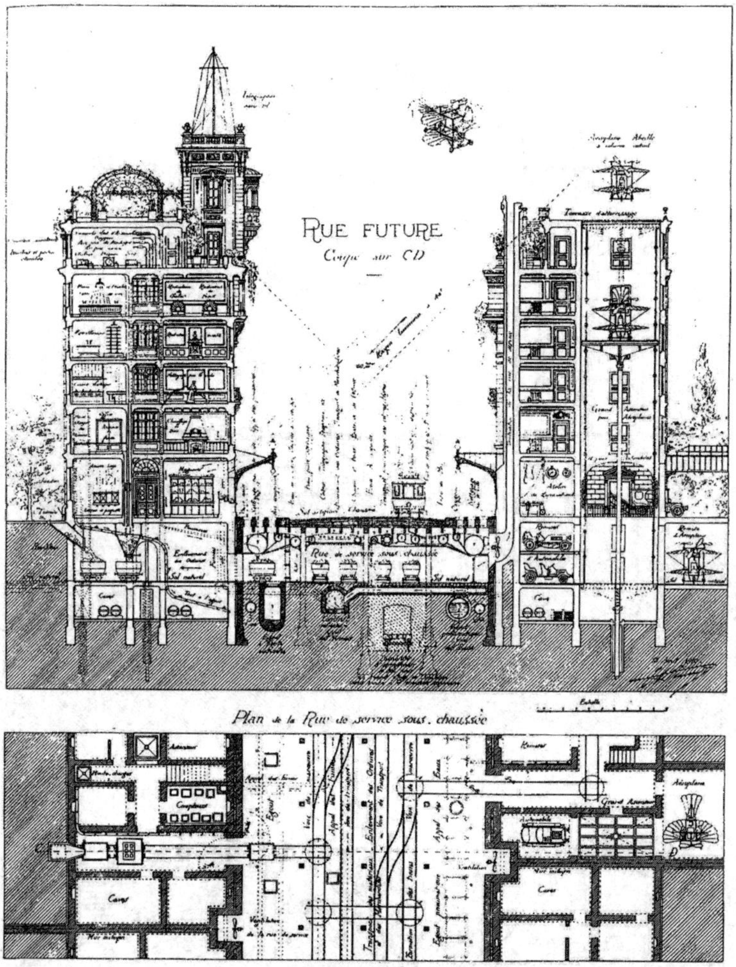

图 3-2　未来城市（一）

Towns）规划理论（图 3-5）。他在《双层城市》一书中指出："双层城市"的理论所寻求的是一种全新的城市发展模式，将交通在两个平面上分离，即人与非机动车交通在地面，而机动车交通在地下或半地下。这种城市形态改变了新城大量城市用地作为道路使用的做法，节省下来的土地扩大了空地和绿地。汉斯·阿斯普伦德的"双层城市"理论是人们对城市空间开发认识上的飞跃和突破。

1998 年，荷兰 Delft 大学的学者 Monnikhof R. 等人通过研究，提出了确定地下空间需求和地下空间功能类型适用性的多层次评估方法，该方法通过使用一系列的决策指标，主要解决以下三个方面的问题：①确定适合建于地下的功能类型；②确定地下空间利用潜力大的区域；③对某个地下空间利用的城市发展方案的优劣进行评估。由于所涉及的各类指标中定性化的指标较多而且不易定量化，因此所得到的成果基本上仍处于定性评价的层面，有待进一步研究深化。

2005 年，西班牙学者 Pasqual J. 等人从社会学和经济学的角度出发，对城市地下土地的价值进行了研究，提出了一种衡量城市地下空间开发利用的成本和收益的方法，并以

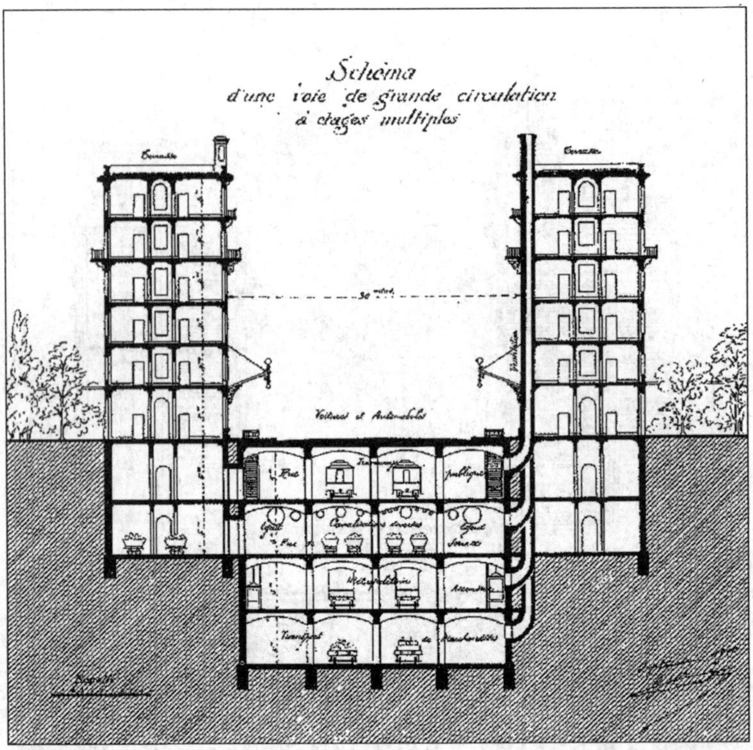

图 3 - 3　未来城市（二）

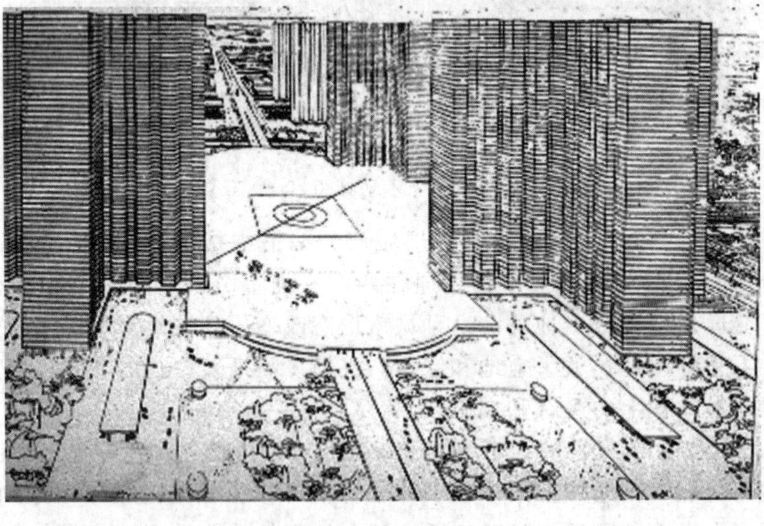

图 3 - 4　300 万人口的现代城市中心区设想

巴塞罗那等城市为例进行了实例验算。他们的研究成果为城市地下空间的规划和利用提供了经济学理论支持。

近年来，随着地下空间工程施工技术和施工工艺的发展以及城市部分地区地下中浅层空间开发的日趋饱和，国外学者开始把眼光投向更深层的地下空间开发利用领域，而日本

图 3-5　“双层城市”概念示意图

学者在这一领域走在世界的前列，如该国学者尾岛俊雄提出了在城市次深层地下空间中建立封闭性再循环系统（Recycle System）的构想，把开放性的自然循环转化为封闭性再循环，用工程方法将多种循环系统组织在一定深度的地下空间中。尾岛先生为此还设计了一个覆盖东京 23 个区的地下大深度公用设施复合干线网（图 3-6、图 3-7），其相交处节点为大型多层地下建筑。所有物流系统如污水、垃圾、供热和供冷的空气等的运送、处理、回收都在这个大循环系统中进行。深层地下空间规划理论和开发实践的出现，对于未来城市的可持续发展和生态化建设，无疑具有深远的意义。

- ● 地下设备网络
- ■ 社区中央取暖空调运营区
- ○ 水滨再开发地区
- △ 垃圾堆存
- □ 排水设施
- ▲ 蒸汽发电厂
- □ 社区中央取暖空调运营区的推进地

网络管线长度

	周长	半径	间距	合计
A-环	10.715	1.750	1.750	24.715
B-环	21.430	3.500	1.750	35.430
C-环	42.881	7.000	3.500	70.861
D-环	64.291	10.500	3.500	92.291
E-环	64.291	14.000	3.500	88.791
总计	203.588		14.000	312.088

· 每个环的总长度
＝周长＋(通至内环的管线长度)

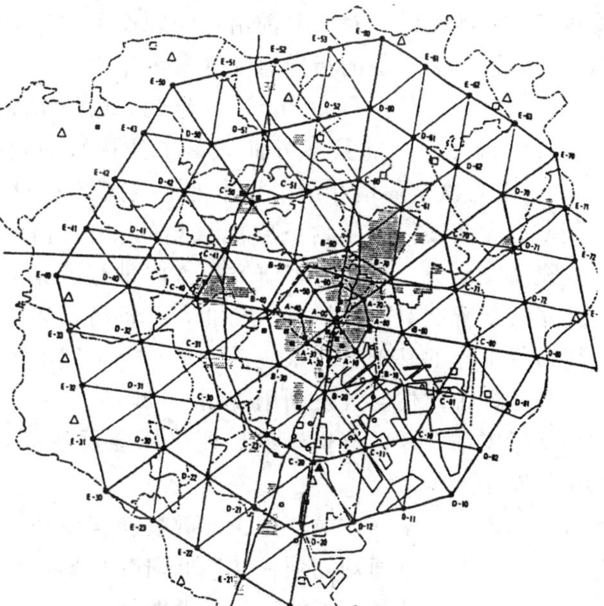

图 3-6　东京深层地下复合基础设施网络方案

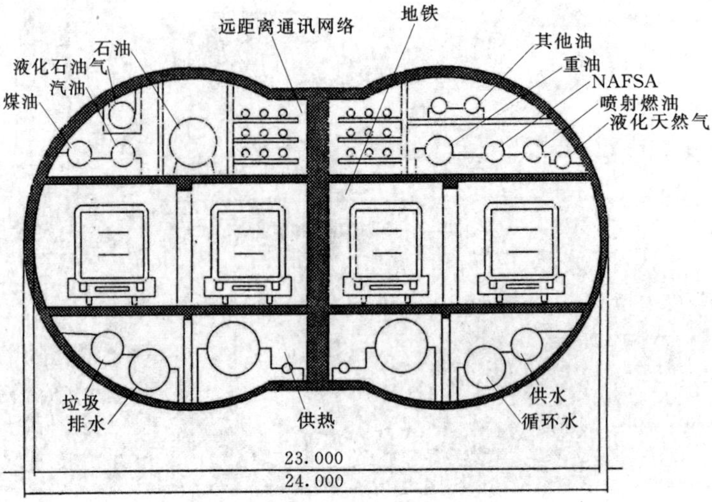

图 3-7 复合基础设施网络隧道剖面图

3.2.2 国内地下空间规划理论

我国城市地下空间规划理论的研究探索起步于 20 世纪 80 年代末，其理论基础源于城市规划，在实践上，将一系列专业规划如人防工程规划、城市轨道交通规划、市政基础设施规划等进行扩展并加以整合。其中颇具代表性的研究学者及其理论成果主要如下。

清华大学童林旭教授于 1994 年出版了《地下建筑学》专著，该书可以说是我国在地下空间开发利用领域的拓荒之作，2012 年又在其基础上进行了重写，比较全面地反映了近十几年来地下建筑学的发展，以及地下空间开发利用和建设的最新成就，对我国的实践经验进行了系统总结，对一些前沿性问题作了理论分析，对我国的地下空间开发利用与地下建筑规划设计有一定的指导意义和参考作用。

同济大学束昱教授自 20 世纪 80 年代开始从事城市地下空间开发利用领域的教学、科研和设计咨询工作，在很多方面做出了开拓性的贡献。《地下空间资源的开发与利用》(2002) 一书首次全面地介绍了日本地下空间开发利用的实践经验和技术成果，结合多年的规划研究和实践提出了地下空间规划的编制内容与编制方法，并在地下空间舒适性研究、安全防灾研究、规划管理研究等方向进行了深入探索。

清华大学祝文君副教授在参与北京、青岛、厦门等城市的地下空间规划编制工作和相关专题研究工作的基础上，系统深入地研究了城市地下空间资源评估理论及方法，在《城市地下空间资源评估与开发利用规划》(2009) 一书中作了全面介绍，提出了地下空间资源评估指标体系、评估分析模型、评估标准及基于 GIS 的评估作业平台系统，在国内具有一定的领先地位。

解放军理工大学陈志龙、王玉北教授在其专著《城市地下空间总体规划》(2011) 中，结合大量城市地下空间规划项目实践和研究积累，比较系统地总结了城市地下空间开发利用规划的编制程序和技术方法，包括资源评估、需求预测、总体布局与形态，以及地下交通、地下公共服务空间、地下市政设施、地下物流系统、地下空间综合防灾等内容，对国内城市地下空间规划编制实践具有重要指导作用。

此外，还有很多学者从建筑学、城市设计、轨道交通等学科视角对地下空间规划提供了理论基础，如刘皆谊博士的《城市立体化视角——地下街设计及其理论》（2009）和《城市立体化发展与轨道交通》（2012）、董贺轩博士的《城市立体化设计——基于多层次城市基面的空间结构》（2011）以及董春方博士的《高密度建筑学》（2012）等。

3.3　城市地下空间规划的编制任务与内容

3.3.1　规划编制概况

1. 规划编制的必要性

2008年1月1日开始实施的《中华人民共和国城乡规划法》在我国城乡规划领域具有里程碑的重大意义，对地下空间开发利用规划也同样具有重要意义，它明确规定了城市地下空间的开发和利用，应当与经济和技术发展水平相适应，遵循统筹安排、综合开发、合理利用的原则，充分考虑防灾减灾、人民防空和通信等需要。为什么要如此重视地下空间开发利用规划编制工作呢？

在以往的城市建设中，地下空间开发以道路市政管线以及人防工程为主，其开发特点：一是规模小、功能单一；二是各自为政。加之对地下空间资源的规划管理缺位，导致地下空间开发的无序，阻碍了地下空间的可持续建设。近年来，随着城市地下空间的开发需求日益得到社会认可，地下空间开发逐渐成为城市建设的热点，在经济利益的驱动下，地下空间开发又呈现出一种遍地开花的态势。这两种状态下的地下空间开发，导致大量城市地下空间资源被粗放、无序的建设占用，长此以往，将严重妨碍城市的可持续发展。

此外，地下空间规划还具有区别于地面空间规划的一些特点，如地下空间开发利用相对地面建筑而言，具有建设成本高、工期长、不可预见性较大、难以利用自然采光及景观、方向性感官较差、竖向分层利用等特殊性；地下空间规划内容几乎涉及城市各个方面，需要各类各层次专业人士的广泛参与，也需要众多城市主管部门的统筹协调。因此地下空间资源的开发利用迫切需要规范、合理、安全、有效的规划控制和引导。

2. 面临的主要问题

尽管不少城市已经展开了各个层面的地下空间规划，但从编制技术角度而言，仍然面临着一些问题：一是地下空间规划编制规范和标准的缺位。由于地下空间规划在我国城市规划领域仍然属于一个新兴课题，加之地下空间建设的地域性和复杂性等特点，迄今为止，国内仍未出台地下空间规划的有关编制规范和技术标准。城市在地下空间规划的编制深度、阶段把握、技术方法等方面还处于摸索阶段。因此各城市编制地下空间规划的内容和深度的随意性都比较大。同时，地下空间规划与规划主干体系如何衔接，特别是地下空间规划如何纳入控制性详细规划并作为规划管理的根本依据，如何界定强制性和指导性意见，如何与现行规划管理法规对接等，都是在当前规划编制中遇到的现实问题。二是基础理论研究的缺失。在地下空间建设需求量预测及分解方法、地下空间建设与城市综合防灾设施的关系、地下空间建设的投入产出效益综合评估等方面还缺乏足够的理论支撑和量化分析手段，因此地下空间规划编制成果的可操作性打上了不小的折扣。显然，以这样的水平是难以应对更大规模、更加复杂的地下空间开发利用需求的。

3.3.2 规划编制任务

地下空间的非独立性决定了其规划也必须同地面规划一起考虑，因此，与后者相适应，前者也可分为概念规划、总体规划、分区规划、控制性详细规划、修建性详细规划等层次。在不同的层次，规划关注的主要问题不同，规划成果的内容和形式也有所差别。特别是地下空间开发利用的合理规模问题、地下空间规划的管理操作问题等是其中较为重要的环节，它们将会直接对应不同层次的规划成果，与实际的管理需要接轨。

城市地下空间规划作为城市规划编制体系中的专项规划，其规划层次与城市规划编制体系相协调和联系，主要分为总体规划和详细规划两个阶段。其中总体规划阶段一般指城市地下空间专项规划，属于战略性规划；详细规划阶段主要是城市地下空间控制性详细规划，属于实施性规划，是审批建设项目的法定依据，修建性详细规划也属于详细规划阶段，但其主要用于项目实施阶段，作为对控制性详细规划的补充。

各规划层次的编制任务如下。

1. 城市地下空间专项规划

在深入调研现状资料的基础上，以总体规划为依据，结合城市社会经济发展及城市实际情况，明确城市地下空间开发利用的基本原则和建设方针，研究确定城市地下空间开发利用的目标、功能、规模、总体布局和竖向分层规划，对重点地区和各类地下功能设施进行综合部署和全面安排，统筹安排近、远期地下空间开发项目，提出保障规划实施的对策和建议，促进城市地下空间资源科学、合理、高效、有序的开发利用。

2. 城市地下空间控制性详细规划

根据城市地下空间专项规划的要求，具体落实规划范围内各类设施的功能、规模、平面布局和竖向分层等控制要求。详细规定规划范围内建设地块地下空间开发利用的各项控制指标，包括地下建筑面积、地下建筑层数和标高、地下建筑退界、出入口位置、地下公共通道位置与宽度等，并明确地下空间连通要求和兼顾人防及防灾要求。城市地下空间开发利用相关内容和控制指标应纳入城市控制性详细规划编制成果。

3. 城市地下空间修建性详细规划

在编制城市重要地段和重要项目修建性详细规划时，应同步编制地下空间修建性详细规划，依据上一层次规划要求，对规划范围内的地下空间平面布局、空间整合、公共活动、交通系统与主要出入（连通）口. 景观环境、安全防灾等进行深入研究，协调公共地下空间与开发地块地下空间，以及地下交通、市政、民防等设施之间的关系，提出地下空间资源综合开发利用的各项控制指标和其他规划管理要求。

3.3.3 规划编制内容

1. 城市地下空间专项规划

（1）地下空间开发利用现状分析与评价。从城市地下空间的分布、数量、规模、使用功能、开发深度和使用状况等方面分析评价现状发展情况。

（2）地下空间资源调查与评估。综合分析规划区内工程地质、水文地质、开发现状等因素，总体评估地下空间资源开发质量、价值及分布情况。

（3）地下空间需求分析与预测。综合分析多种需求影响因素，预测规划期内城市地下空间开发利用的功能类型、开发规模和开发强度等。

(4) 规划目标与发展策略。结合城市开发建设的总体目标，确定与城市总体发展相协调的近期、远期和远景规划目标，并提出基本发展策略。

(5) 地下空间布局与功能。对规划区内各种地下功能空间进行综合组织，主要包括总体结构、平面布局、竖向利用和功能布局等内容。

(6) 城市重点地区地下空间开发利用。结合城市总体发展要求，确定地下空间重点地区的布局、发展重点及典型地区的指导性建议。

(7) 各类分项功能设施规划。明确地下交通设施、地下市政基础设施、地下公共服务设施和地下综合防灾设施等专项功能设施的发展策略、空间布局和规划建设要求等。

(8) 地下空间近期建设规划。结合城市近期建设规划，提出城市地下空间近期建设目标、项目布局、时序安排和投资估算等。

(9) 规划实施保障措施。从规划、开发、建设、管理等方面提出地下空间开发利用的实施保障措施。

2. 城市地下空间控制性详细规划

(1) 结合地下空间专项规划要求、地区控制性详细规划和相关城市设计成果，研究确定规划范围内地下空间设施的总体布局和竖向分层等关系。

(2) 提出地下公共活动系统的开发规模、功能组成、空间位置和连通要求。

(3) 结合地区交通规划，提出各种地下交通设施的规模、空间位置和连通要求。

(4) 根据民防工程专业规划，落实规划范围内的各项人防设施，明确人防设施的功能和规模，明确兼顾设防要求。

(5) 提出开发地块地下空间开发的控制范围、深度，并结合地下公共活动系统，提出必须公共开放的地下空间设施位置、功能和连通要求。

(6) 结合地下空间各项功能系统设施的开发建设特点，提出开发建设的时序、运营与管理建议。

3. 城市地下空间修建性详细规划

(1) 根据地下空间总体规划和地区控制性详细规划的要求，通过进一步论证分析，明确规划区地下空间综合开发利用的功能定位、开发规模以及各层平面布局和竖向布局。

(2) 结合区内公共活动和交通活动特点，合理组织地下公共活动空间，明确地下公共空间各层的功能、平面布局、竖向标高；提出地下公共空间之间，以及与地面公共空间、开发地块地下空间的连通位置和标高控制；提出地下交通设施的设置位置与出入交通组织。

(3) 根据地下空间布局对地块开发建设的影响，对规划区内的开发地块提出具体的控制指标和规划管理要求，明确开发地块内必须公共开放或鼓励开放的地下空间范围、功能和连通方式等。

(4) 根据规划区自然环境、历史文化和功能特点，进行地下空间的形态设计，优化地下空间的景观环境品质。

(5) 估算工程量和投资，对方案进行综合效益的技术经济论证分析。

3.3.4 规划编制成果要求

根据《城市规划编制办法》(建设部第 146 号),城市规划成果的表达应当清晰、规范,成果文本、图件与附件中说明书、专题研究、分析图纸等表达应有区分。在规划文本中应当明确表达规划的强制性内容,控制性详细规划成果的图件由图纸和图则两部分组成。城市规划成果文件应当以书面和电子文件两种方式表达。

规划文本表达的是地下空间规划的意图、目标和实施该规划内容的规定性要求,它具体表达了规划引导和控制城市地下空间建设及管理的内容。规划一经批准,规划文本就是一种城市规划规范性文件。编写规划文本的基本要求包括:依法编写,文图一致,体例法条化,表述要严谨。

图则文件是控制性详细规划基础上根据有关法规制定的,是控规的法律表现形式,具有法律效力,是规划管理的基本依据和实施规划意图的主要手段。在地面法定图则的基础上,地下控制图则应当明确标示反映各类规定性、引导性控制指标和控制要求(图 3-8)。

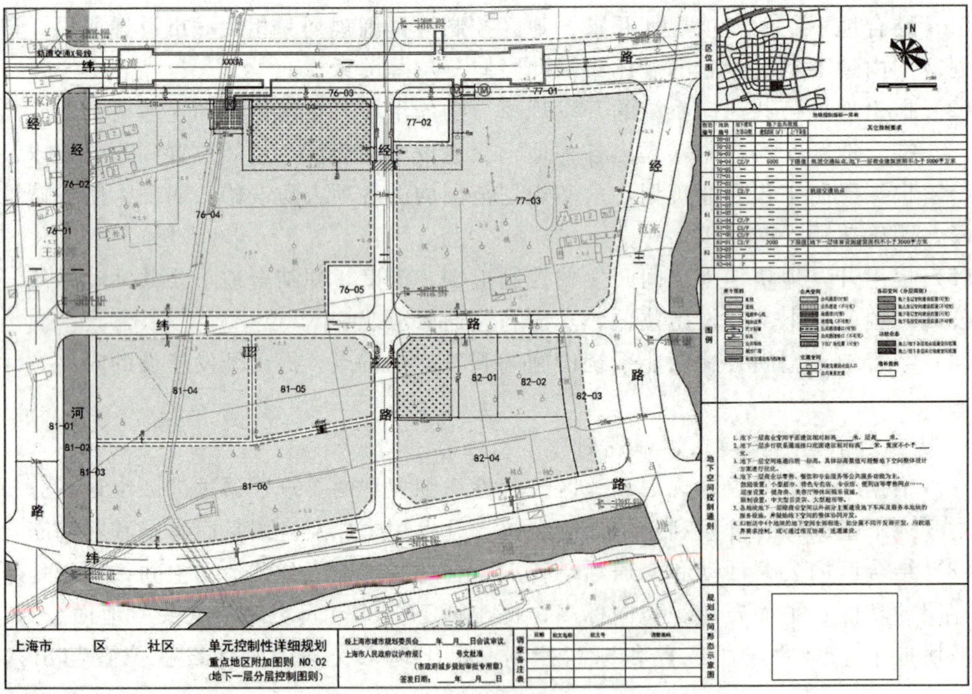

图 3-8 上海控制性详细规划重点地区地下空间附加图则示意图

3.4 城市地下空间规划的主要编制方法

3.4.1 基础资料调研

对城市地下空间现状基础资料的收集与调研是整个地下空间规划编制的基础工作,需要通过文献、访谈、现场踏勘等多种方法，对城市的空间、社会、经济、生态、文化历史、地下空间展开全面细致的调研，找出城市建设发展中的主要矛盾和问题，特别是城市交通、城市空间、城市环境等重点问题。调查研究的成果形成地下空间现状调研分析报告和城市地下空间基础资料汇编。

城市地下空间基础资料调研工作一般有三种形式。

(1) 文献资料收集和整理。主要是由当地城乡规划部门积累的资料和相关主管部门提供的专业性资料，包括城市工程地质、水文地质资料，城市地下空间现状普查数据，城市总体规划及综合交通、轨道交通、市政、人防、综合防灾、商业网点、国民社会经济发展规划、统计年鉴等。

(2) 部门走访。由当地城乡规划主管部门（或负责地下空间综合管理的人防部门）综合协调，地下空间规划编制人员与城乡规划、人民防空、城市建设、市政公用、交通、国土房管、商务等主要相关部门的分管领导和技术人员进行座谈，咨询其主管领域内的主要矛盾和问题现状、城市地下空间开发利用存在的问题、对地下空间未来发展的建议和意向等内容。

(3) 现场踏勘。在收集文献资料和部门访谈的过程中，还必须对城市的发展概貌、城市建设发展中的主要矛盾和问题有着明确的具象理解，对重点地上、地下工程进行认真的现场踏勘、访问、记录。

根据城市规模和城市具体情况的不同、城市地下空间规划编制深度要求的不同，基础资料收集应有所侧重，不同阶段的城市地下空间规划对资料的工作深度有不同的要求。一般来说，地下空间总体规划阶段应具备的基础资料包括：

(1) 城市勘察资料。主要包括工程地质，即城市所在地区的地质构造，地面土层物理状况，城市规划区内不同地段的地基承载力以及滑坡崩塌等基础资料；水文地质，即城市所在地区地下水的存在形式、补给条件等基础资料。

(2) 城市测量资料。主要包括城市平面控制网和高程控制网、城市地下工程及地下管线等专业测量图以及编制地下空间规划必备的各种比例尺的地形图。

(3) 气象资料。主要包括温度、湿度、降水、蒸发、风向、风速、冰冻等基础资料。

(4) 城市地下空间利用现状。主要包括城市地下空间开发利用的规模、数量、功能类型、分布及使用状况等基础资料。

(5) 城市人防工程现状及发展趋势。主要包括城市人防工程现状，人防工程建设目标和布局要求，人防工程建设发展趋势等有关资料。

(6) 城市交通资料。主要包括城市交通现状、交通发展趋势，轨道交通规划、小汽车增长情况及停车状况，城市道路交通拥堵点等。

(7) 城市土地利用资料。主要包括现状及历年城市土地利用分类统计、城市用地增长状况、规划区内各类用地分布状况等。

(8) 城市市政公用设施资料。主要包括城市市政公用设施的场站及其位置和规模，管网系统、容量及市政公用设施规划等。

(9) 城市环境资料。主要包括环境监测成果，影响城市环境质量有害因素的分布状况及危害情况，以及其他有害居民健康的环境资料。

3.4.2 资源评估

城市地下空间在一定的技术条件下，由于工程地质、水文地质、地面建设情况及已开发地下空间等条件的制约，影响着地下空间资源开发利用的难易程度或潜力。城市地下空间资源评估，即对地下空间资源潜力、质量和价值的综合评价，总体判断地下空间开发利用工程难度和确定可开发的资源分布情况，为后续规划建设提供科学依据。城市地下空间资源评估包括资源调查和资源评价两部分内容。

资源调查通过对地下空间资源的地形地貌、工程地质、水文地质和不良地质等自然条件，生态适宜条件、地面空间现状、地下空间现状等建成条件进行数据资料收集分析和研究，对可开发利用的地下空间资源特征与分布进行定位和描述。资源调查需要充分利用城市地形测绘、地质勘察及城市规划等资料。

资源评价在资源调查的基础上，对资源条件类型和质量等级分异的要素和条件进行分析，采用多种定性定量分析方法，对地下空间的工程条件、限制因素和利导因素进行分析比较和计算，取得资源分布、资源质量、潜在开发价值等评价结果，对地下空间利用的优势条件和不足，以及资源分布等进行总体判断（图 3－9）。评价结果主要体现在数量和质量两方面。

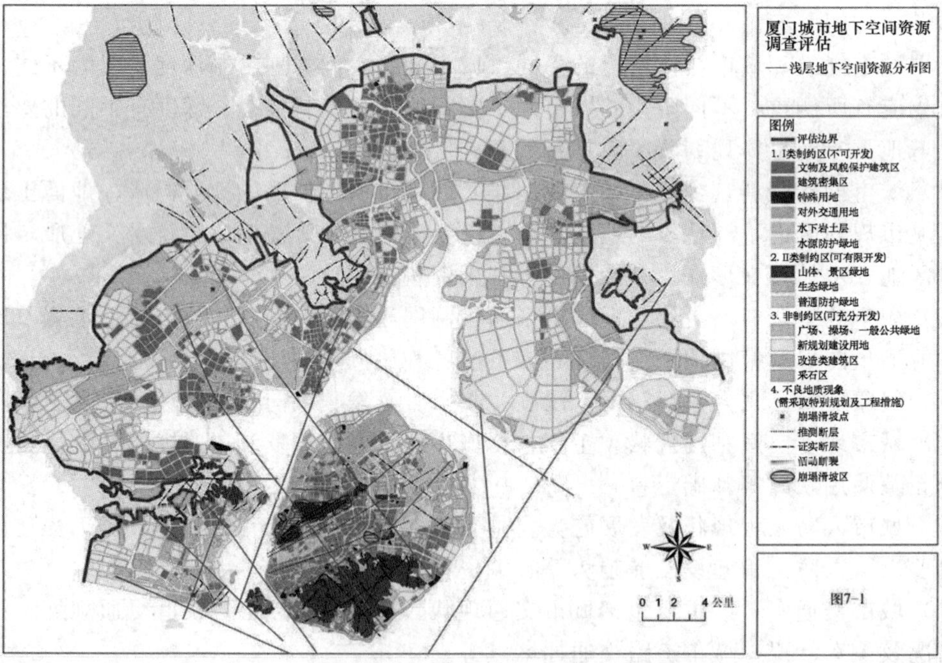

图 3－9 厦门市浅层地下空间资源分布图

地下空间资源的数量一般用地下空间体积容量或折算成相应的建筑面积来表示。资源数量根据内涵属性的差别从大到小分为可合理开发量、可有效开发量和实际开发量三个概念。

（1）可合理开发量是指规划范围内不受各种自然因素和建设因素制约，在当前技术条件下可进行开发活动的空间容量。

(2) 可有效开发量是指在可合理开发量的资源分布范围内，满足地质和生态环境安全需要，保持合理的地下空间距离、形态和密度，在一定技术条件下能够实际开发利用的空间容量。

(3) 实际开发量是指根据城市发展需求、生态环境保护要求及城市总体规划，实际确定或已开发利用的地下空间资源容量。

地下空间资源的质量是指地下空间可开发利用程度综合评价指数，可用综合指标评价后的相对分数或分级来表示，并反映为地下空间资源质量空间分布评估图（图3-10），对指导地下空间开发利用规划的布局和选址具有重要作用。

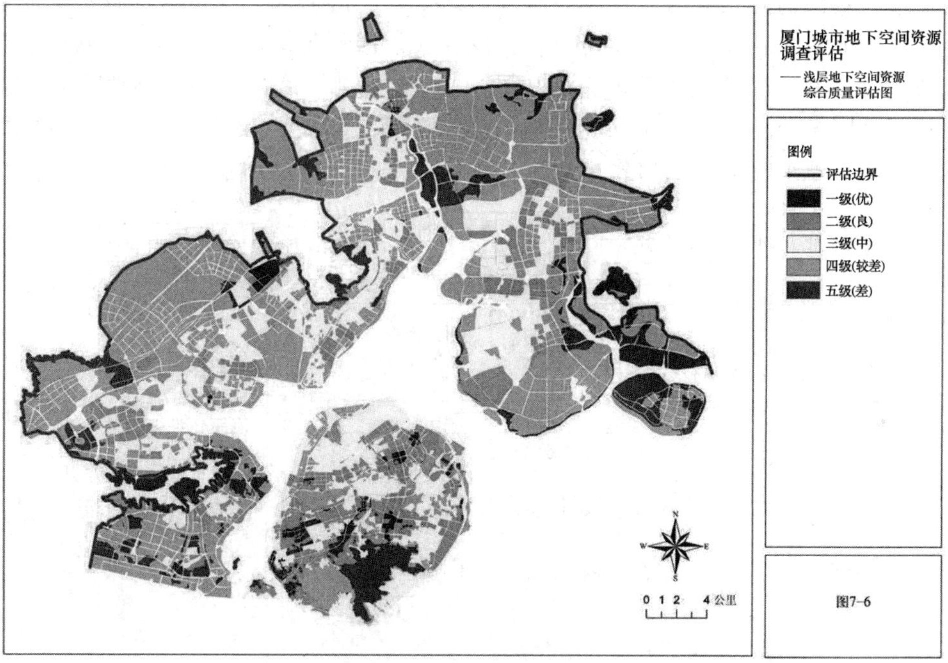

图3-10　厦门市浅层地下空间资源综合质量评估图

3.4.3　需求预测

城市地下空间的发展，从初步启动到饱和成熟，是一个逐步发展的连续性过程。从整体来说，城市地下空间的发展阶段是与城市的发展阶段相适应的，地下空间的发展实际是对城市特定发展阶段的需求的满足，不同阶段有不同阶段的问题及相应的需求。

城市地下空间需求预测主要根据一定时期内城市发展目标、人口用地规模和城市经济、社会发展趋势，采用多种方法，对地下空间开发利用的需求功能类型和开发规模的需求趋势进行系统分析和预测，科学的需求预测成果对保障规划方案的合理性具有重要作用。

目前，国内外对城市地下空间需求量的预测提出了一些方法。总体来说，国外重在对单体和专项地下空间需求量的研究，对城市区域性地下空间需求量的研究不多，国外地下空间开发大多是在解决城市问题的过程中自发累积而成。

在国内，从 20 世纪 90 年代起就对地下空间需求预测开展了一些相关研究，主要成果包括基于系统工程方法的数学模型预测法、基于生态城市指标的需求预测方法、基于和谐理念构建的地下空间需求预测方法、分系统单项指标标定法以及基于层次分析法的需求模型预测法等。

此外，各地在近十多年间开展了大量不同深度的地下空间规划编制工作，也探索了很多种需求预测方法，如北京、苏州等采用了建设强度预测法，郑州、常州等采用了人均需求预测法，无锡、南京、青岛等采用了功能需求预测法，厦门采用了分系统单项指标标定法，武汉采用了需求模型预测法，在重点地区详细规划层面还形成了经验类比分析法、服务人口预测法、配建指标预测法、成本效益分析法等多种方法。

地下空间资源的开发需求归根到底是人对地下空间的需求，人口活动越密集的地区对地下空间开发的需求就越大，因此可以选择反映人口活动集聚的因子作为影响地下空间开发需求的主要因素。以需求模型预测法（图 3－11）为例，该方法将影响地下空间需求的诸多因素通过因子分析法和专家问卷法归结为八项评估指标：空间区位、土地利用性质、地面建设强度、轨道交通、人口密度、土地价格、房地产价格和地下空间现状。

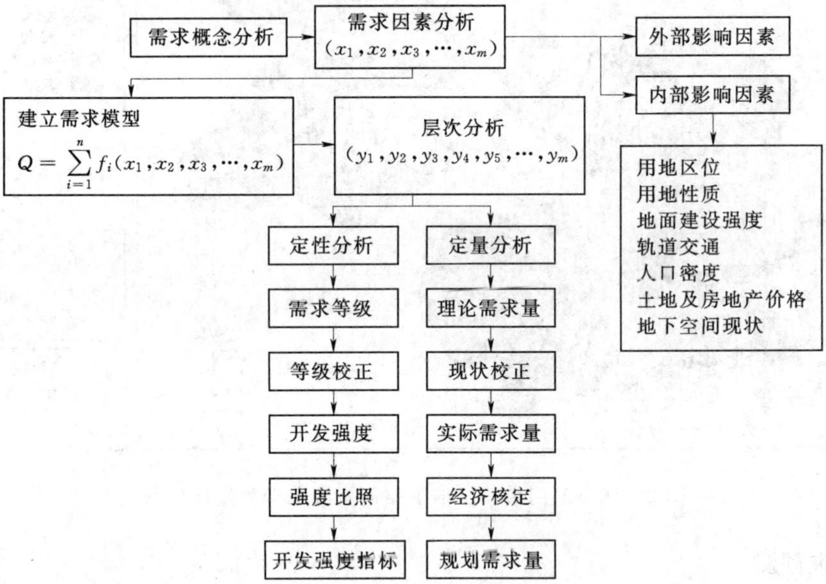

图 3－11　总体思路技术框架图

在实际预测时，首先综合考虑规划区的结构、布局、功能、性质、综合交通等的定位，做不同级别的“区位等级”划分。然后根据规划用地的不同使用性质对地下空间需求进行级别划分。再对地下空间需求强度进行校正，包括高度校正、容积率校正、轨道交通校正和现状校正等。

根据各地块地下空间需求级别，结合需求强度表可估算出地块的地下空间需求强度，用地块面积乘以相应的需求强度就可以得出该地块的地下空间理论需求量，把每个地块的需求量叠加起来就得出城区或区域的地下空间理论需求量，用理论需求量减去地下空间现状量就得出地下空间实际需求量。

3.4.4　空间布局

1. 平面形态

与城市地上空间形态不同，城市地下空间是一种非连续的人工空间结构，城市地下空间形态与城市地上空间形态之间具有对应性和协调性。城市地下空间的平面形态一般可以概括为点状、线状、辐射状、脊状和网络状五类。

（1）点状。点状地下空间是城市地下空间形态的基本构成要素，也是功能最为灵活的要素，各种点状地下空间成为城市上部功能延伸后的直接载体。点状地下空间分布于城市各处，一般位于城市中心、城市广场、交通枢纽、大型公共建筑、居住区等城市矛盾集中处。“点”有大有小，大的可以是功能复杂的综合体，如结合地铁车站综合开发形成的多功能地下综合体，小的可以是单个地下商场、地下车库、地下人行道或地下变电站、地下垃圾收集站等市政设施站点。

（2）线状。线状地下空间也是城市地下空间形态的基本要素，是构成城市地下空间的基本骨架，将分散的空间联系起来。呈线状分布的地下空间主要指地铁、地下道路、地下商业街，以及沿街道地下布置的市政管线、综合管廊、排水暗沟等，另外相邻点状地下空间连通也可成为线状空间。

（3）辐射状。以大型地下空间设施为核心，通过与周边其他地下空间的连通，形成辐射状地下空间形态。这种形态出现在地下空间开发利用的初期，通过地铁（换乘）站、中心广场或绿地等大型地下空间设施的开发，带动周围地块地下空间的开发利用，使局部地区地下空间设施形成相对完整的体系（图 3－12）。

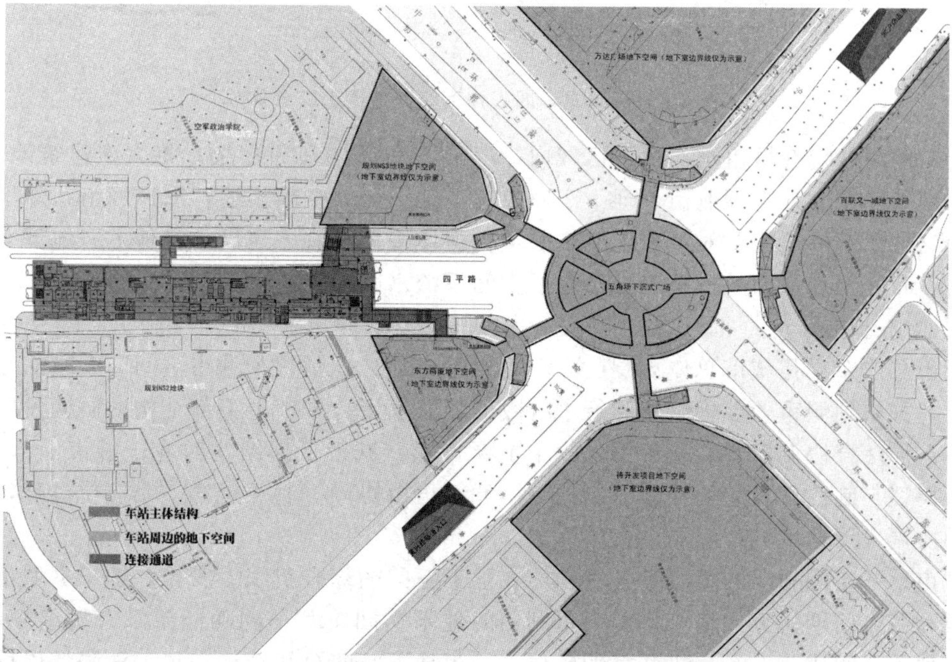

图 3－12　上海五角场中心广场地区地下空间开发

（4）脊状。以一定规模的线状地下空间为轴线，向两侧辐射，形成脊状地下空间形态。这种形态在没有地铁车站的城市区域或地下停车系统中比较常见，其中轴线状地下空间可能是地下商业街或地下公共车行廊道，与两侧建筑地块的地下商业空间或停车库连通（图3－13）。

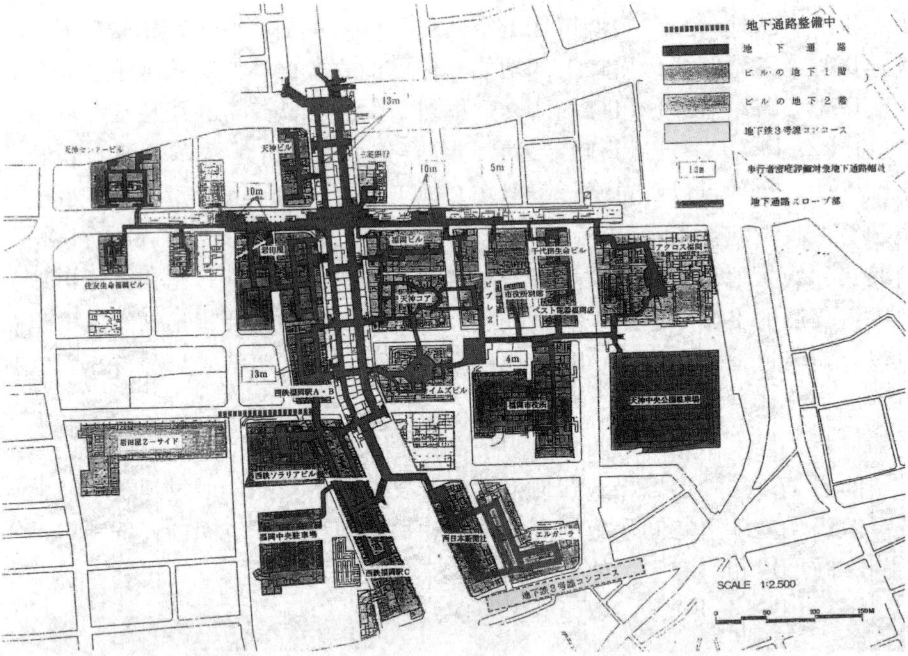

图3－13 日本福冈天神商业区地下街综合体

（5）网络状。在城市重点发展区域内，以地下交通空间为骨架，将大型建筑地下室、地铁（换乘）站、地下商业街、地下车库及其他地下公共空间连通，形成网络状地下空间形态。这种形态一般需要对城市地下空间进行整体规划、有序建设，将地上、地下空间综合考虑，有利于形成高效完整的城市地下空间系统（图3－14）。

2. 总体布局

城市总体布局是城市总体规划的一个主要组成部分，是整个城市空间的合理部署和有机组合，关系到城市的合理组成和行之有效的运营发展。城市上下部结构的协调发展是城市总体布局综合协调需要着重考虑的一个重要方面。城市下部结构对应于城市上部结构，具有从属性与制约性，它们经历着制约→协调，再由协调→制约这样一个演化过程，通过两者的协调发展达到城市布局结构的优化。

城市地下空间布局的核心是各种功能在地下空间的综合组织、安排，即根据城市的性质规模和各类前期研究成果，将城市可利用的地下空间按其不同功能要求有机组织起来，使城市地下空间成为一个有机联系的整体。城市地下空间总体结构布局方法强调以城市形态为发展方向，以城市轨道交通网络为基本骨架，以城市重点功能片区为开发重点，以城市公共活动中心和主要交通节点为发展源。

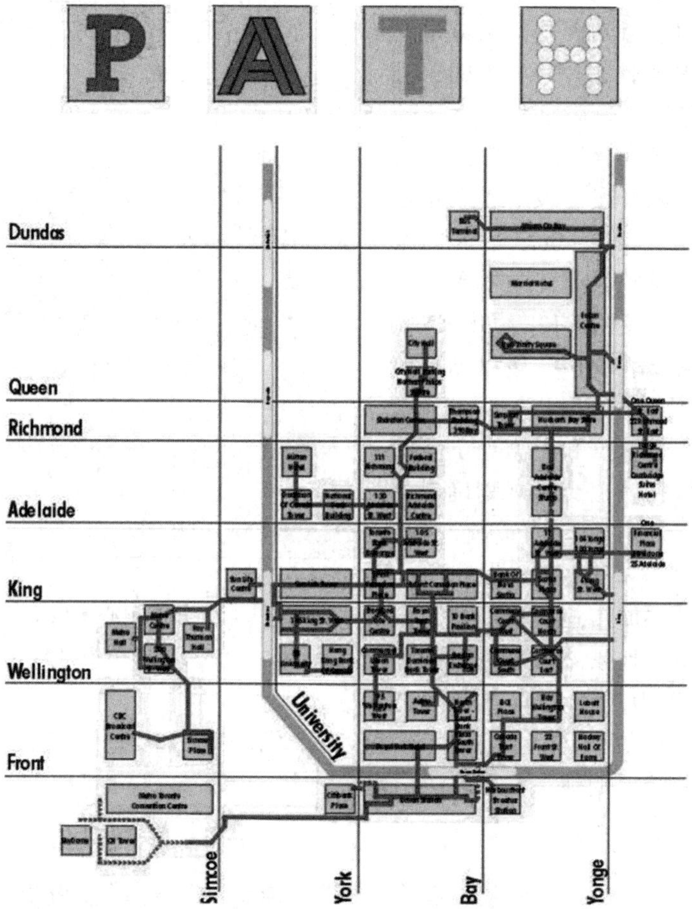

图 3-14　加拿大多伦多地下步行网络系统

(1) 以城市形态结构为发展方向。与城市形态结构协调是城市地下空间结构布局的基本要求，城市形态按照城市交通轴线分类有放射型、环形、环状放射型、方格型、带型等多种形式。如北京地下空间总体布局遵循市域城镇体系规划“两轴两带多中心”和中心城“分散集团式”的布局结构，在市域规划的 11 个新城的中心区考虑地下空间开发利用，在中心城形成“双轴、双线、双环、多点”的布局模式（图 3-15），实现与整个城市空间布局发展的协调。

(2) 以地下轨道交通网络为基本骨架。城市轨道交通对城市交通发挥重要作用的同时，也成为城市规划和形态演变的重要部分，地铁在城市地下空间中规模巨大并且覆盖极广，地铁线路的选择充分考虑了城市各方面的因素，将城市中主要人流方向连接起来，形成网络。从许多大城市的实践经验看，地下轨道交通系统往往形成城市中心地区地下空间的发展轴，不但带动沿线的城市立体化再开发，而且在重要站点形成交通换乘枢纽，并可向周边扩大形成综合商业、服务业、停车等功能在一起的大型地下综合体（图 3-16）。

(3) 以城市重点功能片区的综合开发和改造为布局重点。结合总体规划确定的城市重要公共活动中心和主要城市节点，确定重点功能地区。城市重点功能片区是城市对内对外功能的集中承载地，是城市的核心部分，公共建筑集中，开发强度大，土地利用效率较高。一般而言，地面开发强度高的区域，地下空间开发建设的需求量也相应较集中（图 3－17）。重点地区的地下空间开发利用是反映城市建设水平、协调程度的重要载体，是城市集约化发展、空间综合利用的重要表现，一般以创造精品为目标。

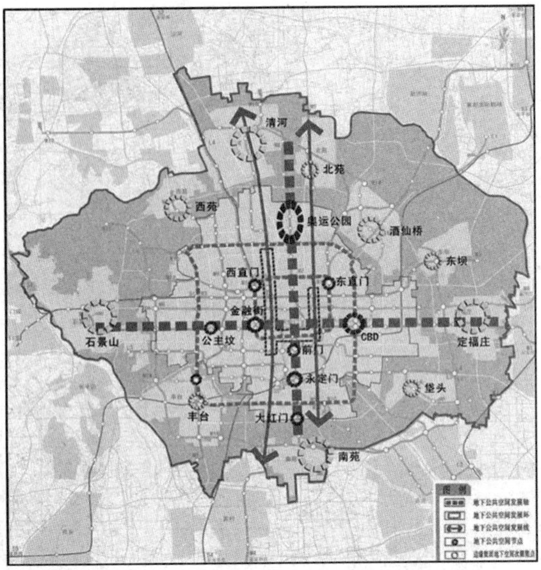

图 3－15　北京中心城地下空间开发利用总体结构布局图

（4）以主要交通节点和大型地下空间为发展源。一般依托轨道交通规划确定的线网和主要站点，确定地下空间开发利用的主要节点。城区内有地铁经过的地区，应充分考虑地铁站在城市地下空间体系中的重要作用，尽量以地铁站为节点，以地铁站的综合开发作为地下空间布局形态（图 3－18）。在无地铁经过的地区或尚未建设地铁的城市，应将大型商业街或综合体、大型中心广场或公共绿地的地下空间作为节点，将其与周围地下空间连成一体，形成脊状或辐射状地下空间形态。

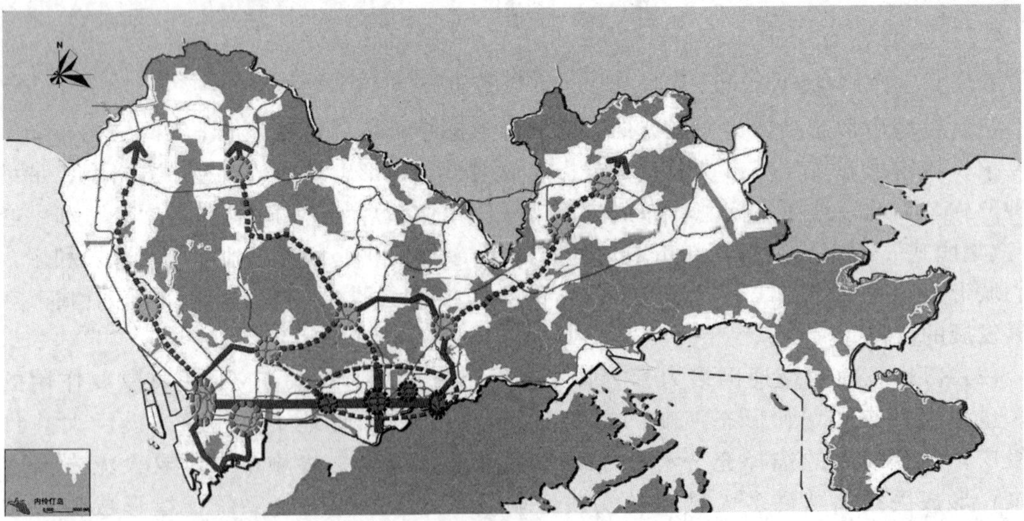

图 3－16　深圳市地下空间开发利用总体结构布局图

3. 竖向分层

城市地下空间竖向层次的划分必须符合地下设施的性质和功能要求，还应根据其所处

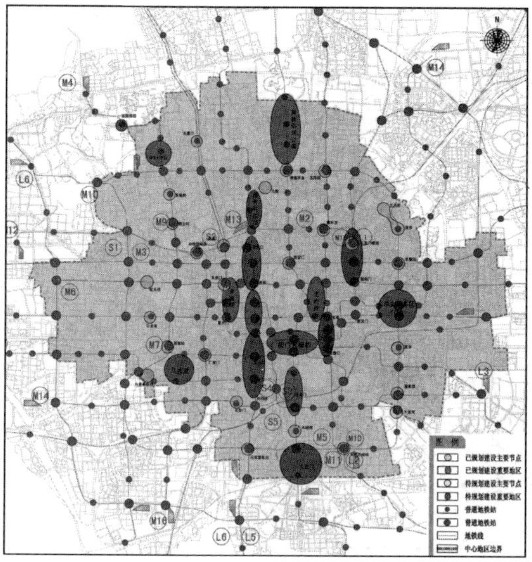

图 3－17 北京中心城地下空间开发利用重点地区布局图

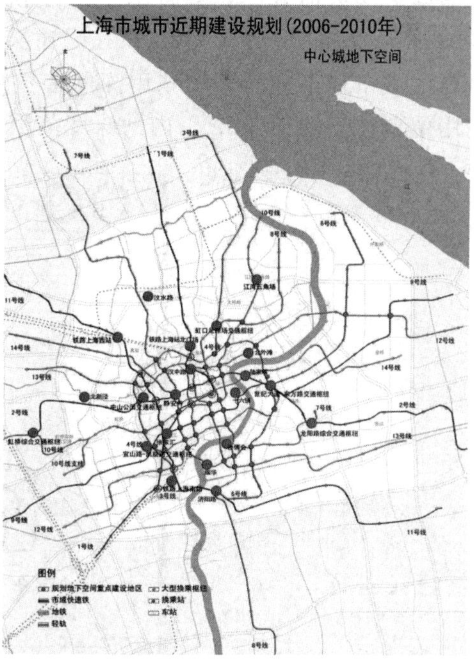

图 3－18 上海市中心城地下空间近期重点建设地区布局图

的位置（道路、广场、绿地、建筑地块）、地形和地质条件等不同情况分别考虑，特别要注意高层建筑桩基对城市地下空间使用的影响。分层的一般原则是：该深则深，能浅则浅；人货分离，区别功能（表 3－1）。

表 3－1　　各类用地地下空间竖向分层利用功能指引

	浅　层	次　浅　层	次深层和深层
城市市政道路下空间	市政管线、地铁、地下道路、人行地道、地下车库、综合管廊（包括电缆隧道）、地下街	地铁（隧道）、地下河、地下道路（干道）、地下物流设施、综合管廊（包括电缆隧道）、排水隧道	地下骨干设施（高压变电站、地下水处理中心等）、排水隧道
城市水域下空间	市政管线、综合管廊（包括电缆隧道）、隧道、地铁、道路	综合管廊（包括电缆隧道）、排水隧道	隧道、地铁、道路、排水隧道
城市绿地/广场下部空间	局部区域开发地下休闲、娱乐等配套设施、地下市政场站	地下公共停车库、地下市政场站等	地下骨干设施（高压变电站、地下水处理中心等）
建设用地下部空间	地下街、地下住宅、办公用房、公共建筑、地下车库、小型地下市政场站（如地下泵站、变电站等）、区域性供暖等	地下车库、小型市政场站（如地下泵站、变电所等）	地下骨干设施（高压变电站、地下水处理中心）

通常将城市地下空间竖向层次由浅到深分为次浅层（地下 10m 以上）、浅层（地下 10～30m）、次深层（地下 30～50m）和深层（地下 50m 以下）4 个层次（图 3-19）。目前世界上城市地下空间开发利用深度多数处在地下 50m 的范围内，我国城市地下空间开发利用主要位于地下 30m 以内的深度范围。

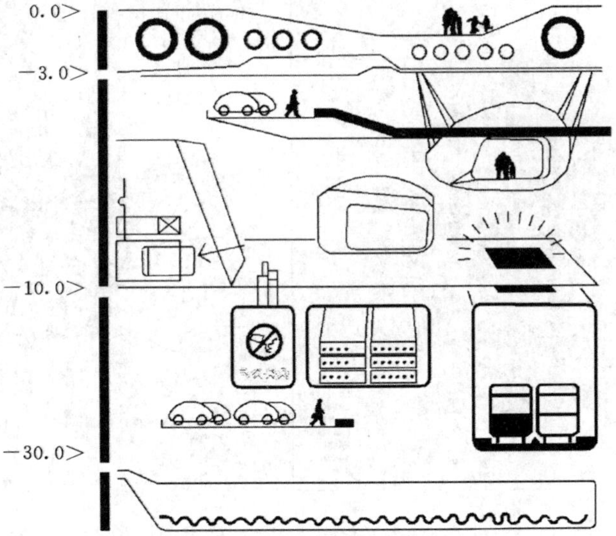

图 3-19　地下空间竖向利用分层示意图

(1) 次浅层（地下 10m 以上），是人员活动最频繁的地下空间。在城市建设用地下主要安排停车、商业服务、公共步行通道、交通集散、人防等功能，在城市道路下可安排市政管线、综合管廊、地铁等功能。

(2) 浅层（地下 10～30m），人员可达性较浅层稍差。在城市建设用地下主要安排停车、交通集散、人防等功能，在城市道路下可安排地铁、地下道路、地下物流等功能。

(3) 次深层和深层（地下 30m 以下），具有较强的独立性和封闭性，基本为无人空间，可作为地下市政设施、深层储藏设施、地下道路以及城市某些特殊需求的预留空间，应统筹部署。

3.5　城市地下空间规划的管理

目前，城市地下空间的开发利用尚在起步阶段。由于地下空间规划管理存在一些问题。这些问题使城市地下空间在开发利用工作中遇到了困难，为使地下空间的开发利用工作做到有章可循，建立城市地下空间规划管理已成为当务之急。

3.5.1　规划管理机制

城市地下空间利用是一项宏伟的事业。推进该事业的发展，必须要有科学、高效的管理体制。涉及面广，协调必要性强是城市地下空间事业的特点，我们现在的分散性管理体制无法与这一特点相适应，所以我们的第一步工作就是在宏观上创设有效率的一元管理模式。而后，在这一机制模式下，充实、明确、调整管理主体的职能，强化各种管理机制。

1. 一元管理模式

当实施一个城市地下工程时，牵涉的面往往很广，尤其是在进行重点地区的地下综合利用中，与之相关的部门非常多。在我国目前行政管理体制下，与之相关的部门及其职责有（以市为例）：发展改革委员会负责重大政府投资建设项目的立项审批；规划局负责城市地下空间的管理规划；交通局负责地铁、地下公共停车场等的建设管理；市政局负责道路、隧道、地下立交、地下管线等的建设管理；人民防空办公室负责人防工程规划、建设、使用与管理；房管局负责地下不动产的登记管理；消防局负责地下空间的消防安全等。这些部门地位平等、职权独立，由此产生的消极后果就是互不沟通、各自为政，无法满足地下空间利用综合高效、协调发展的需要。要克服这种弊端，就必须构建一元管理模式。

所谓一元管理，通俗讲就是在有着千头万绪的大事业中，有一个组织对这个事业进行统合，作出决策或决定。一元管理有两种形式：一种是将原来各个相关部门所具有的权利赋予其中一个部门，例如，在城市地下空间利用中将交通局、规划局、市政局等的相关权利赋予城建局，让城建局统一负责地下空间利用事务（或大部分事务）。这种形式下，统领组织的权利非常大，能很迅速解决问题，但同时暗藏着权力膨胀、权利滥用，进而影响地下空间建设科学性的隐患。在目前各行政机关权利本位观念重，民众权利愈来愈浓的情况下，这种形式不易被采纳。另一种形式是在各个相关组织上设置一个级别更高的常称之为“委员会”的组织。这个委员会由相关部门的代表组成，通过会议等形式进行共同研究，共同做出决策或决定。他在级别上一般要高于各个组织，委员会的领导一般是各级政府的正职或副职。更高的级别、首长的威信以及与之伴随的政绩考核成为委员会作用发挥的力量泉源。在这种形式下，虽然会议等的召集、讨论等对决策速度有所影响，但是由于其不太改变现有的权力分配状态，具由首长做主，更易被人接受的性质。城市地下空间利用是一项严谨的事业，需要多花时间进行论证、讨论，委员会制速度慢的不足在这里并不构成妨碍。所以，在城市地下空间管理中，应建构委员会制的一元管理模式。

在目前我国城市地下空间利用中，建构一元管理模式要回答一个问题：在哪一级，是在中央还是地方，是在省级还是在市级，还是从上到下一条直线都设置这样的委员会制一元管理模式。虽然我国城市地下空间利用进入了快速发展期，但从整体情况来看，大的发展主要还是发生在北京、上海、杭州等大城市，在这些大城市应该设置可以称之为地下空间管理委员会的一元管理模式。除此以外的地方，尤其是在小城市，没有设置该委员会的迫切性。由于全国城市地下空间利用状况参差不齐，所以现阶段中央不一定要设置地下空间利用委员会，但是可以在建设部设置相关的部门，对一些具体事务做一些必要的协调。

2. 管理主体

因为称城市地下空间利用涉及的部门太多，所以，在（非统合性）管理主体也很多，虽然建构一元管理模式后，形成了一个统合性的主体，但不改变这些职能本门作为管理主体的地位。在这些主体之下或周围，还存在一些辅佐性的机构或组织，它们对城市地下空间管理也发挥着重要作用，可以归属于大管理主体的范畴之内。

（1）地下空间管理委员会。

地下空间一元管理模式的领头者就是地下空间管理委员会。上海市建设委员会和科技委员会组织《上海城市地下空间管理体制与机制研究》报告建议“上海市地下空间决策管理委员会”。该委员会主任由主管城市建设方面的副市长担任，副主任由主管城市建设与管理方面的市政府秘书长担任，百分之五十的委员由地下空间管理职能部门的分管领导担任，包括市房改委、建委、规划局、城交局、市政局、民房办、房地局、园林局和环保局等；百分之五十由社会上的专家、主要阶层的代表担任；包括地下空间的专家、城市规划专家、经济学家、社会学家、工商企业家、主要阶层代表等。该委员会主要对城市地下空间的领域的规划和计划、投资和建设、运营和控制、价格和收费等方面制定宏观调控政策，对集资、融资和体制改革等方面的重大事项进行决策，对决策的实施进行必要的管理、协调和监督。凡涉及全市地下空间利用的重大事项，都由该委员会全体委员会议讨论决定或按规定的权限审核报批。因为地下空间管理委员会由很多单位共同组成，所以运行速度肯定不快。而他的工作形式就是会议，所以，在委员会制度的前提下，若能最大限度地提高会议的效率，就能提高地下空间管理效率。

日本大深度法确立了协议会制度。为了进行有利于大深度法目的实现的协商，在各对象地域，国家相关行政机关以及相关都道府县组织了大深度地下使用协议会。协商的会议，由国家行政机关等的首长或其指定的职员组成。协议会认为有必要时，可以向相关町村以及事业者要求资料提供、意见陈述、说明以及其他必要的协助。会议中协商一致的事项，国家行政机关等必须尊重该协商的结果。事业者欲获得大深度使用认可，必须提交事业概要书，而接受事业概要书的事业主管大臣或者都道府县必须迅速将其副本送至事业区域所在的对象区域的协议会成员。接受事业概要书副本的协议会成员，针对协议会成员所辖事物，必须实施让该事业概要书内容众所周知的必要措施。日本大深度协议会与上述上海市地下空间决策管理委员相比，在统合力上稍显薄弱；但两者本质是相同的。

（2）土地征收征用委员会。

本书主张我们在土地征收征用制度，尤其是征收征用程序方面要向日本学习。在这项制度中，土地征收征用委员会（以下简称征收委员会）扮演着重要“角色”。日本在都道府县所辖内设置征收委员会，它由 7 位委员组成，另外按就任顺序，设置两人以上的预备委员；委员和预备委员必须是对法律、经济或行政有丰富经验或知识，对公共福祉能公正判断，经都道府县议会的同意，由都道府县知事任命；委员和预备委员不得兼任地方公共团体议会的议员、地方公共团体的首长或常务职员、地方公务员法规定的短期勤务的职员。委员和预备委员为非常务，任期为 3 年，委员缺员时，由顺位在先的预备委员就任；委员和预备委员可以连任。委员和预备委员除有以下情形之一外，不能在任期内违背其意志对其进行罢免：征收委员会决议认为由于其身心的原因不能执行职务；征收委员会决议认为其有违反职务上义务、其他与委员不相符的违法行为。

征收委员独立行使职权，其审理必须公开，审理程序由会长或指明委员指挥，会长或指明委员认为企业者、土地所有者和关系人陈述的意见、申请、审问或其他行为有重复，或者实施与裁决申请无关事项，或者有其他不适当时，可以就此予以限制。会长或指明委员可以命令妨碍征收委员会公正审理着退场。征收委员会认为适当，或者对审理或调查有必要时，可以实施下列行为：命令起业者、土地所有者、关系人、知情人出面接受审问或者命令提交意见书或资料；命令鉴定人出面鉴定；进行土地或物件的现场调查。征收委员会的裁决会议不公开。裁决通过书面进行。裁决书中必须附记理由和裁决日期，由会长和参加会议的委员的署名盖章。裁决书的正本必须加盖征收委员的印章后送达起业者土地所有者和关系人。

土地征收征用是对私人财产实施重大影响的行为，征收征用权历来被认为是一种国家的高权。在英、美、法等国家，征收权一般归司法机关或立法机关所有，德、日等国家和我国一样归行政机关所有。法国和日本虽然在征收征用权在归属上有着区别，但在过程上有着极为相似的地方。这两个国家的征收征用都分成两个大步骤：公共事业认定步骤和裁决步骤。只是在裁决步骤，关于裁决主体出现了差异。仔细考察这两个国家的制度及其运行结果，就会让人觉得，裁决主体是行政机关还是司法机关并不重，重要的是裁决机关要有足够的中立性，虽然极可能是行政机关，但它与拟获得土地的行政机关并没有从属关系，没有利害关系，它所作出的裁决就很可能是客观的。这里的关键就是保障征收委员会委员的身份与职权。我们可以借鉴日本的土地征收法中的征收委员会制度，促进我国土地征用行为的文明。

3. 管理机制

与管理主体相比，管理机制成为管理体制的动态形象。没有管理机制，管理主体的权限和任务就无法落实。在涉及面广的事业中，管理机制的作用更是明显，在各主体间若没有相关的机制在运作，那很容易陷入各自为政、管理效率低下的局面之中。在城市地下空间利用，有决策机制、执行机制、监督机制等；在此之下，又有咨询机制、协商机制、信息共享机制、公民参与机制、安全保障机制、评价机制等。在这些机制中，信息共享机制和安全保障机制对地下空间而言，有着更特别的意义。

地下地质的复杂性、建筑工程的复杂性、土地与不动产的隐蔽性等决定了在对地下空间利用进行管理时信息共享极其重要。如果相互间信息不畅通，还有可能造成地下工程无法建设、地下空间相关权利重复登记、反复挖掘勘察等情况。地下空间利用的信息主要有地质信息、规划信息、地下工程技术与方法信息、工程和不动产设置与建设信息等。简言之，地下空间利用相关的各部门所具有的信息对整体事业而言都是重要的信息，最好都能通过一定的方法实现共享。在以一元管理模式下，共享机制的构建应该不难。可以在地下空间管理委员会所设的常设机构中设立信息机构，由该机构负责信息共享机制的运作，这个机制运作的前提就是明确信息收集与提供义务。日本大深度法规定：为实现大深度的目的，国家以及都道府县必须致力于有关对象地域地壳状况、地下利用状况等信息的收集与提供。地下空间管理委员会将取得的信息或主动的送达相关部门，或通过网络予以公布；而各部门或者个人也可以通过申请方式获得相关信息。

地下空间与危机有着紧密的联系。首先，作为地下掩体，它有应付战争危机的功能；其次，作为一个封闭状态的空间，地下空间一旦发生灾害，其结果往往很严重，防灾救灾是地下空间永远不可松懈的课题，构建和运行地下空间安全保障机制非常重要。原建设部《地下空间管理规定》指出：建设单位或者使用单位应当建立健全地下工程的使用安全责任制度，采取可行的措施，防范发生火灾、水灾、爆炸及危害人身健康的各种污染。日本大深度法第5条规定："在使用大深度地下时，必须依据其特性，特别考虑安全保障以及环境保护。"据此，日本政府制定了大深度利用安全指针，该指针针对火灾与爆炸、地震、浸水、停电、犯罪等提出了不同的措施。地下空间安全保障机制包括灾害预测与预防、救助宣传、灾害通达与处理、抚恤赔偿等内容。安全是万事之前提，在地下空间利用中必须时时强化安全保障机制。

3.5.2　规划实施管理

1. 现状与问题

城市地下空间规划编制完成并通过审批等法律程序生效后，只是一个指导性与控制性的官方文件，要实现规划中既定的发展目标和各项发展要求，还有一个相当复杂和困难的实施过程，这就需要明确政府各相关职能机构的职责和权界，制定内部与外部高效协调、监督与管理的行政管理机制，并考虑增设地下空间综合管理的议事决策与协调机构。

当前我国城市地下空间管理呈现出国家法定"双轨制"和地方实践"多元化"探索并存的局面，反映出我国在地下空间开发管理方面的法定要求与实际需求不相符合的尴尬事实。

我国的《人民防空法》(1997) 和《城市地下空间开发利用管理规定》(2001 年修正) 分别明确了人防部门和规划、建设部门对地下空间开发建设的管理权，从而在国家立法层面形成了独特的"双轨制"管理体制。

面对城市地下空间大规模快速发展的新形势下传统"双轨制"管理的缺陷，一些大中城市陆续开展城市地下空间开发利用管理体制的改革探索，与地下空间开发利用相关的地方政府规章相继出台，地下空间管理体制呈现"多元化"的发展态势。

城市地下空间开发涉及范围广泛，需要规划、建设、人防、国土、交通、市政等数十个部门参与管理，协调难度较大。从各地具体操作来看，目前我国地下空间管理模式主要有三种：一是无牵头部门，参照地面工程按照法定职能各司其职的专业管理模式；二是由专业职能部门牵头的管理模式，明确管理部门间的主辅关系，是"双轨制"的衍生模式；三是参照水资源流域、自然保护区的综合管理模式，建立综合管理机构进行统筹协调的全新模式（表 3-2）。

表 3-2　　部分城市地下空间管理模式比较

管理模式	牵头部门	具体做法	管理效果比较分析	代表城市
无牵头部门	无	参照地面一般建筑工程，各部门依职能分工管理	符合现行管理体制和机构设定，各专业内部管理顺畅，但政出多门、多头管理和无人管理并存，统筹管理能力弱	广州
具体专业职能部门牵头	规划部门	规划部门以地下空间规划为基础，协调与其他部门的关系。其他各部门各负其责	能够发挥城市规划的"龙头"和控制作用，有利于将地下空间开发纳入城市整体发展蓝图；但统筹管理和领导协调能力较弱，难以对其他专业管理部门进行有效控制	天津、深圳
	建设部门	由地方建设主管部门作为领导协调机构，其他各部门各负其责	能够统筹地下空间建设管理，并能在一定程度上协调建设矛盾；但统筹管理和领导协调能力较弱，难以对其他专业管理部门进行有效控制	本溪、葫芦岛

续表

管理模式	牵头部门	具 体 做 法	管理效果比较分析	代表城市
具体专业职能部门牵头	人防部门	适当扩充人防部门的管理范围，统筹地下工程的登记、发证、规划、建设和管理	尊重我国地下空间开发起源于人防工程的事实，能有效利用人防部门在地下人防工程规划、建设和长期管理上积累的经验和技术力量；但人为割裂了地下空间与地面开发，与地上建设管理的法律规定以及现行管理机制不符，且统筹管理和领导协调能力较弱，难以对其他专业管理部门进行有效控制	杭州、沈阳
设立综合协调机构	专门议事协调机构	将地下工程统一看待，设立统一议事协调机构，统筹协调管理，各部门依职能分工管理	既强化统筹领导，又能发挥各职能部门的专业优势，与现有地上建筑的管理体制及职能接轨，可操作性较强；但无法定机构和行政编制，组织运作效率偏低，容易出现职能部门推诿、扯皮现象	上海、兰州
	市政府办公厅	市政府办公厅牵头协调，将地下工程分为人防工程和一般地下工程分别统筹管理；规划部门负责地下空间的综合规划管理及一般地下工程的规划管理，建设和国土房管部门分别负责一般地下工程的建设和房产登记管理，人防部门负责人防工程的规划、建设、管理	能充分发挥现有综合管理机构作用，统筹协调能力较强，但市政府办公厅事务庞杂，专业性不强，难以将更多的人力、物力投入到具体管理事务中，运作效率低，容易出现职能部门推诿、扯皮现象	北京

尽管目前各地在地下空间管理实践中积极探索，但无论采用哪种模式、由哪个部门牵头管理，由于当前行政管理体制建设存在先天不足，地下空间开发利用对专业性、综合性和系统性的高要求与我国条块分割、相对松散的行政管理机构设置之间仍然存在难以调和的矛盾，难以避免具体工程项目实践中多头管理、交叉运作和无人管理等诸多问题。比如，如果不是地上地下一体开发建设的工程，而是单独建设的地下工程，向哪个部门申请，接受申请的部门根据什么核发规划许可证，如何发放规划许可证，都不明确。

2. 综合管理体制探索

合理、有效的政府管理体制是构建城市地下空间开发利用良性发展的关键，从政府科学管理的目标出发，城市地下空间开发利用管理体制应能满足和适应客观现实的需求，有效保护地下空间产权，促进地下空间的有序开发，管理好地下空间的开发利用。在改革和完善现有体制时，既要考虑体制结构现状，又要充分发挥职能部门的主动性；既要立足现有法律框架，又要衔接未来的法律创新。

从世界上地下空间开发利用发达国家管理体制的发展历程和实践效果来看，实行综合管理是破解我国地下空间管理困局的行之有效的方法。日本在地下空间开发利用管理体制构建方面积累了许多值得借鉴的有益经验，尤其是其从专业管理到综合管理的转变探索，目前日本已逐步构建起一套由中央到地方统一协调、国会和政府全面参与、专业管理和综合管理并举的较完整的地下空间开发利用管理体制，这种管理体制专业性高、综合性强、分工明确、决策透明，适应现代城市地下空间的开发利用。

城市地下空间开发利用的特点决定了只有设立一个具有较高权威性、较强统筹协调能力和科学高效决策机制的管理机构，才能真正实现对地下空间开发利用科学有效的管理。具体运作上可成立城市地下空间开发利用管理委员会，由政府主要负责人担任主任或组长，规划、建设、人防等相关部门负责人担任委员，同时应在机构下设立若干专业委员会，其人员组成应该具有社会代表性，如行业专家和社会人士等，并应确定非官方人员的比例，以保证机构运行的透明度和管理工作的科学性，基本形成“法定咨询决策机构＋专家咨询＋公众参与＝权威性＋科学性＋民主性”的思路构想。

可鼓励一些有条件的大城市先行试点探索、总结经验，在验证综合管理制度的可行性和适应性的基础上，逐步推广，并通过国家或地方政府的立法程序确立地下空间开发利用的主管机构、管理权限和程序。

本章思考题

1. 简述我国地下空间规划发展历史。
2. 简述城市地下空间开发类型和发展模式。
3. 简述国外地下空间规划理论发展简史。
4. 简述城市地下空间规划编制的任务、内容。
5. 简述城市地下空间规划编制方法。
6. 简述空间布局的平面形态、总体布局、竖向分层的主要内容。

第4章　城市地下空间利用形态

4.1　概述

随着城市化进程的迅猛发展，我国城市人口急剧增加，城市范围日益扩大。但是，由于城市用地增长率大大低于城市人口增长率，城市地面空间尤其是城市商业中心区日益陷入拥挤局面。在单靠地面已经无法解决问题的情况下，人们对土地的利用由地表平面逐渐扩及空中及地下。

城市地下空间的利用形式主要有地下交通设施（包括地铁、地下公路、地下人行过道街、地下停车场）、地下管线、地下商业服务设施、地下储藏硐室及地下人防设施等。地下建筑具有良好的密闭性、稳定的温度环境和较强的防灾减灾功能。地下空间的利用节约了城市用地，改善了城市交通，减轻了城市污染。城市地下空间的开发为城市规模的扩展提供了十分丰富的空间资源，是城市可持续发展的必然途径。

从20世纪80年代中期开始，随着国民经济的发展和城市化进程的加快，城市地下空间利用开始成为我国大型、特大型城市建设和改造的重要的、不可缺少的组成部分。现在，地下交通网、地下商业设施、城市地下基础设施在我国的一些城市中已经具有一定规模。目前人类已经开发的地下设施种类繁多，为了更好地了解各种地下设施，有必要按照一定的标准对其进行分类。日本对城市地下空间利用的内容按照有人和无人划分为有人空间及无人空间，具体情况如表4-1所示。一般而言，有人空间由于人的存在，从安全、舒适等角度出发，地下空间的开发深度不宜过深，而无人空间由于没有人这个最为主要因素的限制，理论上开发深度可以不加限制。

表4-1　日本对城市地下空间利用内容的分类

有人空间	无人空间			
城市生活设施	基础设施	生产设施	储存设施	防灾设施
住宅、地下室 学校、医院 商店街 办公室 文化设施 停车场 仓库	上、下水道 煤气、电力 交通设施	发电厂 生产工厂	能源 粮食 水 废弃物	避难设施 防洪设施 储备设施

除了上述的分类，按照一般设施的分类方法还可以将地下设施按照功能特点进行归类，将功能相近的设施归为一类，以便更好地指导地下空间的开发。具体而言，可以归为地下交通设施、地下公共服务设施、市政基础设施、生产储存设施及防灾设施等，如表

4－2所示。

表 4－2 城市地下空间利用的功能类别

地下交通设施	地下公共服务设施	市政基础设施	生产储存设施	防灾设施
地铁 地下道路 地下步道 地下停车场 地下物流	地下商业设施 地下文化娱乐体育设施	一般市政管线 市政干线 综合管沟 地下变电站	地下工厂 仓库 地下污水处理 地下垃圾处理	指挥所 人防工程 医疗设施

地铁建设带动了城市地下空间资源的大规模开发利用。地下轨道交通既是一种快速、准点、安全、舒适、大运输量的城市客运交通工具，也是节约用地、减少污染、立体分流、综合高效解决“城市病”的最有效途径之一。结合地下交通换乘枢纽开发的地下商业街、地下综合体，充分发挥了地下交通网的使用效率，使城市地面、地下建构的各种系统之间建立了快速、便利、安全的立体换乘，同时也通过聚集的人流促进了零售业的发展。电力、煤气、天然气、热、水、信息设施等地下物质流通网日渐完善，实现了高效运输和流通，从而有效地减少了地上环境及浅层地下空间的负荷，提高了这些城市基础设施的抗灾性能。地下人防设施充分利用了地下空间资源的防护潜能，提高了城市综合防灾抗毁的能力。随着各种城市地下公共设施和人防工程设施的大量兴建，在规划设计技术、建设施工技术、维护管理技术、相关机械、设备、电气、控制、材料等方面都取得了新进展。

本章就地下空间的主要利用形态进行论述，其目的是让学生认识城市地下空间工程利用所涉及的形态和范围，并初步掌握地下空间工程不同利用形态的概念、功能和主要应用领域。

4.2 地下轨道交通

城市公共交通（Urban Public Traffic）是指，在城市及其郊区范围内，为方便公众出行，用客运工具进行的旅客运输。它对城市政治经济、文化教育、科学技术等方面的发展影响极大，现代城市公共交通结构主要包括公共汽车、无轨电车、快速有轨电车、地下轨道交通和出租车等客运营业系统，有些城市还有铁路客运、轮渡、索道、缆车运输、磁悬浮客运交通等。地下轨道交通（Underground Rail Transport）是指，在大城市中主要在地下修筑隧道、铺设轨道，以电动快速列车运送大量乘客的公共交通体系，故称地下轨道交通，也称为地下铁道，简称地铁（Metro/Subway/Tube）。在城市郊区，人员车辆较少的地方，地铁线路常可延伸至地面或高架桥上，一般称之为轻轨（Light Rail Transit，LRT）。地铁运输几乎不占街道面积，不干扰地面交通，有些国家称它为“街外运输”。在纽约则称为“有轨公共交通线”（Mass Transit Railway），而在中国台湾、泰国曼谷和新加坡则称作“捷运”（Mass Rapid Transit，MRT）。图 4－1 是典型现代城市综合轨道交通系统示例。

地铁列车运行的最高时速可以达到80km/h。地铁基本上不受地面交通和天气气候的

图 4-1　典型现代城市综合轨道交通系统示例

影响，所以能准时发出和到站；一列车按照 6 辆编组，每辆车定员 310 人，其中座位 62 个，全列车就可载 1860 人。地铁运量大，速度快，安全舒适，但是造价昂贵，需要一定的经济实力。

国务院于 2003 年下达了国办发［2003］81 号文件，明确指出城市快速轨道交通系统的建设要“坚持量力而行，有序发展”的原则。申报发展地铁的城市应达到下述基本条件：地方财政一般预算收入在 100 亿元以上，国内生产总值达到 1000 亿元以上，城区人口在 300 万人以上，规划线路的客流规模达到单向高峰小时 3 万人以上。申报建设轻轨的城市应达到下述基本条件：地方财政一般预算收入在 60 亿元以上，国内生产总值达到 600 亿元以上，城区人口在 150 万人以上，规划线路客流规模达到单向高峰小时 1 万人以上。对经济条件较好、交通拥堵问题比较严重的特大城市，其城轨交通项目予以优先支持。

1863 年 1 月 10 日，世界上第一条地铁用明挖法施工在伦敦建成通车，列车用蒸汽机牵引，线路长约 6.4km；伦敦的第二条地铁于 1890 年建成，采用了盾构法施工，列车由电力机车牵引。到 20 世纪上半叶，已有伦敦、纽约、芝加哥、布达佩斯、格拉斯哥、波士顿、维也纳、巴黎、柏林、东京、莫斯科等城市建成了地铁。其中芝加哥修建的全部为高架线，直到 1943 年才建成第一条地下线。根据资料显示，最豪华地铁在莫斯科，运量也大，103 个车站内的艺术博物馆构成了“欧洲地下宫殿”；新加坡的地铁和车站清洁、明亮，是世界上最安全、最清洁、管理最好的地铁。

我国于 1965 年 7 月在北京开始修建第一条地铁，第一期全长 22.17km，于 1971 年投入运营。天津市于 1970 年动工，1980 年地铁通车。上海第一条长约 16.1km 的南北地铁 1 号线已于 1995 年正式建成。香港地铁始建于 1975 年，1980 年 MIS（Modified Initial System）系统全部完工并运营。中国工程院院士施仲衡在 2010 中国城市轨道交通关键技术论坛（第 20 届地铁学术交流会）上指出，当前我国城市轨道交通进入快速发展时期。过去 5 年内，我国的轨道交通里程增加了 1000km 左右，到 2010 年年底，总里程将达到 1300 多 km，已超过美国的 1100 多 km 的规模。截至 2010 年 10 月，全国已有北京、上海、广州、深圳、南京、天津、重庆、武汉、长春、大连、成都、沈阳等 12 个城市的轨道交通投入运营，线路总里程约为 1270km。其中，上海市轨道交通开通运营的总里程已达 420km，至 2010 年年底，北京轨道交通开通运营的总里程达到 330km，广州市轨道交通开通运营已达 236km。到 2010 年年末，京、沪、穗三大城市轨道交通运营总里程已接近 1000km 大关。另外，全国已有 29 个城市获得轨道交通的建设批复，至 2020 年线路规划总里程将达 6100km，所需车辆将超过 3 万辆。可见，在我国城市发展地铁及轻轨交通的前景是广阔的。

4.2.1 地铁线路网规划的内容及原则

地下铁道是城市建设的重要组成部分，其线路网规划应满足城市交通及城市远景发展的要求，因此，地铁线路网规划在城市建设中是一项涉及到全局性、综合性很强的工作，应该将地铁线路网的规划，纳入城市发展总体规划之中。

规划内容主要包括：修建地铁的必要性与依据；线路网的规模、走向、形式的确定；车站的间距、类型和埋深；路网中各条线路的设计要求。

地铁线路网规划是应该根据城市结构特点、人口流动状态、城市交通现状和发展前景、社会经济条件等因素来因地制宜地进行路网的整体规划，然后在此基础上，分阶段进行路网中各条线路的设计。根据以往的经验，路网规划应遵循以下主要原则。

（1）地铁线路网的基本走向必须满足城市交通需要，应该充分利用城市已有的道路网。因此，路网应贯穿城市中心和城市人口密集区域、城市的重大枢纽，这样有利于人口集散，有利于解决地上、地下旅客换乘，车站一般以 750m 为吸引半径。地铁两平行网线间距离，在市区一般以 1400m 左右为宜，同时需考虑街道布局，除特殊情况外，两线间距离最好不小于 800m，且不大于 1600m。

（2）必须考虑城市远景发展的要求，考虑城区改造和郊区发展的需要。

（3）选线应从国力、地区财政、技术水平及施工能力的实际出发，要充分研究和注意施工中可能遇到的困难，考虑到与城市其他地下建筑和管线布置的关系。

4.2.2 地铁路网的形态

地铁路网的基本型式有单线单环式、多线式、放射式、蛛网式、棋盘式。每一条地铁线路都是由区间隧道（地面上为地面线路或高架线路）、车站及附属建筑物组成。每一种路网模式有它适应的环境条件。

1. 单线单环式

单线单环式用于城市人口不多，对运输量要求不高的中小城市。单环式路网将线路封闭成环，可以减少机车折返。单线式路网不能疏散和吸引人流，当客流量较大时，容易造成线路运输能力不够。

2. 放射式

放射式又称辐射式，是将单线式地铁网汇集成一个或多个中心，通过换乘站从一条线换乘到另一条线。放射状线路网的缺点是线路之间换乘不方便，增加了中心换乘站的运输量。为了解决这一问题，在放射式路网基础上建设一些环线，就形成了蛛网式路网。莫斯科的地铁路网就是蛛网式，如图 4－2 所示。

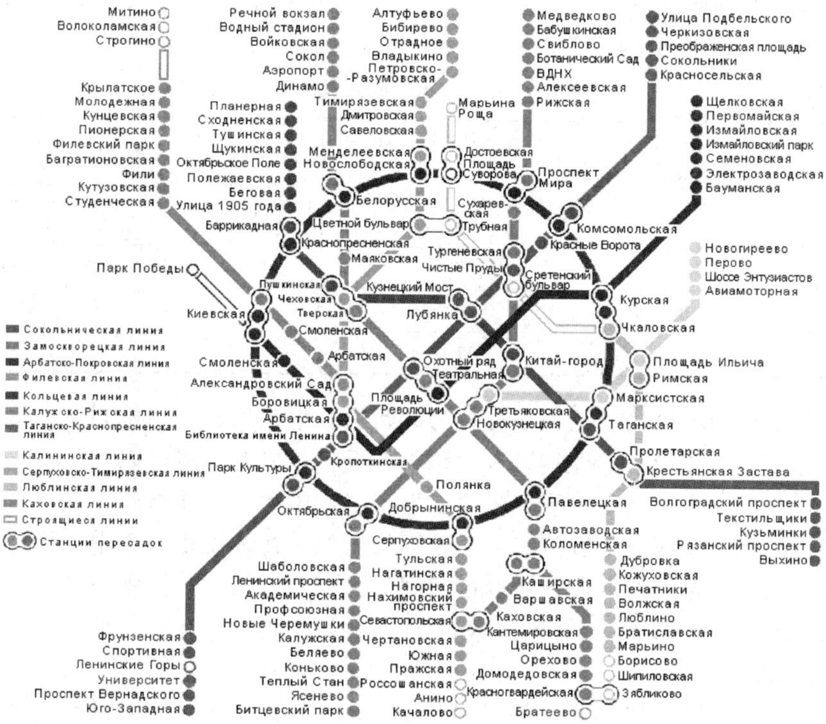

图 4－2　莫斯科地铁线路网

3. 棋盘式

棋盘式由数条纵横交错布置的线路网组成，大多与城市道路走向相吻合。此路网的特点是客流量分散，增加换乘次数，车站设备复杂。

4.2.3　地铁车站

地铁车站是供乘客上下车和换乘、候车的场所，一般包括供乘客使用、运营管理、技术设备和生活辅助四大部分。供乘客使用的部分主要有地面出入口和站厅、地下中间站厅和售票厅、检票处、站台和隧道、楼梯和自动扶梯等。

地铁车站设计，应保证乘客使用安全、方便并具有良好的内部和外部环境条件。其总体设计应妥善处理与城市规划、城市其他交通、地面建筑、地下管线、地下构筑物之间的关系；车站的形式、规模、建筑装修标准，应根据预测的长远客流量大小，所处位置的重要性，以及长远发展规划等因素来确定，车站建筑设计原则上应力求简洁、明快、大方、易于识别，体现现代交通建筑特点。地铁车站设计中，还应充分利用地下、地上空间，实行综合开发，也必须考虑到车场的防灾、抗灾等方面的要求。

地铁车站位置通常应设在客流量大的地方，如商业中心、地面交通枢纽等，以便能最大限度地吸引客流和方便乘客。为了方便乘客换乘，地铁不同线路的交会处设置车站是必要的。站间距离应根据具体情况确定，站间距离太短会降低运营效率、增大耗能和配车数量，增加工程投资；站间距离太大对乘客不方便，增大车站负荷。因此，市区、人口稠密、人流集散点多的区域，车站设置应该密些，站间距离短些；郊区、建筑稀疏、人流集散点少的区域，站间距离可以大一些。如表4-3所示，我国已有地铁线路，站间距离市区多为1km左右，郊区不大于2km。

表4-3 我国已建地铁部分线路站间距离

城市	级别	线路运营长度（km）	车站数	平均站间距离（m）
北京	一线西段	16.87	12	1534
	环线	23.01	18	1278
天津	一期工程	7.4	7	1100
上海	一期工程	15.67	13	1306
广州	一线	17.97	16	1198

按照运营性质的不同，车站类型可分为终始站、中间站、区间站和换乘站等。终始站位于线路的两侧，往往设在郊外，设有线路折返设备，机车车辆可以在此往返，并可作为列车停留、检修用。中间站是供乘客中途上下车用，中间站的通行能力决定着整个线路的最大通过能力。在一条线路上客流量分布是不均匀的，在客流量最集中的线路两端的车站设置折返线，在客流量高峰区段内增开区间列车，故称区间站。换乘站是位于地铁不同线路交叉点的车站，除供乘客上下车之外，还可由此站经楼梯、地道等通道去其他站层，换乘另一线路的列车。

站台是地铁车站最主要部分，是分散上下车人流、供乘客乘降的场地。世界各地车站站台断面类型各异，但站台型式按其与正线之间的位置关系可分为：岛式站台、侧式站台和岛侧混合式站台。

岛式站台适用于规模较大的车站，如始终站、换乘站，这种方式上下行车线共用一个站台，可起到分配和调节客流的作用，对于乘客需要中途折返比较方便，我国地铁车站多采用岛式站台，如北京、上海地铁。其他国家的一些城市，如东京、莫斯科、首尔等采用岛式站台的车站也很多。

侧式站台适用于规模较小的车站，如中间站，不同方向的两条正线，分别使用各自的站台，上、下行的乘客可避免互相干扰。我国天津、法国巴黎、英国伦敦等城市采用侧式站台。

岛侧混合式站台多用于比较复杂的车站，如大型换乘站，一般可为一岛一侧、一岛两侧，岛式与侧式站台之间应该以天桥或地道相互连通。

站台的尺寸设计包括站台的长度、宽度和高度，这需要和本站的客流量、位置及功能相协调，而且要为一定时期内的发展留有足够的余地，站台的长度是站台设计、布置中最主要的因素。

站厅是地铁车站用于售票、检票、布置部分设备房间的场所，其布置方式与售票、检票方式有关，应使付费区与非付费区有明显的交界处，形成不同的功能分区。站厅布置形式一般可分为分离式、贯通式、分区式站厅，站厅也有与地下商业街连通在一起布置的，宽敞的站厅实际上成为多功能的地下人行过街通道。

地铁车站出入口的主要作用在于吸引和疏散客流，它与所服务的半径范围内的居民人口数量有密切关系，因此，要在对居民出行方式调查的基础上，确定有可能使用地铁的人口比例。出入口的总设计客流量，应该按该站远期超高峰每小时的客流量乘以 1.1～1.25 的不均系数来计算。车站出入口的位置，最好选择在沿线主要街道的交叉路口或广场附近，尽量扩大服务半径，方便乘客，一个车站其出入口的数量，要视客运需要与疏散的要求而定，最低不得少于 2 个，且在接到两侧均应设有车站出入口，车站如位于街道的十字交叉口处客流量较大的情况下，出入口数量以 4 个为宜，布置在交叉点的四角，这样利于乘客从不同方向进出地铁。

4.2.4 地铁区间隧道

地铁区间隧道是地铁列车运行的空间，属于地铁交通系统中的动态交通部分。因为人在列车中不与地铁区间隧道直接接触，地铁区间隧道的功能要求单一，所以，地铁区间隧道内主要是列车运行及安全检查用的各类设施，如轨道、通信及信号用电缆、排水沟、照明、通风设备等，情况不像地铁车站那样复杂。关键点在于隧道断面的集合形状、大小和各类设备配置的确定。图 4-3 是盾构区间隧道施工完成后的照片。

图 4-3 盾构区间隧道

地铁区间隧道一般在道路下方，其竖向纵剖面一般不是水平的，而应是车站处高，中间部位相对低一些，这种设计方法是出于节能的要求，车站处高，在列车出站时，因为是下坡，易于加速，而当列车进站时，因是上坡而易于刹车。

区间隧道断面的大小和地铁的限界有关。限界是确定地下铁道与行车有关的构筑物净空大小和各种设备相互位置的依据，限界应根据车辆的轮廓尺寸和性能、线路特性，设备安装以及施工方法等因素，经技术经济比较综合分析确定。地铁的限界分为车辆限界、设备限界、建筑限界。受流器限界是车辆限界的组成部分，接触轨限界属于设备限界的辅助限界。我国《地铁设计规范》对制定建筑限界的原则作了详细的规定，设计制定限界时，必须按照车辆的基本参数表以及限界基本参数的规定制定限界。

4.3 地下快速交通

城市发展，经济活跃，都对快速交通容量有不同程度的需求。当地面空间拥挤难以发展新的动态交通用地时，当地面道路交叉口太多影响交通通畅、快速时，当城市位于某些地形复杂区域（如山地）时，尤其当城市环境质量（空气有毒成分指标、噪音指标）要求已限制了发展地面、高架交通体系时，为了保证城市交通的正常和对城市发展的促进，就需建造地下快速交通（Underground Fast Transportation）。地下快速交通主要是指城市中的地下公路，地下快速公路有以下几个优点：①改善相邻的环境；②有利于公路景观的保护；③实现快速公路地下空间的多功能用途（利用街道与快速公路之间的地下空间修建停车和其他公共设施）。

4.3.1 地下快速交通分类

就地下快速公路交通的发展而言，目前主要有越江（海）公路隧道、地下立交公路和半地下公路三种类型。

越海隧道在日本、挪威等国家已经很普遍了，然而规模最大、意义最深远的仍将首推1993 年交付使用的英吉利海峡隧道，全长近 50km，大大提高了英法两岸间的交通容量和效率。当城市中有较大的江河贯穿时，越江隧道是城市地下交通体系的重要组成部分，如长沙近年来修建的跨越湘江的营盘路隧道和南湖路隧道，大大提高了湘江两岸的城市对接速度。图 4-4 为山东胶州湾海底隧道青岛方向两口出口处的照片。

图 4-4 山东胶州湾海底隧道青岛方向出口照片

当公路与铁路相交时，当两条公路交叉而又都需具有快速、大容量交通特点时，当其他任意不同的交通方式交叉而需避免平交（如机动车道与非机动车道、非机动车道与铁路等）时，都可考虑通过使用地下立交公路来解决问题。

半地下公路的结构形式有堑壕构造和U形挡墙构造两种，它的最主要特点是：①有利于减少噪音和排放废气；②能得到充足的日照和上部的开敞空间；③在绿化带等自然气息较足的地区，能与周围环境较好地和谐共存；④缺点主要是排水、除雪不易；⑤造价介于全地下公路和地面公路之间。

4.3.2 城市地下快速交通规划

城市地下公路交通规划的主要步骤有：

（1）以城市地面、上部、地下空间立体三维有机开发的意识，对城市快速交通网络和城市现状进行全面分析，优化原有城市交通网络体系，找出其中较适宜或只能利用的地下空间部分。

（2）对上述初步选定的地下公路段的工程地质、水文地质条件，地下空间利用现状（地下管线等各类地下埋设、构筑、建筑物）等制约条件进行研究，删除受客观条件制约而无法实施地下公路建设的部分。

（3）对选定路段的经济可行性进行研究，估算投资规模、投资效益、资金来源等。

（4）进一步考察国家和城市对当地建设的政策、方针及民风民俗等，使初步制定的城市地下快速交通规划与之适应。

（5）协调建设、交通部门等的意见，进一步优化方案，组织实施计划。

在规划中，还需注意以下几个重要的问题：①原则上不宜广泛推广普及地下快速公路；②尽量缩短地下公路的长度和埋深；③与城市地面、上部空间的交通体系以及各种交通方式之间均应保持良好的协调关系，以“高效实用”为原则；④建设城市中越江交通设施时，应综合考虑桥梁和隧道的建设优缺点，慎重选择；⑤其他重要问题：地下隧道中的防灾问题（包括事故发生后的事后处理）、通风问题，地下公路通过区域的土地所有（使用）权问题，地下公路在城市中心区的出口滞留问题，驾驶员在地下公路中出现不适感的解决问题等。

4.4 地下停车场

地下停车场（Underground Parking）是指建筑在地下用来停放各种大小机动车辆的建筑物，也称地下（停）车库，在国外一般称为停车场（Parking）。有时地下停车场也提供低级保养和重点小修业务服务。目前，大规模地下空间的开发均有停车场的规划，主要原因是城市汽车总量在不断增加，而相应的停车场不足、城市汽车“行车难，停车难”的现象已经十分普遍。因此，充分利用地下空间建设停车场，对于缓解城市道路拥挤具有重要的作用。

地下停车场出现在二次大战之后，当时是为满足战争的防护及战备物资储存、运送而出现的，主要矛盾并非停车难。20世纪50年代后，世界经济快速发展，汽车数量逐渐增多，欧美国家开始建造地下停车场，以解决城市停车难的问题。

早期，欧美的几个大城市所建的都是些大型地下停车场，容量都在100辆左右。最大的为美国芝加哥格兰特公园的地下停车场（2359个车位），大型车库多位于中心城区的广场或公园地下，规模大，利用率高，服务设施比较齐全。对在保留中心城区开敞空间条件下解决停车问题起了积极作用。

日本由于土地紧张，难于建造规模大的停车场，因此，在 20 世纪 60 年代发展起的地下停车场容量多在 400 辆以下。在当时建造的 94 座地下停车场中，东京西巢鸭地下停车场容量为 1650 辆。日本大阪利用一段旧河道（长 1100m）修建的公路地下停车场，共 3 个车场，总容量为 750 辆，回填后工程挖方与填方基本平衡，停车场上面修筑了一条双车线的道路，同时开辟了露天停车场，总宽度 32m。

我国地面上的车库很少，目前仅有少量地下停车库附建于高层建筑。根据我国城市的现状和发展前景，没有条件也没有必要大量建造多层停车库，因此直接进入发展地下停车库的阶段。当地下停车设施已发展到相当大的规模，与地下和地面下的动态交通系统建立了有机联系，可以形成一个完整的地下停车设施。图 4－5 是某地下停车场的布局照片。

图 4－5 某地下停车场的布局照片

地下停车场的特点有：造价高，工期长；地下停车场容量大，基本不占用城市土地，使城市能留出更多的开敞空间用于绿化和美化，提高城市环境质量；地下空间在防护上的优越性，使国家把大容量的地下停车库与人防设施结合起来。

4.4.1 地下停车场规划原则

地下停车场规划应纳入整个城市的规划中，应结合城市的现状及发展，与不同等级的城市道路相配合，满足不同规模的停车需要，以便对城市中心区的交通起到调节和控制作用。

编制规划的步骤：

（1）城市现状调查，包括城市的性质、人口、道路分布等级、交通流量、地上地下建筑分布的性质、地下设备设施等多种状况。

（2）城市土地的使用及开发状况、土地使用性质。价格、政策及使用情况。

（3）机动车发展预测。机动车的发展与道路现状及发展的关系。

（4）城市原有停车场和车库状况，预测方案。

（5）编制停车场的规划方案，方案筛选制定。

在编制规划时，还应特别注意：

（1）要与停车位计划相配合。车位计划就是土堤利用规划和交通规划，不仅计算停车位的需求，还要考虑停车场设施的配置。

（2）综合考虑各种因素。城市公共停车场，要考虑该地区的停车需求和已有民间、专用停车场的设置和分布状况等；还要充分预测周围土地的利用状况。

（3）从经济性和土地的充分利用出发，可适当采用机械式停车设施。这也是目前城市规划停车场的发展方向之一。

地下停车场的选点要求有：

（1）地下停车场的规划设计应在城市建设和人防工程总体规划的指导下进行，宜选在水文工程地质条件好、道路畅通的位置。

（2）寒冷地区停车库门应避免朝北或正对冬季主导风向；门口应有足够的露天场地作为停车、调车、洗车等用；当车库位于岩层中，岩层厚度、岩性、走向、边坡及洪水位等应予考虑。

（3）车场车辆进出频繁，是消防重点之一，且有一定噪声，须按现行防火规范设一定的消防距离和卫生间距，出口不宜靠近医院、学校、住宅建筑。

（4）与地下街、地铁车站等大型地下设施相结合。

（5）专业车库、有特殊要求的车库应考虑其特殊性。如消防车库对出入、上水要求较高。车库要考虑三防要求，人车疏散、出入口数量和位置、服务用房及设施、消防给水要符合《汽车库设计规范》。

（6）地下停车场一般应做到平时和战时均能使用，地下车库选点应与人防工程结合，应设两个出入口（存放量少于25辆的停车库可设一个出入口）。

4.4.2 地下停车场分类形式及特点

地下停车场分类形式及特点，如表4-4所示。

表4-4　　地下停车场的分类

按建筑形式	按使用方式	按运输方式	按地质条件
单建式	公共停车场	坡道式	土层中地下车库
附建式	专用停车场	机械式	岩层中地下车库

地下停车场按建筑形式可分为单建式停车场和附建式停车场。单建式停车场一般建于城市广场、公园、道路、绿地或空地之下，主要特点是不论规模大小，对地面上的城市空间和建筑物基本没有影响，除少量出入口和通风口外，顶部覆土后可以为城市保留开敞空间。附建式停车场是利用地面高层建筑及其裙房的地下室布置的地下专用停车场。这种类型的地下停车场，使用方便，节省用地，规模适中，但设计中要选择合适的柱网，以满足地下停车和地面建筑使用功能的要求。

地下停车场按使用性质可分为公共停车场和专用停车场。公共停车场是供车辆暂时停放的场所，具有公共使用性质的一种市政服务设施。专用停车场以停放载重车为主，还包括其他特殊用途的车辆，如消防车、急救车等。

地下停车场按照车辆在车场内的运输方式可分为坡道式（又称自走式）停车场和机械式停车场。坡道式停车场是利用坡道出入车辆，优点就是造价低，运行成本也低，可以保证必要的进出车速度，且不受机电设备运行状态影响。目前所建的地下停车场多为这种类型。其缺点是用于交通运输使用面积与整个停车场面积之比接近于0.9：1，使用面积的有效利用率大大低于机械式停车场，并增加了通风量和相关管理人员。机械式停车场是利用机械设备对汽车的出入进行垂直自动运输，取消了坡道，使停车场内使用效率增加，通风和消防也变得容易和安全，还减少了相应的管理人员。其缺点就是一次性投资很大，运营费高，进出车的时间也比较长。

地下停车场按所处地质条件分为土层地下停车场和岩层地下停车场。岩层地下停车场布置比较灵活，一般不需要垂直运输，地形、地质条件有利时，规模几乎不受限制，对地面及地下其他工程几乎没有影响，节省用地效果明显。但岩石硐室作为停车间多是单跨，而由多个单跨洞室组成的大规模车场，行车正道面积所占比重较高。

4.4.3 地下停车场设计

地下停车库大体由下列建筑物组成：停车间、通道、坡道或机械提升间、调车场地、洗车设备等。每种设施的数目要因地制宜，辅助设施与停车间要分开安排，尽量少影响停车场作业。

停车场的平面布置，主要是进行停放汽车的停车室、各种动线及各项设施的布置与规划。按使用要求，一般地下停车场平面布置的内容分为通风设备区、车库区和办公区。地下停车场平面布置可按下列原则考虑：地下公共车库的使用面积按每辆车平均20～40m^2估算，辅助设备面积可按停车间的10%～25%估算，停车间在总建筑面积中所占比例应达到一定值，对于专用车库占65%～75%比较合适，对于公共车库占75%～85%为宜。

停车场类型确定后，停车间及通道坡道设计的最主要依据是所选定的基本车型。一个停车库不可能服务太多种车型，否则，会影响车库建筑面积和空间使用率，运行也不易管理。因此，在设计时，一般要选定一种用于本车库的标准车型，且该车型在尺寸和性能上具有一定代表性。

车辆的存放方式主要指车辆停放后，车的纵轴线与建筑轴线所成的角度。目前，国内外停车库较普遍地采用倒进顺出的90°直角停车方式。

出入口的数量和位置应满足《人民防空工程规范》和《汽车库建筑设计防火规范》、《城市建设规程》等中的有关要求。地下车库出入口设计，必须贯彻“以人为本”的理念，以优化空间环境、创造美好居住环境、提高人们生活质量为目标。出入口位置要明显，进出车方便，安全，不应设在宽度小于6m或坡度大于10%的道路上，且不宜设在交通量很大的公路旁，口外应设有明显的标志牌。除小型地下车库（<25辆）外，其他地下车库出入口应将进口与出口分开设置，并与地面车辆行驶方向一致。

地下停车场结构形式主要有两种，即矩形结构和拱形结构。矩形结构又分为梁板结构、无梁楼盖、幕式楼盖，侧墙通常为钢筋混凝土墙，大多为浅埋，适合地下连续墙、大开挖建筑等施工方法。拱形结构又分单跨、多跨、幕式及抛物线拱、预制拱板等多种类型，特点是占用空间大、节省材料、受力好、施工开挖土方量大、适合浅埋，但是相对矩形结构来说，使用不够广泛。

停车间的柱网尺寸受两方面影响：一是停车技术要求，二是结构设计要求。综合分析柱网尺寸的影响因素进而确定一个最经济合理的布置方案，是车库设计的主要内容之一。一般以停放一辆车平均需要的建筑面积作为衡量柱网是否合理的综合指标。柱网由跨度和柱距两个方向上的尺寸所组成，柱距尺寸取决于两柱之间所停放的车型尺寸和车辆数目、必要的安全距离，两柱间可停1～3辆车。跨度指车位所在跨度（简称车位跨）和行车通道所在跨度（简称通道跨），这两个跨度的尺寸不宜统一。

坡道是地下停车场与地面或层间连接的通道。一般分为斜道坡道和螺旋坡道两种。车道坡度一般都规定在17%以下，特殊情况下可适当加大。斜道坡道在与出入口直接相连时，应尽可能采取缓坡。为了行驶平缓，最好在斜道两端3.6m范围内设置缓和曲线。螺旋坡道平面面积小、布置灵活，得到广泛应用。

4.4.4 地下停车场的辅助设施、交通安全以及防火

地下停车场的辅助设施包括洗车设施，修理设施，充电间，加油设施，口部建筑物。如果主要坡道出入口位于周围建筑物倒塌范围内，则出入口部位以上应做成框架结构，以形成一个坚固的棚架承受冲击波及倒塌荷载。明堑式的坡道可不做口部建筑物，但要做好排水和防水。

地下车库内车辆人员往来频繁，存在一定的交通安全隐患，应采取措施防止交通事故的发生。例如，设立引导或制止车辆入库的明显文字或箭头标志以及门内外互相联系的通信设备等。

地下停车场防火问题非常重要，良好的防火措施是为了防止和减少火灾对汽车库、停车场的危害，以保障人员和财产的安全。

4.5 地下商业街

修建在大城市繁华的商业街下或客流集散量较大的车站广场下，内设由许多商店、人行通道和广场等组成的综合性地下建筑称为地下商业街（Underground Commercial Street）。城市地下商业街是利于城市可持续发展、具有多种功能的城市重要组成部分。伴随着地下街建设规模的不断扩大，将地下街同各种地下设施综合考虑，如将地铁、市政管线廊道、高速路、停车场、娱乐及休闲广场结合，形成具有城市功能的地下大型综合体，是地下城（Underground City）的雏形。图4-6为某地下商业街的内景照片。

4.5.1 地下商业街的规划原则

（1）地下商业街的建设必须与城市再开发同步进行，纳入城市地下空间利用的总体规划。国家和地方政府颁发的有关法律法规是建筑工程规划的指导性文件，城市总体规划是根据社会对城市的需求而设计的城市发展规划，地下街规划应是城市规划的补充，应与城市总体规划相结合。

图 4-6 某地下商业街的内景照片

(2) 在拟建地下街时，首先要明确其功能，并相应确定各组成部分的合理比例，特别是要与城市地下交通设施、公用设施等一起考虑。地下街规划应考虑人、车流量情况。

(3) 进行经济、社会和环境效益综合分析，预测可能的投资偿还期。

(4) 地下街规划要考虑发展成地下综合体的可能。

4.5.2 地下商业街的分类

地下商业街按平面形式可分为道路交叉口型、中心广场型、复合型 3 种，按规模分有小型（小于 3000m^2）、中型（3000～10000m^2）、大型（大于 10000m^2）3 种。

道路交叉口型地下街多处在城市中心区较宽阔的主干道下，平面布置大多为一字形或十字形。特点是地面交叉口处的地面空间也相应设交叉口，并沿街道走向布置，同地面有关建筑设施相连。图 4-7 是与新加坡乌节路地铁车站相连的地下商业街电梯入口照片，该地下商业街位于城市两主干道路的交叉口。

图 4-7 新加坡乌节路地铁车站地下商业街入口

中心广场型地下街通常设在城市交通枢纽，如火车站、中心广场地下，并同车站首层或地下层相连，若为广场，出入口可设在下沉式露天广场，供人们休息。广场型地下街平面布置通常为矩形，客流量、停车量大，常起分流作用，常与地下车库相连。

复合型地下街是指中心广场型与道路交叉口型地下街的复合。几个地下街连接成一体的复合型地下街带有“地下城”的意思，地下街可与中心广场、地面车站、地铁车站、高架桥立体交叉口相通，具有商业、文化娱乐、体育、宾馆等多种功能。

4.5.3 地下商业街的设计标准

地下街主要由地下步行系统、地下营业系统、地下机动车运行和存放系统、地下街内部设备系统以及辅助用房等部分组成。

地下商业街的平面布置有矩形平面、带形平面、圆形和环形平面以及棋盘式平面 4 种。矩形平面布置多用于大、中跨度的地下空间，设计时要注意长、宽、高的比例，避免过高或过低，造成空间浪费或给人以压抑感。带形平面布置形式跨度较大，为坑道式，设计时应根据功能要求及货柜特点综合考虑。圆形和环形平面布置多用于大型商场或商业中心，四周设置商业街，中间为商场，其特点是充分体现商场功能，管理方便。棋盘式平面布置多用于综合型的地下商业街。

地下街一般埋深较浅，常采用明挖法施工，结构形式一般有直墙拱、矩形框架、梁板式结构三种，或者是这三种的组合。

地下街的环境设计指生理环境设计和心理环境设计两个方面。生理环境是指空气、视觉和听觉等环境；心理环境是指方便和安全感，以及商店布置是否合理，顾客是否舒服，有无休息和饮食条件，有无压抑感等。

4.5.4 地下综合体

城市地下街是地下空间开发的初级阶段，日本的地下街就叫地下综合体。规模很大且具有较强城市功能的项目可称为地下综合体。

1. 地下综合体的特征

（1）使用功能复杂，使用性质相异的功能组合在一个建筑体系中。

（2）设备管理要求高，地下综合体需设综合管线廊道。对水、电、热、气、防护、防水有更高的要求。

（3）综合体是地下城市的雏形，若干地下综合体连接将初步形成地下城，因而可承担或补充城市的基本功能。

2. 地下综合体的功能组合

（1）商业中心，包括步行过街、步行街及购物娱乐、出入口及休息厅等。

（2）以地铁为中心的交通集散系统，包括出入口、站厅、站台与隧道等。

（3）停车场系统，包括车辆出入口、车库、连接通道及相应设施。

（4）各种公共服务功能系统，如饮食、文娱、体育、银行、邮政等。

（5）综合管线廊道系统，如水源、变电、进排风、空调、煤气、供热等组成的管线廊道。

（6）防灾减灾防护体系，以平战结合为原则，如备有防护措施、防灾中心，临战前应加固体系和转移疏散及指挥系统。

4.6 地下管网

城市公用设施（Urban Public Utilities），在我国也称为市政设施，是城市基础设施的主要组成部分，是城市物流、能源流、信息流的输送载体，是维持城市日常生活和促进城市发展所必需的条件。市政公用设施属于城市的公共服务设施，具有同时为社会生产和社会生活服务的双重性质，既是城市聚集化和社会化的产物，也是为城市获得更高的经济、社会和环境效益所必需的前提。因此，不论是建设新城市还是改造老城市，公用设施都应当首先实现现代化。

城市公用设施一般包括以下几大系统。

（1）供水（或称给水、上水）系统。包括水源开采、自来水生产、水的输送与分配的沟渠或管道、加压泵站等。

（2）供电系统。包括电能的生产、输送与分配的线路、变配电站等。

（3）燃气系统。包括天然气、人工煤气、液化石油气的生产、储存、输送与分配管道，调压设施与装瓶设施等。

（4）供热系统。包括蒸汽和热水的生产、输送与分配管道，热交换站等。

（5）通信系统。包括市有有线电话、长途电话、移动电话的交换台和线路，有线广播、有线电视、互联网的传送系统。

（6）排水系统。包括雨水和生产、生活污水的排放和处理系统，又称下水系统；污水处理后再利用系统，称为中水系统。

（7）固体废弃物排除与处理系统。包括生产和生活垃圾、粪便、废土、废渣、废灰等的排出与处理系统。

上述城市公用设施埋设在城市地下的部分构成了地下管网，包括供水、供热、供气、下水、通信和电缆等。

城市的发展是一个非常复杂的过程，地下管网又是一些十分庞大的系统，要做到使两者完全协调一致地发展是相当困难的。近代城市的发展已有几百年的历史，然而在很多城市（特别是大城市）的发展过程中，无不在与地下管网的关系上发生不同程度的矛盾。一方面表现为设施能力长期不足，超负荷的运行使陈旧的设备经常发生事故，需要修理或改建；另一方面，由于分散直埋在道路之下，必须将道路挖开才能检修，不但降低道路的使用寿命，造成经济上的浪费，而且影响城市的正常交通。这种城市道路被反复挖、填的现象，使市民非常反感，不仅在我国城市相当普遍，在国外一些大城市也不少见。少数大城市在地下建造综合管线廊道，提供了解决这些难题的经验和途径。

4.6.1 地下管网的布置原则

设计地下管网要综合考虑到城市的远景规划。管网的线路要取直，并尽可能平行建筑红线的安排。城市的工程管网基本上都沿着街道和道路布置，为此，在道路的横断面中必须考虑敷设地下管网的地方。

4.6.2 地下综合管线廊道

地下综合管线廊道是指各种管道、电缆集中敷设在一起为管理、维修公用设施服务所占用的地下空间。地下综合管线廊道（Combined User Utility Gallery）在世界各国尚无统一的名称。美国加拿大称为 pipe gallery 或 public utility conduit，英国称为 mixed services subways，法国称为 technical gallery，德国称为 collecting channels，日本称为共同沟

(英译为 Common Duct)。图 4-8 为地下综合管线廊道的横断面示意图。

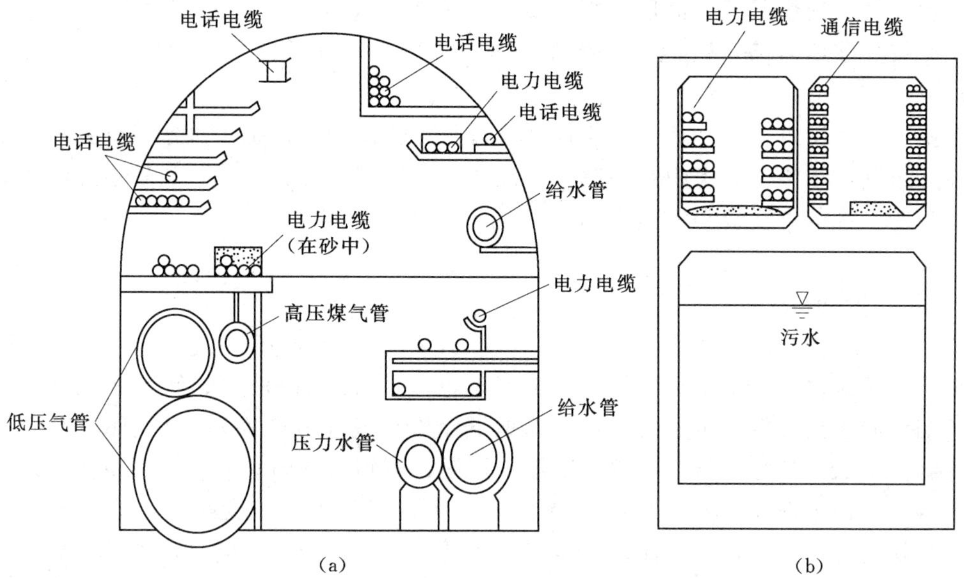

图 4-8 地下综合管廊
(a) 地下管道;(b) 地下管廊

地下综合管线廊道的主要优点是容易维修和便于更换,因而能延长公用设施系统的使用寿命,同时保持道路免遭经常性的破坏。据估计,在综合廊道中的管线比直埋在土中时要高 2~3 倍。

地下综合管线廊道的优点早已得到公认,然而至今仍未得到应有的发展,除少数国家(如瑞典、日本)外,多数城市地下管网的综合化程度还比较低,主要的制约因素是造价高和与综合化相适应的投资和管理体制不够健全。

地下综合管线廊道对城市的现代化以及合理利用城市地下空间有着重要意义,有很大发展潜力,因此只要具备必要的条件,就应认真研究和克服发展中的障碍。从日本经验来看,主要有以下几个方面:首先,地下综合管线廊道的建设应与城市的发展密切结合起来;其次,应制定合理的投资政策,按照多投资多受益的原则合理确定各系统的投资比例和运行后应承担的义务;第三,应对廊道内部空间实行合理分配,严格按照技术要求敷设管、线,以确保安全;第四,应充分发挥地下构筑物的防灾性能,在廊道结构和管、线敷设等方面加强抗震措施和防水措施,使之在发生灾害时能不受或少受破坏,这样对于整个城市抗灾能力的提高和灾后的迅速恢复都有重要的意义。

从存在条件上看,地下管线廊道主要有两大类:一类是在岩层中开挖的隧道,另一类是在土层中建造的砖石或钢筋混凝土结构的廊道。从存在形式上看,一种是独立存在的廊道,还有一种是附建于其他地下工程之中。

凡土层较薄,岩层埋藏较浅,地质条件又比较好的城市,都可以在岩层中修建综合管线廊道,因为在岩层中开挖的隧道,横截面面积比较大,管线的容量较多,有利于公用设施系统的大型化和综合化。

在土层中的综合管线廊道又分为浅埋和深埋两种。浅埋时与道路结合在一起，廊道顶部用预制盖板、铺垫层后，面层可用混凝土块拼装（适于步行道）。这种做法由于可以开盖操作而较少破坏道路，因此廊道截面面积可以减小，降低造价，检修后可以很快恢复路面。

在城市再开发过程中，如能结合地铁或地下商业街的建设统一兴建综合管线廊道，功能上独立布置，结构上则组织在一起，可以利用主体工程的边、底、角等不好利用的空间敷设管、线，可节省投资和缩短工期。

4.7 地下储藏硐室

地下储藏硐室（Underground Storage Cavern）是修建在地下的储物建筑物，作为短期或长期存放生活资料与生产资料用，即地下储库（或地下仓库）。地下环境对于许多物质储存有突出的优越性，具有防空、防爆、抗震、防辐射等防护性能，以及热稳定性、密闭性等特点，地下仓库具有良好的隔热保温、储品不易变质、能耗小，维修和运营费用低、节省材料、占地面积小和库内发生事故时对地面波及较小、储存成本低、质量高、经济效益显著、节省地面仓库用地，运输距离短等突出优点，这是建造各种地下仓库十分有利的条件。联合国经社理事会（ESC）自然委员会第八届会议（1983年6月）通过的决议支出："地下空间，特别是储存水、燃料、食物和其他的物品，以及在供水、污水处理和节能方面的潜力"应予以足够重视。但是，其初期投资大、工期长，因此，拟建造地下仓库应与建造地面仓库进行技术经济比较后确定。尤其地下粮库，对防火、防水、温度、湿度，避免发芽、霉变和色香味的恶化、防虫蛀和鼠害等要求高，给消防带来了极大的挑战。尽管如此，近年来，随着人口的增长，土地资源相对减少，环境、能源等问题的日益突出，地下仓库还是发展很快。其数量约占整个地下空间利用量的40%以上。

在20世纪60年代以前，地下储库一般仅用于军用物资与装备的贮存、石油及石油制品的储存，类型不多。但是在近几十年，新类型不断增加，使用范围迅速扩大，涉及到了人类生产和生活的许多重要方面。到目前为止，可大体上概括为表4-5中所列出的五大类型。

表4-5 地下储库主要类型及使用功能

地下水库	地下食物库	地下能源库	地下物资库	地下废料库
饮用水库	粮库	化学能库（石油制品、液化气）	车辆库	核废料库
工业水库	食油库	电能库	武器、装备库	工业废料库
	冷冻库（肉、禽、奶制品，水产品）	机械能库（高位水能、压缩空气）	火工、军需品库	城市废物库（垃圾、粪便、污水）
	冷藏库（蔬菜、水果、蛋品、酒类、半成品）	热（冷）能库（太阳能、地热能、工业余热）	商品库	

地下储库之所以得到迅速而广泛的发展，除了一些社会、经济因素，如军备竞赛、能

源危机、环境污染、粮食短缺、水源不足、城市现代化等的刺激作用外，地下环境比较容易满足所储物品要求的各种特殊条件，如恒温、恒湿、耐高温、耐高压、防火、防爆、防泄漏等，是一个重要的原因。与在地面上建造同类储库相比，只要具备一定的条件，地下储库往往表现出明显的开发优势和较高的综合效益。

地下储库的布置，应根据其用途、城市的规模和性质以及工业区的布置，与交通运输系统密切结合，以接近货运多、供应量大的地区为原则，合理组织货区，提高车辆的利用率，减少车辆的空驶里程，方便地为生产、生活服务。

4.7.1 地下水库

据相关资料显示，到2025年，世界上将有1/3的国家和地区会面临水资源短缺问题。然而，每年却有大量的雨洪径流泄入海洋。季风气候地区，降水只集中在短短的几个月里，大量的淡水没有得到有效利用。

调蓄水资源是解决这些矛盾的重要途径之一。除了利用江河湖泊等天然地表水体外，世界各国愈来愈多地通过修建水库调蓄水资源。目前地表水库发挥了重要作用，并带了巨大的经济利益，但也有不少问题。例如，库区泥沙淤积降低了水库的调蓄能力，甚至导致洪灾加剧；水库蒸发损失造成水资源的巨大浪费；库区移民造成了沉重的社会经济负担等。基于以上原因，发达国家正在放弃修建地表水库，甚至考虑拆除一些已建水库，转而利用地下水调蓄水资源。地下水库将水蓄存在地下岩土的空隙中，造价也远远低于同等规模的地表水库。

地下水库蓄水于土壤或岩石的孔隙、裂隙或溶洞中，用水时，再把水取出。国外又叫“含水层人工补给”或“含水层储存与回采”。地下储水的方式有如下几种。

(1) 把水灌注在为固结的岩土层和多孔隙的冲积物中，包括河床堆积、冲积扇及其他适合的蓄水层等。

(2) 把水灌注于已固结的岩土层中，如能透水的石灰岩或砂岩蓄水层中。

(3) 把水灌注于结晶质的岩体中。

(4) 把水储存于人工岩石洞穴或蓄水池里。

瑞典、荷兰、德国、澳大利亚、日本、伊朗等国都在实施地下水人工补给，以解决国内水资源短缺问题。美国正在实施“含水层储存回采 ASR 工程计划”，到2002年7月，正在运行的ASR系统共有56个，建成的系统则有100个以上。我国已实施了地下水库调蓄工程，如北京西郊、山东龙口、大连旅顺等地都已经修建了地下水库。

4.7.2 地下食物库

这里主要介绍地下食物库中的地下粮库和地下冷库。

1. 地下粮库

地下粮库的主要任务是尽可能长时间和尽可能多地储存粮食，保证战时粮食供应并兼顾平时的使用。粮食储藏的最合适的条件是温度为15℃左右，相对湿度50%～60%之间，而地下粮库可以用较少的投资满足上述条件。

地下粮库有大型的战略储备库，长期储存，不周转，一般建于山区岩石中；也有中小型的周转库，建于城市地下。

粮食储存的基本条件：具有可靠的防火洞室和设施；保证在储存期间保持规定的温度、湿度，防止霉烂发芽；具备良好的密封性与保鲜功能，既不发生虫、鼠害，又能保持一定新鲜度；便于检测。地下环境为储存粮食提供了非常有利的条件。

地下粮库具有存粮多、存期长、节省人力、减少损耗，粮情稳定等特点，保鲜程度和营养价值都高于相同存期的地上粮库的存粮。地下储粮的优点：储粮品质好，稳定性强；虫霉繁殖少，损耗降低；管理方便，不必翻仓。不足之处在于一次性投资较高和缺乏对其内部环境参数的检测手段。

粮库主要有单建式地下粮仓，散装地下粮库（特点是容量较大）。也可以借助有利地形、地质条件来建造岩层中大型粮库，它在构造处理上是在混凝土衬砌内另做衬套，架空地板。

地下粮库的布置应力争做到合理的平面布置，以提高储粮面积的比例和粮仓储粮的效率；储粮要求的温湿度条件；运输方便及良好的单个粮仓设计。为了加大粮仓面积和充分利用空间，粮仓的顶部一般采用跨折板结构。

地下粮库的组成主要部分为粮仓，其他有运输通道、运输设备及少量管理用房、风机房等；大型的粮库可能还有米面加工车间，有的还附有少量的食油库或冷藏库。

2. 地下冷库

地下冷库是建在地下用于在低温条件下储存物品的仓库，称为地下藏库，也称地下冷库。主要存放食品、药品、生物制品等。地下冷库按照所要求的温度条件的不同，有“高温”冷库和“低温”冷库之分。“高温”冷库主要用于蔬菜、水果等的保鲜，库内温度为0℃左右。“低温”冷库则用于储存各种易腐烂变质的食品，如肉类、鱼类、蛋类等，库内温度为－30～－2℃。地下冷库可建在岩石或土中，有单建和附建式冷库。

地下冷库具有如下优点：密闭性能好、温度稳定、节约材料、降低投资、少耗能源、节省维修和运营费用，防护能力强，利于备战，还可以节约土地，保护环境。因此地下冷库得到世界各国的重视。图 4－9 是挪威特隆赫姆城郊的一座地下冷冻库，库内温度维持在－20～－10℃之间。据统计，截至 2008 年，全球总体冷藏库容量大约是 2.4777 亿 m^3。但是，地下冷库也有一定的局限性，表现在地下冷库的选址常常受到地理和地形条件的限制；地下冷库需要较长的预冷期，在这期间的能耗较大；如果建筑布置不合理，围护结构散冷面积过大，运行能耗并不一定比地面冷库小。

地下冷库的原理是利用一般制冷装置冷却洞内的空气，然后四周岩心中的热量传递给空气，紧靠洞室的岩石首先被冷却，以后逐渐深入扩展到岩石内部，在洞室周围岩体中形成一定范围的低温区，积蓄巨大的冷量，并维持洞室内稳定的低温。地下冷库可以少用或不用隔热材料，温度调节系统也较地面冷库简单，运营费用比地面冷库低得多。

地下冷库是埋置在地表以下一定深度的岩土体中，形成相对稳定温度场的一种建筑工程。位置选择非常重要，会影响到地下冷库的能耗大小和稳定性。地下冷库的位置选择要考虑岩层的性状、地质构造和地下水情况。地下水在地下冷库中危害性极大，会降低冷库围岩的稳定性，产生冻胀作用，增加运行费用并影响使用效果。

地下冷库的设计原则是：①确定地下部分规模、技术要求、冷藏物品的种类；②按照制冷工艺要求进行布局，把制冷工艺与功能结合起来；③高度 6～7m 为宜，洞口宽度不

图 4-9 挪威特隆赫姆境内一座建造在岩层中的地下冷冻库

宜大于 7m。

4.7.3 地下能源库

当今世界上使用的能源主要是石油、煤炭和天然气等，随着资源的消耗，地球上储备的能源越来越少，因此很多国家为储能做了大量研究，取得了丰富的经验。因此可按储存的能源分为地下油库和地下气库，地下空间对于能源的开发和利用，潜力巨大，是一个很有发展前途的领域。

气体液化后，体积大为缩小，有利于储存。把液体燃料储备在地下，具有容量大、损失少、安全和经济的特点，因此在各类地下仓库中，液体燃料库始终占有较大比重。

液体燃料与储存有关的特性有比重、黏度、温度、压力、易燃性、可燃性、挥发性等。如液体燃料的比重都小于 1，因此遇水时总是浮在水的上部，不相混合，这一特点可利用于在稳定地下水位以下，靠水和液体的压力差来储存液体燃料，而且不会造成损失。液体燃料在一定温度和压力下可变成气体而挥发。挥发量随温度升高而增加。挥发的气体会造成储存的损耗以及污染空气，因此在储存液体燃料时，提高容器的保温和密闭性能对于减少挥发和减轻污染是很重要的。

在布置地下燃料库库时需要考虑：①满足储能工艺和运输要求；②保证必要的防火防爆距离；③满足防护和隐蔽要求。

地下油库和气库的库存方式有：岩石中金属罐油库、地下水封石洞油库、软土水封油库；地下气库还有枯竭气层储气、地下含水层储气、地下洞穴储气等方式。

1. 地下油库

油库是指用以储存油料的专用设备，应按油料的特异性，选用相对应的油库进行储藏。

燃油制品主要有航空煤油、航空汽油、车用汽油、柴油、煤油等，称为燃料油或轻油。一般在储存燃料油的同时，要求按5%～8%的比例储存一定数量的润滑油，称为重油或黏油，这些燃料不仅是常规能源的主要组成部分，还是重要的战略物资。

油库的主要作用有：①生产基地用于集结或中转油料；②供销部门用于平衡消费流通领域；③企业部门用于保证生产；④国家战略储备。

地下油库可分为以下几种类型：①开凿洞室储库，如岩石中金属罐油库、地下水封石洞油库、地下岩盐洞式油库和软土水封油库等；②岩盐溶淋洞室油库；③废旧矿坑油库；④其他油库，包括冻土库、海底油库、爆炸成形油库等。目前，油库仍以开挖法形成地下空间进行储藏者为多，即多以开凿洞室储库为主。

岩石中金属罐油库须按功能进行明确分区，油库规划方案中，应有铁路或公路通过库区，必要时库区应备有铁路专用线，行政区、生活区应布置在作业区的上风向，各区之间力争联系方便。油库的地下储油区由岩石中的洞罐、操作间、通道、风机房等组成。洞罐有立式和卧式之分。立式罐罐体为圆柱形，顶为半球形或割球形。卧式罐又分离壁和贴壁两种。

地下水封石洞油库是利用油比水轻，油、水不相混合的特性，在稳定的地下水位以下完整坚硬岩石中开挖洞罐。不衬砌而直接储油，依靠岩石的承载力和地下水的压力将油品封存在洞罐中。水封石洞油库的容量大、造价低、节省建筑材料、不用金属油罐、防护能力强，污染程度低，不仅比地面钢罐油库有突出的优点，而且与地下钢罐库比较，也要节约投资、节省钢材和木材。它的原理如下：①当储藏在基岩洞室内的原油液压和气压小于地下水的水压时，原油就不会泄露到洞室外；②将渗透到洞室内的地下水适当排出，保持洞室内一定量的地下水流，可以维持一定的原油存储量；③可以人工补给地下水，只需调节水封就能够长期安全、定量地储藏原油。根据水封原油库原理，建造地下水封石洞油库必须具备以下3个基本条件：①岩石完整、坚硬，岩性均一，地质构造简单；②在适当深度有稳定的地下水位存在而水量又不是很大；③所储存的油品比重小于1，不溶于水，并且不与岩石或水发生化学反应。根据洞罐内水垫层的厚度是否固定可分为固定水位法和变动水位法两类储油方法。

地下岩盐洞式油库是在岩盐层中用水浸析的方法构筑洞室来储藏石油的一种储存方法。石油在岩盐层中不渗透，长期储存性质不变。开挖费用低，又无需维修，因此成为一种理想的储油方法。

把混凝土结构的储油容器，埋置于稳定的地下水位以下的软土中，利用地下水的压力封存罐内油品的方式称为软土水封油库。软土水封油库工作原理及分类与水封石洞油库类同，也可分为固定水位法和变动水位法储油。但因这类油库多作为使用性油罐，收发油作业频繁，因此一般采用固定水位法。不过，若储存轻质油品，又是作为储备性油罐，则应采用变动水位法，这样对罐体结构有利。

2. 地下气库

地下储气是利用地下气密的多孔岩层或洞穴来储存燃气。它是储存大量燃气最经济和比较安全的方法。地下储气库的主要作用是：调节燃气的季节供需不平衡，保证供气高峰的需求；使长距离输气管线和设备均衡运行，以提高管线和设备的利用率，降低输气成本；在发生事故等紧急情况下保障供气。地下储气库应该建在靠近大量用气的地区。

现在使用的地下储气技术主要有枯竭油气层储气、地下含水层储气、地下洞穴储气、LNG 的地下储罐、LPG 的地下储罐以及最新的 LRC 技术。

LNG 是液化天然气（Liquefied Natural Gas）的缩写，主要成分是甲烷。LNG 地下储罐占地面积小，不会泄露到地上，外观不会给周围危险感。

LPG 是液化石油气（Liquefied Petroleum Gas）的缩写，主要成分是丙烷和丁烷，通常伴有少量丙烯和丁烯。加压冷却制成液体时，体积约缩为原来的 1/250。低温常压储藏一般采用特殊钢制成的双层箱储罐。LPG 油罐的储藏量都比较小。

LRC 是内衬岩洞储气（Lined Rock Cavern）的缩写。LRC 是在比较坚硬的岩石中人工挖出一个洞室，利用岩石的高抗压性，在洞内做一层比较薄的钢内衬，该内衬主要起密封作用，储存气体。LRC 的原理是在地下 100～200m 深的有内衬的岩石洞室中储存高压气体，高压气体所产生的荷载主要由围岩承受，内衬仅仅起到密封作用，承受的压力微乎其微。

4.7.4 地下物资库

人类自古就有利用地下空间储存物资的传统，例如我国古代在地下储粮，欧洲在地下储酒等。但是地下物资库只是在近几十年才有了大规模的发展，主要是伴随着军工业的发展而建设起来的，可以更安全地储存军火和各种武器装备。

地下商品库作为地下物资库的民用方式，近年来也得到了推广。地下商品库一般有商店用品库、生产厂家堆放商品库、运输站及码头的临时堆放库。总之，这些库的商品进出频繁，储留时间短，取货与存货较快，有些大的仓库可以直接用集装箱堆放。

地下商品库如建造在岩层中，一般造价仅为地面相同建筑物的 30%～50%。由于岩层的低温性可保持较长时间，所以能源消耗相当于地面的 50%，可见，地下商品库有不可比拟的优势，在有条件和有需要的城市应考虑大力推广。

4.7.5 地下废料库

地下废料库按储存的废料是否有核辐射可分为非核废料库和核废料库。

1. 非核废料库

在这类仓库储存的废料可能是无毒的或是有毒的，以专门的容器或大型散装形式交付，以及原生产状态处理或存放。非核废料范畴是：工业废料、燃料废料的残渣、低公害的大量材料，例如来自燃煤烟气除硫设备中的石膏、不能再循环使用的危险废料。

许多国家有专门的法规定义和分类非核废料，规定短期及长期情况下的环境要求，包括储存废料不应对生物圈或人类生存和健康造成任何危险，尤其是地下水不能受到污染。因此对废料库的屏障要求较高。选择屏障的形式和数量取决于存放废料的种类、现场具体地层条件和需要的环境保护标准，取决于选择可回收还是不可回收方式。

地下仓库选址取决于地层、渗透性、废料特征、长期安全性、可回收性等的要求。地下仓库结构多为竖井、岩盐溶解后的洞室、硬岩体中的废弃矿山等经加工而成。

2. 核废料库

随着核能技术的研究和应用，核电站的数量正在不断增加，所占的发电量比重也越来越大，但如何处理和储存高放射性的核废料是亟待解决的问题。地下空间封闭性好，可解决这类问题。

地下核废料库大致分为两类：储存高放射性废物，一般构筑在地下1000m以下的均质地层中；储存低放射性废物，大都构筑在地下300～600m以下的地层中。

由于这种储库的要求标准高，必须在库的周围进行特殊的构造处理，以防对外部环境和地下水造成污染。在库址选择上，要通过仔细勘察和选择最佳地层后，才能最后确定。要保证把核废料严密地存在地下数千年，不至于影响生态环境。

4.8 地下人防工程

人防工程（Human Defense Engineering）是为防御战时各种武器的杀伤破坏而修筑的地下空间建筑，通常有指挥所、掩蔽部、通信、水库、储库、医院、交通干线等。防护工程基调是以战时为主兼顾平时利用，做到平战结合，使人防工程在和平时期也能发挥经济和社会效益。

许多国家都非常重视人防体系建设。瑞典人防从1938年开始建设，目前已建工事6800个，面积720万m^2，在战争时期，全国90%的人员都能进入掩体。在设备方面也十分先进，包括通信、指挥、报警、防核化装备等。我国从20世纪60年代起进行人防工程建设，到80年代后期，已把地下空间开发同城市建设、人防建设相结合作为建设目标。进入20世纪90年代中期，地下空间开发把平时和战时功能转换作为人防工程的建设基调。现在，在大中城市中，已开始建设或筹建的地铁、地下街及地下综合设施都有一定的防护能力。

4.8.1 地下人防建筑规划

人防建筑规划必须同城市地下空间及城市建设相统一，在总体规划的指导下再进行。

1. 规划原则

（1）城市的战略地位、重要程度。

（2）水文地质和工程地质、地形条件，应尽可能避免重要的军事及战略地段，如桥梁、码头和车站等。

（3）施工和运输条件。

（4）原有的地面建筑及地下空间状况。

2. 规划内容

（1）街、企业、区的规划体系（单项体系服从于城市体系）。

（2）连接通道网，既能独立又连成整体。

（3）确定重点工程的项目、等级、数量、规模及位置。这些工程通常有指挥所（省、市、区）、食品加工、医疗、电站、消防车库、储藏等配套功能。

（4）完善人防工程系统，如具备战时生活、电力、抢救、医疗、指挥、动力、物资供应等系统。

4.8.2 人防工程有关技术

1. 防护原则

（1）足够的防护厚度，良好的口部防护及伪装措施。

（2）人防建筑必须按有关规定确实达到防护等级。

（3）按对“三防”（防核武器、生物武器和化学武器）的要求进行设计。

（4）保证覆土厚度，防层厚度1m或0.7m钢筋混凝土；口部防冲击密闭，进风口除尘、滤毒。

2. 人防工程口部设计

口部通风方式有自然通风、机械通风及混合通风。自然通风是利用风压、地形的高差，以及室内外温差等形成风流。进排风路线要畅通，防止出现涡流、死角，尽可能减少通风阻力，这种通风称为平时通风。战时通风必须能消毒、过滤，有清洁式通风、滤毒式通风和隔绝式通风3种形式。

出入口形式有直通式、拐弯式、穿廊式、垂直式。形式须根据防灾要求、人员数量综合确定，通常不少于2个。出入口有主要出入口、次要出入口、备用出入口与连通口，在不同状态起不同的作用。

对于出入口和通风口采用不同的口部防护措施。防护门设在出入口第一道，作用是阻挡冲击波。密闭门设在第二道或第三道，作用是其密闭阻挡毒气进入室内的作用。防爆波活门通风口处抗冲击波的设备，能在冲击波超压作用下的一瞬间关闭，有悬摆式活门、压板式活门、门式活门等。为防活门不能全部阻止冲击波，余波伤及人员及设备，常在活门后设置一个矩形房间，称为活门室或扩散室，作用是将余压突然在空间里扩散，使单位面积的余压减小，不至于伤害人员及设备。

本章思考题

1. 城市地下空间利用形态按地下设施的功能可以分为哪些类别？
2. 城铁车站站台有哪些类型及其主要适用情况是什么？
3. 地下停车场出入口及坡道设计有哪些特点？
4. 地下综合体的特征及功能有哪些？
5. 什么叫地下管道？布置城市地下综合管线廊道应注意哪些方面的问题？
6. 建造地下水封石洞油库必须具备哪些基本条件？
7. 结合你所在的城市谈谈该城市地下空间利用形态的主要表现形式及其发展前景。

第5章 城市地下工程结构设计

5.1 概述

上一章已经对城市地下空间的利用形态做了介绍，这些形式各样的城市地下建筑形态都是通过一定的结构实现其设计功能的。本章简要介绍了城市地下空间结构的类型、设计理论、设计方法、设计原则、设计内容、结构荷载、结构材料和结构构造。

所谓城市地下空间结构是指保留城市上部建筑物或地层（城市山体或土层）的前提下，能够保障城市地下空间建筑使用功能要求的，在各种荷载作用下具有足够强度与稳定性的结构型式。

城市地下结构涉及的学科非常广泛，具有很强的综合性。在进行城市地下结构的设计时往往需要考虑多方面的条件。最终的结构方案往往既考虑力学模型选择，又考虑结构审美，既考虑成本节约，又考虑长久功能和第二功能（如平壤市内深层地铁，便是交通和防空的双重考虑结果），既考虑地层环境和场地规模，又考虑结构施工对周围环境的影响。

不同于城市地上建筑，城市地下结构处于地层中，是在原有已建城市地表基础上进行的。无论是前期地层勘察还是后期运营维护，其在方方面面都表现出很强的独特性。为了更好地快速了解其特点，下面将分八点从若干个角度简要对比城市地上结构和地下结构，详见表5-1。

表5-1　城市地上结构与地下结构对比

对比项	地上结构	地下结构
所处介质	空气	地层
选址条件	地基承载力等	地应力、地质构造、水文地质等
荷载	自身荷载、风荷载等，受力状态比较明确	自身荷载、围岩应力场等，受力状态复杂
变形	以失稳变形、开裂为主	围岩应力作用变形
构筑过程	自身荷载下构筑	受外载下构筑，与空间效应和时间效应有关
与地层关系	地层承载结构	结构承载地层，与围岩形成共同体（这一点是地下结构在计算理论上与地上结构最主要的差别），协调作用
防灾设计	以防震、防火为主	防潮、防水要求较高，特殊照明和通风。 本身具有一定防灾（风、雪、武器）功能，可成为城市避灾区
设计过程	一般模式为：设计—施工—交付使用	往往形成一种特殊模式：设计—施工及监测—信息反馈—修改设计—施工改进（具体监测和施工会在第6章和第7章具体阐释）

5.2 城市地下空间结构分类

5.2.1 城市地下空间结构的型式

在上一章中，根据城市建筑的功能要求，我们已经对地下建筑进行了利用形态上的分类，然而利用形态和空间结构有着本质的区别。利用形态往往以其功能和用途命名，而空间结构侧重于形状、强度、稳定性和构造。如地下商业街，便属于矩形结构。

地下空间结构往往是应力、地层、施工方法、使用条件等因素的综合产物，所以其分类也往往以这些因素区分开来。在这些因素中最重要的因素便是地层，有的地层是岩石介质，有的地层是土介质，岩石和土天壤之别，岩石自身承载明显好于土，土体的挖掘进度明显快于岩体。地层的介质类型往往决定了结构的安全度、受力特征和施工方法，所以传统的分类便将岩石地下结构和土体地下结构分开讨论（此处不讨论土石混杂体的情况）。

1. 岩石地下结构

修建岩石地下结构时首先在岩石中挖掘洞室，然后要在洞室周边修建永久性支护结构，这种支护结构称为衬砌，所以岩石地下结构常被称为衬砌或者被覆。常见的衬砌有以下几类。

（1）半衬砌结构。如果地下工程岩体硬度较高，整体性较好，具有良好的稳定性，往往在设计衬砌结构时只做拱圈，不做边墙（拱侧竖直面做喷浆处理或者为落地拱），这种衬砌型式称为半衬砌。

（2）贴壁式衬砌结构。这类衬砌往往与围岩整体受力，衬砌与围岩间的缝隙密实回填。贴壁衬砌根据具体工程的需要可以做成厚拱薄墙式、直墙拱顶式和曲墙拱顶式。

（3）离壁式衬砌结构。这类衬砌的拱圈和边墙和岩壁分类，其间缝隙不做回填。此类衬砌需要围岩稳定时或者做稳定处理后采用。

（4）喷锚支护结构。现在被广泛应用的一种地下空间结构型式，通过在围岩上打锚杆使围岩自身承载能力发挥，从而节省稳定处理费用，其作为一种柔性支护，在新奥法施工中有着重要的作用。

前三种衬砌都具有拱圈，同属于拱形结构，最常用，多采用矿山法暗挖施工，在边墙和地板的处理上各不相同。以上四种结构以施工工艺为主线进行分类。

（5）穹顶直墙结构。这类衬砌的特点是底部为圆形，墙体为圆筒形，中间无柱或者隔板墙。结构组合为：半球形顶壳、圈梁、圆筒形边墙和圆形地板。其受力性能好，对于围岩侧压力要求较高，施工比较复杂。常用于地下回车场。

（6）复合结构。涉及以上两种或者两种以上的结构组合型式。如复合式衬砌，外层为喷锚支护，内层为整体式衬砌。

2. 土体地下结构

与岩石相比，土体具有碎散性、三相体系性及变异性，胶结程度不如岩石，缺乏颗粒间的连接或连接很弱，竖向压力值往往大于岩石地层作用下的地下结构，所以土体中的地下结构需要具有良好的承载能力。下面以施工工艺为主线对土体地下结构进行分类。

（1）浅埋式结构（图 5-1）。

又称单间式结构，平面成方形或长方形，覆土厚度仅 5～10m 左右（薄），覆土厚度小于结构尺寸，多采用明挖法施工。

浅埋式结构形式：直墙拱形结构、矩形闭合结构和梁板式结构，或者是上述形式的组合。例如平面为条形的地铁等大中型结构，常做成矩形框架结构。

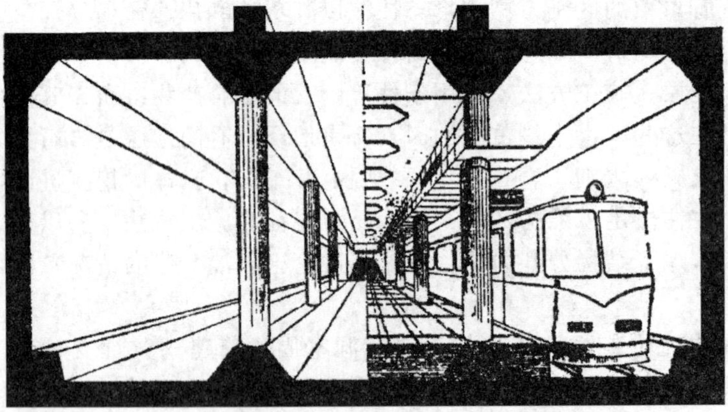

图 5-1 地下铁道车站

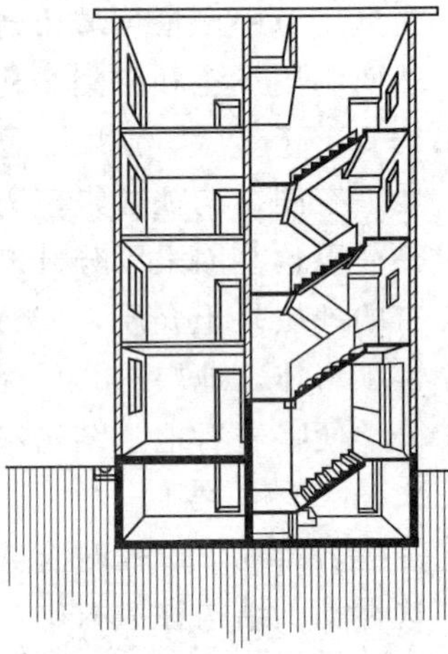

图 5-2 地下室

(2) 附建式结构（图 5-2）。

附建式地下结构是指具有预定战时防空功能的附属于较坚固的建筑物的地下室结构，这种地下室又称为防空地下室或附建式人防工事。作为民用时便是房屋下面的地下室，一般有承重的外墙、内墙（地下室作为大厅用时则为内柱）和板式或梁板式顶底板结构。

与单建式结构相比，附建式结构节省建设用地；便于平战结合；人员和设备容易在战时迅速转入地下；增强上层建筑的抗地震能力，在地震时防空地下室可作为避震室；上层建筑对战时核爆炸冲击波、光辐射、早期核辐射以及炮弹有一定的防护作用；防空地下室的造价比单建式的要低；便于施工管理，采用新技术，保证工程质量，同时也便于维护。

结构的型式选择考虑的因素有：战时防护能力的要求、上面地面建筑的类型、地质及水文地质条件、平时与战时使用的要求、建筑材料及供应情况、施工条件等。

附建式结构又可分为四种结构形式。①梁板结构，顶板为钢筋混凝土梁板结构；②板柱结构，顶板采用无梁钢筋混凝土板式结构；③箱形结构，钢筋混凝土空间结构，适用于防护等级高、上层建筑需设置箱形基础、地下水位高、有较高防水要求的结构；④其他结构。

(3) 沉井式地下结构（图 5-3）。

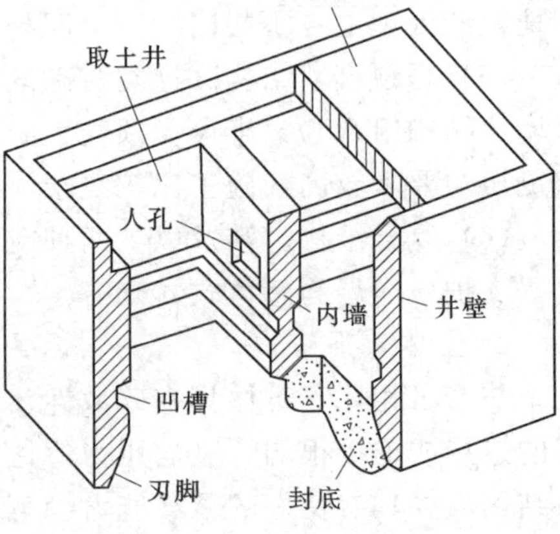

图 5-3 沉井结构

沉井结构的主要特征是将已建成的“井”通过某种方法“沉”至地下或水下的一定位置处。广泛适用于多种类型的地下建筑与构筑物、国防工程、设备基础及桥梁墩台、盾构拼装井、船坞坞首、矿井与地铁车站等工程中。

沉井结构的类型按不同分类方式可进行如下分类。

1）按下沉环境可分为陆地沉井（包括在浅水中先筑岛制作的沉井）和浮运沉井（用于深水中施工的沉井）。

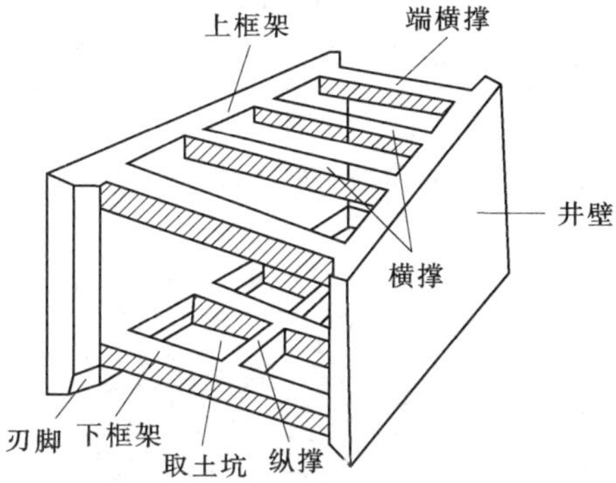

图 5－4　连续沉井的节段

2）按沉井平面形式可分为圆形、椭圆形、正方形、矩形和多边形等，也可分为单孔和多孔沉井。

3）按沉井构造形式可分为独立沉井和连续沉井。

4）按沉井制作材料可分为混凝土沉井、钢筋混凝土沉井、钢沉井、砖沉井、石沉井以及组合式沉井等。

沉井一般由下列各部分组成：刃脚、井壁、内隔墙、取土井、凹槽、封底、顶板等，其构造见图 5－4。

（4）地下连续墙结构（图 5－5）。

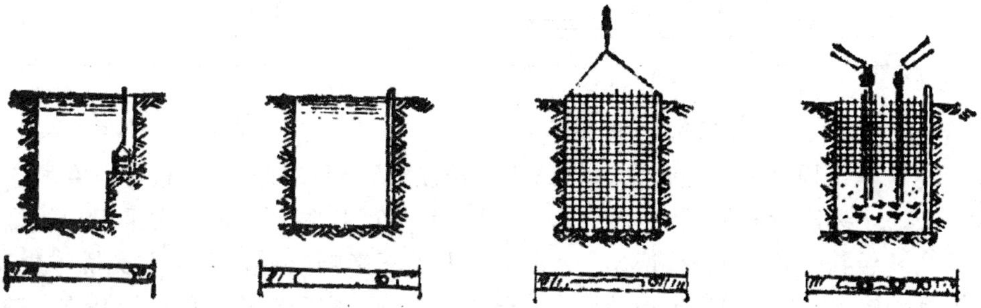

图 5－5　地下连续墙

先建造两条连续墙，然后用挖槽设备沿墙体挖出沟槽，以泥浆等维持槽壁稳定，然后修筑底板、顶板和中间体。这种修建地下结构的方法适用于狭窄的施工场地，相比明挖法和沉井法有许多优点。

（5）盾构结构（图 5－6）。

这种结构以盾构法施工为依托，适用于中等埋深以上的软弱土层中。盾构推进时，以圆形为宜，故常采用装配式圆形衬砌，也有做成方形和半圆形的。

盾构通常由盾构壳体、推进系统、拼装系统、出土系统四大部分组成，见图 5－7。

盾构种类繁多，主要有：①手掘式、半机械式敞胸盾构；②挤压式闭胸盾构；③机械式闭胸盾构，这类盾构又分为局部气压盾构、泥水加压盾构和土压平衡盾构。

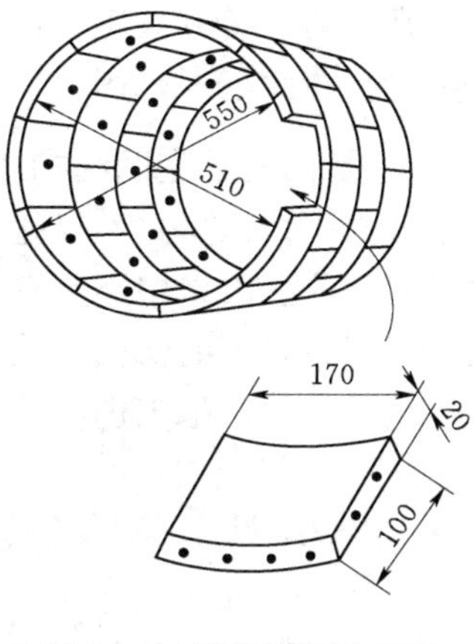

图 5－6　盾构结构示意图

（单位：cm）

(6) 沉管式地下结构（图 5-8）。

一般做成箱形结构，两端加以临时封墙，托运至预定水面处，沉放至设计位置。适用于城市地下铁道或者过江隧道。

(7) 地道式地下结构（图 5-9）。

这种结构以暗挖法施工为依托，为直墙或曲墙拱形。

(8) 其他结构。

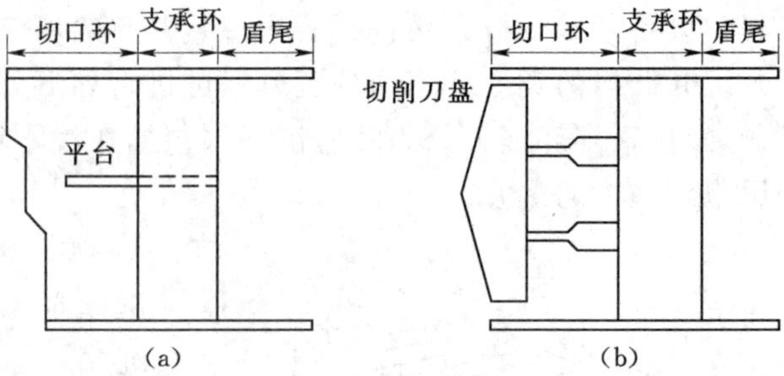

图 5-7　盾构组成示意图

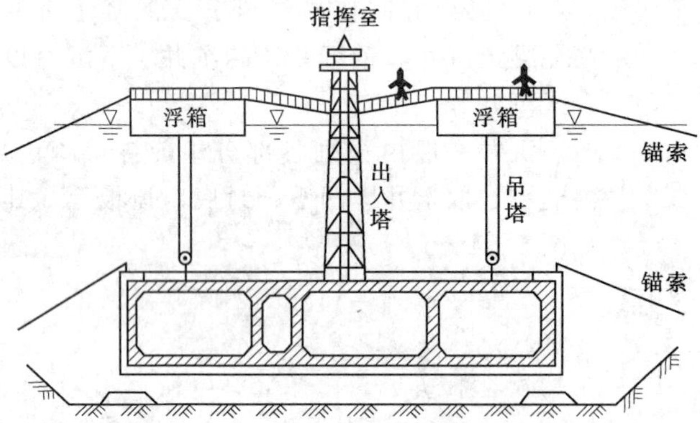

图 5-8　沉管式地下结构示意图

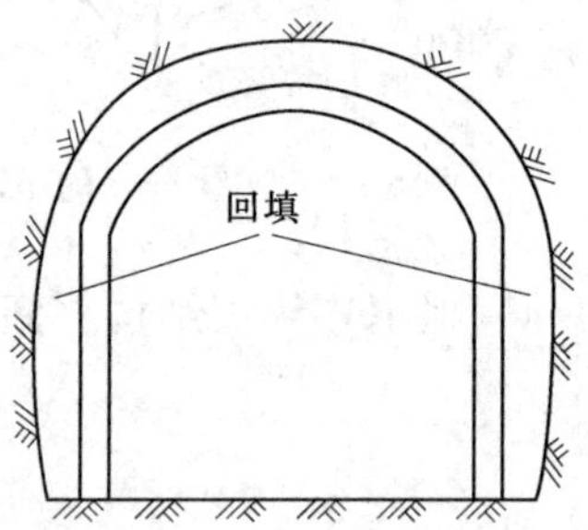

图 5-9　地道示意图

除上述地下结构之外，还包括顶管结构、箱涵结构和基坑支护结构等。在城市管道埋深较大，交通干线附近和周围环境对位移、地下水有严格限制的地段常采用顶管结构，施工更为安全和经济。而在铁路和公路交叉口，为了不影响交通，需建立交桥和立交地道，一般采用箱涵结构。当建筑需要由地面向下开挖一个地下空间时，一般采用基坑支护结构。

按构造形式分类还可以将地下结构分为拱形结构、管状结构、薄壳结构、框架结构、组合结构（异形结构）。

常见的分类方法还有：按闭合情况分类、按施工方法分类、按结构材料分类、按埋深分类等。在此不再赘述。

5.2.2 城市地下空间结构选型

合理的结构型式不仅能满足生产使用要求，还能做到经济、安全、美观的良好统一。很显然，这些因素中必然有主次之分，安全是前提因素，使用条件是基础目的，要做到在满足承载力要求的情况下减小工程造价。实际情况中的结构型式往往是使用要求、工程造价、地层条件、施工进度、长久性、美观度的综合结果。

5.3 城市地下空间结构设计

5.3.1 城市地下空间结构设计原则

地下空间结构设计所遵循的原则与地上结构设计类似，但侧重点有所差异。

（1）安全性原则。设计必须严格遵循地下结构规范和标准。结构要能承受正常施工和使用时的各种作用，以及偶然事件发生时，仍能保持整体稳定性。在地质情况较复杂或者地质条件不能完全明确时适当提高安全系数。

（2）方案优化原则。同一地下结构工程往往能设计出若干个满足安全性的方案，在不同的方案中根据工期、施工条件、工程造价等因素优化得到最终方案。

（3）耐久性原则。这一原则与地上结构工程相同，要保证设计结构在正常使用和维护下，具有足够的耐久性能，达到设计使用年限。

（4）合理计算原则。随着技术的发展，软件的进步，我们对待复杂工程的计算能力越来越强，但是选取合理的计算方法和计算工具往往能节省大量的人力和物力。

（5）反馈原则。由于地下结构所处的地质条件发生变化时前期表现不明显，但结果影响巨大，所以地下结构建设和交付使用后都必须制定一定的监测反馈机制，从而及时发现问题，及时制定新的方案。

5.3.2 城市地下空间结构设计程序及内容

城市地下空间结构设计是城市地下空间工程设计的重要组成部分，其遵循设计原则的前提下，按照土建工程的基本建设程序进行。在几十年的地下结构设计过程中，工程师们积累了大量的工程经验，留下了大量的工程实例，在实际设计中工程师们往往参考已有的工程实例进行优化和创新设计。

通常情况下，地下空间结构设计可分为初步设计和技术设计（施工图设计）两个阶段。后者是对前者的进一步具体化。

1. 初步设计

（1）方案准备研究。这一步主要是研究设计任务书，熟悉地质条件和测量资料、了解规范等，对设计的基本依据进行掌握。

（2）确定工程等级和要求，以及荷载性质。确定防护等级以及抗震等级，荷载是动荷载还是静荷载。

（3）确定埋置深度与施工方法。施工方法对于结构的影响较大，不同阶段的施工荷载会影响到结构的设计。

（4）确定作用在结构上的初等荷载值和进行荷载组合。

（5）选择建筑材料。

（6）选定结构型式和布置，估算结构跨度、高度、顶底板及边墙厚度等主要尺寸。

（7）绘制初步设计结构图。

（8）估算工程材料数量及财务概算。

2. 技术设计（施工图设计）

（1）计算出作用在结构上的各种荷载值。

（2）选定合适的结构计算方法，绘制计算简图。

（3）分析结构内力，绘制结构内力图，进行内力组合。

（4）设计配筋方案，确定钢筋分布、架立钢筋和构造细节。

（5）绘制施工详图：结构平面图，结构构件配筋图，节点详图，内部设备的预埋件图等。

(6) 估算结构跨度、高度、顶底板及边墙厚度等主要尺寸。

(7) 绘制初步设计结构图。

(8) 确定工程材料数量，进行财务预算。

5.4 城市地下空间结构计算

5.4.1 城市地下空间结构计算理论发展

地下空间结构在19世纪以前都是采用经验计算设计的方法。到19世纪初才逐渐形成计算理论，并开始指导地下结构的设计与施工。最初的计算理论和今天的计算水平相比不可同日而语。最初人们往往仿照地上结构进行地下结构的计算和设计，甚至忽略结构的弹性变形，只能靠基本的静力平衡为依据，复杂的力学分析无法做到。进入20世纪90年代，极限状态和优化设计的研究为城市地下空间结构的发展开辟了新的发展道路，软件的进步、计算理论的复杂精细化使工程师们得以将最优设计理论作为设计追求。

简单地按照时间轴可认为：

(1) 19世纪以前采用经验方法。

(2) 19世纪初，将地下结构作为刚性结构。

(3) 19世纪后期，钢筋混凝土结构出现，按照框架结构计算。

(4) 20世纪中期，开始考虑地层的弹性抗力。

(5) 20世纪70年代，数值计算方法被引入。

(6) 20世纪90年代至今，追求优化设计。

具体的地下结构计算理论的发展可分为以下7个阶段。

1. 刚性结构阶段

压力线理论：将地下结构视为刚性结构，地下结构由刚性块组成，所受的主动荷载是地层压力，当处于极限平衡状态时，它是由绝对刚体组成的三铰拱静定体系。此种假设缺乏理论依据，设计偏保守，偏差较大。

2. 弹性结构阶段

在19世纪后期，混凝土和钢筋混凝土材料的使用使地下结构具有较好的整体性，地下结构开始按弹性连续拱形框架进行内力计算。这种计算方法没有考虑结构产生的弹性抗力的约束作用，但至今仍有使用。

3. 假定抗力阶段

地下结构衬砌在承受主动荷载作用产生弹性变形的同时，将受到地层对其变形产生的约束作用。将地层对衬砌的约束按衬砌受有与其变形相适应的弹性抗力的假设形式进行考虑，地下结构的计算理论便进入了假定抗力阶段。

4. 弹性地基梁阶段

由于假定抗力法对抗力图形的假定有较大的任意性，人们开始研究将边墙视为弹性地基梁的结构计算理论。首先应用的弹性地基梁理论是局部变形理论，达维多夫在1934—1935年间提出了这一建议，纳乌莫夫在1956年又将其发展为侧墙（指直边墙）按局部变形弹性地基梁理论计算的地下结构计算法。苏联地下铁道设计事务所在20世纪30年代提出按局部变形弹性地基圆环理论计算圆形隧道衬砌的方法。

共同变形弹性地基梁理论在稍后也被用于地下结构计算。该理论以共同变形的弹性地基梁为基础，认为一点的作用力，不仅引起该点地基沉陷，而且引起邻近范围内其他点地基沉陷。按共同变形的计算地下结构的优点是它以地层的物理力学特征为依据，并能考虑各部分地层沉陷的相互影响，在理论上比局部变性理论有所进步。

5. 连续介质阶段

这一阶段将衬砌和地层结合体按连续介质模型进行分析。不少研究者从弹性力学理论出发曾得出圆形衬砌的弹性解。其后有人提出和发展了圆形衬砌的简化弹性解，假定衬砌变形后的形状和与之相适应的径向应力分布规律。J. 塔洛布于 1957 年和 H. 卡斯特纳于 1960 年曾得到圆形洞室的弹塑性解。国际上有些研究者近年来还采用岩土的各种流变模型进行了圆形隧道衬砌与围岩的黏弹性分析。

6. 数值方法阶段

20 世纪 60 年代，随着电子数字计算机的推广和岩土本构关系（应力-应变关系）研究的进展，以有限元法为主的地下结构计算数值方法。早在 1966 年便有人应用德鲁克-普拉格屈服准则进行了圆形洞室的弹塑性有限元分析。O. C. 津凯维奇按无拉力分析研究过隧道的应力和变形，提出了模拟开挖效应的初应力释放法，还曾利用弹黏塑性模型计算隧道衬砌。E. L. 威尔孙等进行过地下结构的有限元抗震和抗爆分析，还曾采用有限元分析探讨了各种因素对地下洞室和围岩受力的影响，节理围岩洞室的稳定问题，施工顺序对洞室稳定的影响，以及开挖面附近三维应力状态等问题。近年来，国际上许多学者都在隧道和地下结构的有限元静、动力分析方面做过许多工作。

7. 极限和优化设计阶段

以往的地下结构计算都是假定结构处于弹性受力阶段，这样往往不能充分发挥结构的承载能力，也不能真实反映结构最终破坏时的极限承载能力。人们开始应用容许应力法和极限状态法进行结构的计算和设计，并且获得了很好的经济设计效益。

优化设计正是立足于极限设计和当今高速发展的工程技术，在众多的方案中筛选出结构合理、经济适用、美观长久的设计方案，这使得未来的设计师在设计上不断逼近最优方案。

值得指出的是，在地下建筑结构计算理论研究的发展过程中，后期提出的计算方法一般并不否定前期的研究成果。鉴于岩土介质性质的复杂多变性，这些计算方法一般都有各自的适用场合，但都带有一定的局限性。

5.4.2 城市地下空间结构计算方法

关于地下结构的内力计算，目前存在两种不同的计算理念。一种认为围岩的作用只是向结构施加荷载，而结构的作用只是承受荷载；另一种认为围岩既是荷载又是承载体，而结构的作用是调整围岩从而与之共同维持洞室的稳定性。相应的地下结构的内力计算模型就可以分为以下两种。

1. 荷载结构法

荷载结构法认为地层对结构的作用只是产生作用在地下建筑结构上的荷载（包括主动地层压力和被动地层抗力），衬砌在荷载的作用下产生内力和变形，由此建立的计算方法称为荷载结构法。早年常用的弹性连续框架（含拱形构件）法、假定抗力法和弹性地基梁（含曲梁）法等都可归属于荷载结构法。其中假定抗力法和弹性地基梁法都形成了一些经典计算法，而类属弹性地基梁法的计算法又可按采用的地层变形理论的不同分为局部变形理论计算法和共同变形理论计算法。其中局部变形理论因计算过程较为简单而常用。

荷载结构法的设计原理：认为隧道开挖后地层的作用主要是对衬砌结构产生荷载，衬砌结构应能安全可靠地承受地层压力等荷载的作用。计算时先按地层分类法或由实用公式确定地层压力，然后按弹性地基上结构物的计算方法计算衬砌的内力，并进行结构截面设计。

2. 地层结构法

所谓地层结构法就是把地下结构与地层作为一个受力变形的整体，按照连续介质力学原理来计算地下建筑结构以及周围地层的变形；不仅计算出衬砌结构的内力及变形，而且计算周围地层的应力，充分体现周围地层与地下建筑结构的相互作用。地层结构法相对荷载结构法，充分考虑了地下结构与周围地层的相互作用。

结合具体的施工过程可以充分模拟地下结构以及周围地层在每一个施工工况的结构内力以及周围地层的变形，地层结构法更能符合工程实际。因此，在今后的研究和发展中地层结构法将得到广泛应用和发展。

地层结构法主要包括如下几部分内容：地层的合理化模拟、结构模拟、施工过程模拟以及施工过程中结构与周围地层的相互作用、地层与结构相互作用的模拟。

5.4.3 城市地下空间结构受力特点和力学计算模型

1. 地下空间结构的受力特点

(1) 围岩（覆土）与结构联合共同作用。地下工程周围的地质体不仅会对支护结构产生荷载，同时它本身又是一种承载体。作用在地质体上的原岩应力是由地质体本身和支护共同来承载的。

(2) 地下水、施工方法和过程对结构受力有显著影响。有些地下结构往往要穿越含水带或者上覆水源，所以在进行结构受力计算时往往要考虑地下水流场、岩石浸水等因素的影响。施工方法的选取往往对结构的受力产生明显影响，有时甚至会大幅度改变结构的设计。

(3) 成拱效应。结构埋置深度达到一定数量级时，结构所承受竖向压力总是小于上覆地层的自重压力。

(4) 荷载难以准确量化。在结构力学中，我们可以很准确地计算结构每部分的荷载和受力，但是在地下结构中由于荷载复杂性、多变化性、测量难度大等原因，往往很难得到准确的荷载数据和受力情况。

(5) 地下工程支护结构设计的关键问题在于充分发挥围岩自承力。要达到这点，就必须要求围岩在一定范围内进入塑性。但当岩土地质体进入塑性后，其本构关系是很复杂的。

2. 地下空间结构的力学计算模型

国际隧道协会（I. T. A.）在 1978 年总结各国地下结构设计方法时将地下结构设计方法归纳为以下 4 种模型。

（1）以参照已往隧道工程的实践经验进行工程类比为主的经验设计法。

（2）以现场量测和实验室试验为主的实用设计方法，例如以洞周位移量测值为根据的收敛-限制法。

（3）作用-反作用模型，例如对弹性地基圆环和弹性地基框架建立的计算法等。

（4）连续介质模型，包括解析法和数值法，解析法中有封闭解，也有近似解，数值计算法目前主要是有限单元法。

按照多年来地下建筑结构设计的实践，我国采用的设计方法似可分以下 4 种设计模型。

（1）经验类比模型。

由于地下结构的设计受到多种复杂因素的影响，使内力分析即使采用了比较严密的理论，计算结果的合理性也常仍需借助经验类比予以判断和完善，因此，经验设计法往往占据一定的位置。经验类比模型则是完全依靠经验设计地下结构的设计模型。

（2）地层结构模型。

地层结构模型的计算理论即为地层结构法。其原理是将衬砌和地层视为整体，在满足变形协调条件的前提下分别计算衬砌与地层的内力，并据以验算地层的稳定性和进行构件截面设计。

（3）荷载结构模型。

荷载结构模型采用荷载结构法计算衬砌内力，并据以进行构件截面设计。其中衬砌结构承受的荷载主要是开挖洞室后由松动岩土的自重产生的地层压力。这一方法与设计地面结构时习惯采用的方法基本一致，区别是计算衬砌内力时需考虑周围地层介质对结构变形的约束作用。

（4）收敛限制模型。

收敛限制模型的计算理论也是地层结构法，其设计方法则常称为收敛限制法，或称特征线法。

5.4.4　地下工程可靠度分析

结构可靠度是结构可靠性的概率度量，其定义是：结构在规定的时间内，在规定的条件下，完成预定功能的概率，称为结构可靠度。而对于地下结构而言，其地质环境、施工方法、使用条件具有很大特殊性，随机性、离散性和不确定性较大，传统方法设计时用一个笼统的安全系数来考虑众多不确定性的影响，对各参数、变量都假定未定值。虽然以后对某些参数用数理统计方法进行修正，但难以准确地反映其真实的力学行为。

5.4.4.1　可靠度分析发展历程

20 世纪 60 年代末，数理统计和概率方法在结构设计中成功应用。进入 70 年代，可靠度分析方法扩大到更多的设计领域。但是岩土工程本身的机理比较复杂，有些问题还没有充分认识，应用得到很大限制，岩土工程概率方法仍处在发展阶段，不少概念还不很明确，计算方法也不够简便。不过研究表明，概率和可靠度分析方法在不确定性越严重的问题中作用越明显。

1992 年，国家技术监督局发布《工程结构可靠度设计统一标准》，作为其他各类工程结构设计共同遵循的准则。铁路、公路、水利、港口等行业先后开展结构设计统一标准的编制工作。作为上述各类工程的重要组成部分的隧道及地下工程，采用概率极限状态设计也提到日程上来。一些技术难题有待继续攻克，实用化问题也要同时解决。目前，可靠度分析在地下工程中的应用正在经历由粗糙到精细、由简单到复杂再回到简单并进入实用这一过程。

5.4.4.2 地下建筑结构的不确定性因素和可靠度分析特点

1. 不确定性因素

地下建筑结构不确定性因素繁多。首先地下工程到现在为止并不是一门特别精确的学科，往往地质勘探难以准确描述地质情况，载荷和抗力不容易确定，施工方法对载荷和抗力影响难以准确计算。大体可总结为：

（1）地质介质特性参数的不确定性。

（2）岩土体分类的不确定性。

（3）地下结构计算模型的不确定性。

（4）荷载与抗力的不确定性。

（5）地下建筑结构施工中的不确定性。

（6）自然条件的不确定性。

2. 可靠度分析特点

地下建筑结构可靠性分析要比地上结构复杂，大致有以下几个特点。

（1）周围岩土介质的变异性。

地下建筑结构周围的岩土介质是自然界的产物，具有高度的地域差异性；此外，同一地区，岩土体的物理力学性质也比较复杂，具有场的效应，是空间和时间的函数。

（2）地下建筑结构规模和尺寸的影响。

所研究的范围一般均较大，仅仅靠一点或几点岩土体的性质，不能完全代表整个岩土工程研究范围内的土的性质，而是要考虑空间平均特性，即一定范围内的岩土平均特性。另外，室内试验多为小尺寸的试件，而研究范围的体积与试样尺寸相比非常大。

（3）极限状态及失效模式的含义不同。

结构设计的极限状态分为承载能力极限状态和正常使用极限状态，而地基基础设计中的承载能力极限状态，既包括整体失稳所引起的狭义的承载能力极限状态，也包含由于岩土体的局部破坏或者变形过大而导致的上部结构的破坏，即变形的极限状态也会引起承载的极限状态，二者不是完全独立的，这可以理解为广义的承载能力极限状态。

（4）极限状态方程呈非线性特征。

岩土体的本构模型有多种，具有高度的非线性特征：在不同应力水平下，岩土体会表现出不同的变形特性。相应的极限状态方程也可能是非线性的。采用一次二阶矩计算可靠指标时，需要将破坏面的一点（验算点）取作线性化点，而不是在基本变量的均值点上线性化。

（5）土性指标的相关性。

描述岩土体性质的指标具有相关性，既有不同指标之间的互相关性，即两个随机场的随机变量之间的相关性，也有同一指标的自相关性，即同一随机场不同位置处的两个随机变量之间的相关性。作为随机变量的某一土性概率特征参数，不仅有均值和方差，还有自相关函数，因此，土性的互相关性问题应在计算中考虑。当采用一次二阶矩法时，公式中会出现相关变量的协方差，这些协方差必须根据变量的性质和实测值进行分析才能得到。

（6）概率和数理统计的理论与方法的应用。

美国学者卡萨格兰德（A. Casagrande）于 1956 年提出了土木与基础工程中的风险计算问题，并将概率论与数理统计应用于地下工程的风险计算中。

5.4.4.3　可靠度分析基本原理

地下工程结构分析中含有大量的不确定因素，如何来分析这些不确定因素对结构计算的影响，从而判断地下工程结构设计、施工以及运营中的安全可靠程度，这就必须对可靠度分析的基本原理进行了解。

1. 结构极限状态和极限状态方程

（1）功能性要求。

任何结构都是为了完成所要求的某些功能而设计的，地下结构应满足安全性、适用性和耐久性三个功能要求。

（2）功能函数和极限状态函数。

影响可靠性的因素归纳为两个综合量，即结构或结构构件的荷载效应 S 和抗力 R，定义结构的功能函数为

$$Z=g(R,S)=R-S \tag{5-1}$$

式中　Z——结构功能系数；

S——结构构件载荷效应；

R——结构抗力。

结构从开始承受荷载直至破坏要经历不同的阶段，处于不同的状态。根据结构功能函数的定义可知：Z 也为一个随机变量，可以出现下列三种情况。

$Z>0$，结构可靠；$Z=0$，结构处于极限状态；$Z<0$，结构失效，如图 5-10 所示。

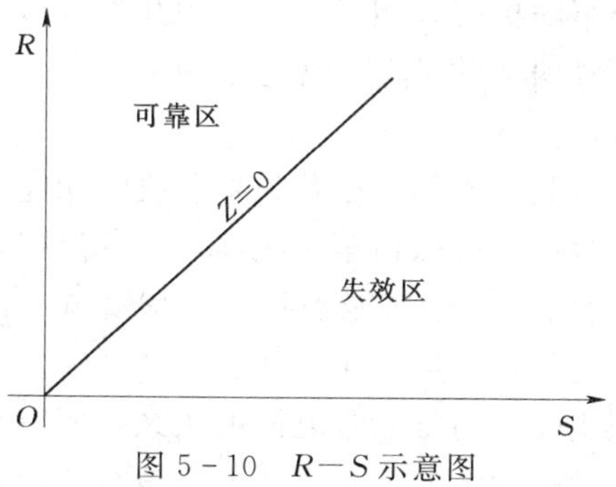

图 5-10　R-S 示意图

2. 地下工程结构的可靠度

地下工程结构的可靠度是按照概率度量的结构可靠性。任何工程结构都是为了实现所要求的某些功能而设计的，《建筑结构可靠度设计统一标准》将建筑结构可靠性定义为建筑结构在规定时间内、规定条件下，完成预定功能的能力。这样，地下工程结构的可靠度就可以定义为在规定时间内、规定条件下，完成预定功能的概率大小。

可见，用概率来度量可靠安全的程度是比较符合人们的习惯的。对于工程结构来说，具体的可靠度尺度有三种：可靠概率 p_s、失效概率 p_f、可靠指标 β。

3. 可靠度分析方法的四个层次

按照概率论与数理统计方法在地下工程结构中的应用情况，可将地下工程结构可靠度分析划分为 4 个层次。

(1) 半经验半概率法。

运用数理统计方法考虑不确定性的影响，通过引入一些经验参数对设计表达式进行修正。目前使用的《建筑地基基础设计规范》(GB 50007—2002)、《岩土工程勘察规范》(GB 50021—2002) 等都处于这一层次。

(2) 近似概率设计法。

可近似给出破坏机制的失效概率。一次二阶矩法中的中心点法、验算点法以及实用设计法中的中心安全系数法和分项系数法等都属于该层次。

(3) 全概率法。

其特点为运用概率统计理论，得出极限状态方程中所有不确定性参数的联合概率分布模型，可以由此求解出真实失效概率。可靠度分析中采用的蒙特卡罗法 (MonteCarlo)、多重降维解法，可以视为该水准基础上的近似算法。目前，只有在分析比较理想条件下的简单问题时，真正属于全概率法层次的可靠性计算才能实现。

(4) 广义可靠度分析法。

广义可靠度分析法不仅分析设计阶段的安全性与失效概率，还应同时考虑经济效益和社会效益，吸收建筑经济学中有关费用与效益分析的理论和成果，分析竣工后地下结构工程体系破坏引起的经济损失的期望。

5.4.4.4 可靠度分析近似方法

结构可靠指标的定义是以结构功能函数服从正态分布或对数正态分布为基础，利用正态分布概率函数或对数正态分布函数，可以建立结构可靠指标与结构失效概率间的一一对应关系。但在实际工程中，我们所遇到的结构功能函数可能是非线性函数，而且大多数基本随机变量并不服从正态分布或对数正态分布。在这种情况下，结构功能函数一般也不服从正态分布或对数正态分布，实际上确定其概率分布非常困难，因而不能直接计算结构的可靠指标，但确定随机变量的特征参数（如均值、方差等）较为容易，如果仅依据基本随机变量的特征参数，以及它们各自的概率分布函数进行结构可靠度分析，则在工程上较为实用，这就是可靠指标的近似计算方法。本节重点介绍随机变量相互独立时的几种近似方法，即均值一次二阶矩法、验算点法、JC 法以及随机变量相关时的可靠度分析方法。

(1) 均值一次二阶矩法（中心点法）。

中心点法是结构可靠度研究初期提出的一种方法，其基本思想是首先将非线性功能函数在随机变量的平均值（也称为中心点）处作泰勒级数展开并保留至一次项，然后近似计算功能函数的平均值和标准差，再根据可靠指标的概念直接用功能函数的平均值（一阶矩）和标准差（二阶矩）进行计算，因此该方法也称为均值一次二阶矩法。

中心点法计算简便，可以直接给出可靠指标与随机变量特征参数之间的关系，所得到的用以度量结构可靠程度的可靠度指标具有明确的物理概念与几何意义。但是该方法没有考虑有关基本变量分布类型的信息，当功能函数为非线性函数时，功能函数在随机变量的平均值处展开不合理，对有相同力学含义但数学表达式不同的极限状态方程，求得的结构可靠指标值可能不同，因而计算结果会有误差。

(2) 验算点法。

验算点法实际上是在利用 Taylor 级数对功能函数进行展开时，把设计验算点取为线性化点。根据一次二阶矩法（中心点法）中β的几何意义，验算点法也可理解为当极限状态方程$g(X_1, X_2, X_n)=0$为非线性曲面时，不以通过中心点的切平面作为线性近似，而以通过$g(X_1, X_2, X_n)=0$上的某一点$X=(X_1, X_2, X_n)$的切平面作为线性近似，以减小一次二阶矩法的误差。这个特定的点称为验算点，可靠度指标β是原点O到验算点P处切平面的最短距离。

验算点法无疑优于一次二阶矩法（中心点法），因此，在工程实际可靠度计算中，验算点法是求解可靠指标的基础，但这种方法求解的结果只有在统计变量是独立的正态变量和具有线性极限状态方程的条件下才是精确的。在地下工程中，随机变量并非都服从正态分布，有的服从极值Ⅰ形或Γ分布。对于这类极限状态方程的可靠度分析，一般要把非正态随机变量当量化或变换为正态随机变量，常采用的方法有三种，即当量正态化法、映射变换法和实用分析法。其中当量正态化法是国际结构安全度联合委员会（JCSS）推荐的方法，故简称为JC法。

（3）当量正态化法（JC法）。

JC法是拉克维茨和菲斯莱等人提出的。它适合于随机变量为任意分布下结构可靠度指标的计算。我国《建筑结构设计统一标准》和《铁路工程设计标准》中都规定采用JC法进行结构可靠度的计算。

JC法的基本概念是在引用验算点法之前，将非正态的随机变量先“当量正态化”。

以上所介绍的验算点法和JC法中，功能函数中各基本变量之间相互独立，但在实际地下工程结构问题中，影响结构可靠性的随机变量间可能存在某种相关性，如土的黏聚力与内摩擦角之间负相关，容积密度与压缩模量、内聚力之间等正相关。研究表明，随机变量间的相关性对结构的可靠度有明显的影响，因此，若随机变量相关，则在结构可靠度分析中应予以充分考虑。对考虑随机变量之间相关性问题一般采用的极限状态分为承载能力极限状态和正常使用极限状态，而地基基础设计中的承载能力极限状态，既包括整体失稳所引起的狭义的承载能力极限状态，也包含由于岩土体的局部破坏或者变形过大而导致的上部结构的破坏，即变形的极限状态也会引起承载的极限状态，二者不是完全独立的，这可以理解为广义的承载能力极限状态。

（4）结构体系的可靠度分析。

地下工程结构由于其特定的周围环境，属超静定结构。前面的可靠度分析方法主要是针对单一的结构构件或构件中某一截面的可靠度。实际上，对地下工程结构，结构构成非常复杂，构件的材料有脆性材料、延性材料或单一材料、复合材料，结构的失效模式上有多种可能。以挡土结构的失效为例，可能是倾覆、滑移或承载力不足等某个单一的失效模式，也可能是这三者的组合。

从结构的构件组成系统来看，有串联系统、并联系统、混联系统等。例如对有支撑的基坑围护结构，如支撑体系中一根支撑破坏，很有可能导致整个基坑的失稳，则该基坑的支撑系统就是串联系统。

我国岩土工程领域可靠度研究虽然起步较晚，但发展很快。涉及的课题很多，有些方面研究的广度与规模可能超过国外。地下工程及作为岩石工程的重要组成部分其可靠度研究也在相互影响和推动下相继展开。但由于难度大，牵涉面广，总体上还处于发展阶段。

岩石隧道方面研究较少；针对岩土特点的可靠度分析法还有待拓宽；可靠性研究与岩土力学机制之间的紧密结合有待加强。可靠度涉及是地下结构设计发展的必然要求，必然推动工程技术界去进一步开拓。

5.4.5 地下工程数值计算理论与技术

1. 数值计算理论

所谓数值计算就是利用计算机模拟工程问题帮助我们解决工程问题。工程上的问题能用数学描述，但是很难用数学方法直接求理论解，这时我们可以用计算机程序求一个足够精确的近似解。计算机能帮助我们求解方程、寻求最优解、计算结构变形和力等。

以岩土工程为例，数值模拟方法已经成为研究未知领域的强有力的工具。在岩土工程计算与分析中数值计算原理与方法也发展很快。特别是有限元的发展，促进了岩土工程研究、工程预测、优化设计和计算机辅助设计等的发展。

2. 数值分析方法和常见分析软件

（1）有限差分法。

由英国学者 Southwell 提出，是转化课题的常微分方程或偏微分方程为差分方程，然后结合初始及边界条件，求解线性代数方程组。这方法比较直观，容易编制程序，所以从 20 世纪 40 年代末期以来，迄今盛行不衰。

（2）有限元法。

由英国学者 Zienkiewicz 提出，以研究区域的变分形式，离散化所研究的区域，使其成为有限数目的单元。对于边界复杂以及材料属非线性的课题，与差分法相比，有特殊的灵活性。

（3）边界元法。

由英国学者 Brebbia 提出，化微分方程为边界积分方程，使用类似于有限元法的离散技术来离散边界。离散化所引起的误差仅来源于边界，因之提高了计算精度，依靠边界节点上算得的量，即可计算区域内的有关物理量，从而减少了准备工作量及计算量。边界元又有直接法及间接法之分，间接法需要先求取一个虚设的量，多了一道手续，所以相对麻烦一些。边界元的缺点是对变系数或非线性问题的造就性不如有限元法。

（4）变分法。

变分法是讨论泛函的极值问题，对上述差分法及有限元法都可起推导基本公式的作用，而这方法本身，也是数值方法中最古老的方法。

（5）加权余量法。

可以引入势函数和权函数的方法，从微分方程中直接求出近似的数值解。它的优点是可以避免建立能量方程，使一些无法求得能量方程的课题，也得到了较精确的解答。

常见的数值分析软件有：ANSYS、FLAC3D、ABAQUS、GEOSTUDIO、PLAXIS 等。这些软件在工程应用方面往往有不同的侧重点，建模方法、计算功能、精确度等方面存在差异，但都有着很高的应用度，为大量的工程提供了可靠的数据。

3. 数值计算的优缺点

数值计算原理与方法也具有两面性。

首先利用计算机进行数值计算有很多优点，比如：它能够做任何传统的分析方法所能做到的分析与计算，而且做得更多、更好；能够给出复杂数学模型的解，因而能够从机理上预测工程性质，而不是统计和经验性的描述；既能处理简单问题，也能处理复杂问题。

其次利用计算机进行数值计算也有很多缺点，比如：使用复杂，难以被很好地掌握；数值计算原理与方法本身的不确定性导致预测结果与工程实际不符；数值计算原理与方法所使用的物理模型或本构模型有局限性，难以反映实际情况，导致预测结果与工程实际不符；采用复杂模型要求较多的参数，而这些参数难以用简单试验获得；精确的数值分析结果会误导使用者迷信这些结果的精确性，而没有认识到其后面隐藏的不确定性，进而导致工程事故。

4. 数值计算方面的问题

到目前为止，研究计算工程的文章很多，但真正用于实际工程的数值计算原理与方法（例如有限元法等）却较少。部分原因在于有较多不成功应用的实例。为什么会有这种情况，原因是多方面的。

（1）对岩土工程数值计算原理与方法缺乏系统的知识和深入的理解，出现问题时不知道在什么情况下属于理论问题或数学模型问题；在什么情况下是属于计算方法问题或本构模型问题；在什么情况下是参数的确定问题或计算本身的问题等。

（2）各种本构模型固有的局限性。具有多相性土的物理力学性质太复杂，难以准确地用数学模型和本构模型描述。例如邓肯-张模型不能反映剪胀性，不能反映压缩与剪切的交叉影响；模型只能考虑硬化，不能反映软化；模型不能反映各向异性。剑桥模型也仅能考虑硬化而不能反映软化，不能反映土的剪切膨胀和各向异性，不能用于超固结土等。

（3）现有的试验手段和设备不能提供适当、合理和精确的参数。靠少数样本点所获得的参数难以准确地描述整个空间场地的物理力学性能；土的参数因土样扰动难以高质量的获取，其精度很差。有些模型要求较多的参数，但这些参数用常规的试验手段和设备难以获取等。岩土工程中如何应用精确的数学模型和本构模型是一个值得注意的问题。在一般结构分析中，因材料的力学性质简单、均匀，不确定性较小，一般采用较精确的数学模型会得到较精确的分析结果。但就土这种材料而言，因其不确定性非常大，其情况发生了很大的变化。众所周知，场地土性及其参数勘察结果的精度和准确性是很差的，由此导致即使采用了很精确的数学模型，但因输入参数的精度不能与之相匹配，其计算结果同样会很差。采用精确的数学模型还会给人造成一种错觉，让人觉得其计算结果也一定会更好、更可靠。这样可能使人们忽略了精确的数学公式也照样会有出错的可能性。只有当输入参数的质量和精度很高，并能与数学模型的精度相匹配时，才有可能得到较为准确的计算结果。这里需要注意的是，计算模型还要能正确地反映土工问题的实际情况。

20世纪60年代以后，由于电子计算机的飞速发展使地下工程数值计算原理与方法得到不断发展和完善，并用于地下工程实践。虽然在工程实际使用中数值计算原理与方法存在一些问题，但只要认清问题的实质，并采取措施去解决它，相信随着地下工程数值计算原理与方法的不断发展及其工程经验的不断积累，在工程实践中将会得到越来越多的应用，它必将成为地下工程分析中的有力工具。

5.5 城市地下空间结构荷载

作用在地下空间结构上的荷载种类特别多，其中围岩压力荷载计算更为困难。地下结构与围岩相互作用关系复杂。一方面，围岩给地下结构施加围岩压力，即荷载；另一方面，围岩又帮助地下结构承受荷载，减少结构的内力。

5.5.1 地下空间结构荷载分类

在 5.4.2 的荷载结构法中，首要问题便是确定地下结构所承受的荷载，荷载按其作用特点和使用中可能出现的情况分为以下三类。

(1) 永久荷载（主要荷载）。

又称恒载，长期作用在结构上且大小、方向与作用点不变，是地下结构的主要静力荷载，主要包括结构自重、回填土重量、围岩压力、弹性抗力、静水压力、砼收缩和徐变影响力、预加应力和设备自重等。围岩压力和结构自重是结构承受的主要静荷载。

(2) 可变荷载（附加荷载）。

在结构物施工和使用期间可能存在的变动荷载，其大小和作用位置都可能变化。又可细分为基本可变（经常作用的）和其他可变（非经常作用的）荷载。主要包括吊车荷载、设备重量、地下储油库的油压力、车辆荷载、人群荷载。

(3) 偶然荷载（特殊荷载）。

包括地震作用（在抗震区计算地震波作用下的动荷载作用）和战时发生的武器爆炸冲击动荷载（原子武器、炸弹和火箭爆炸冲击波压力荷载）。

5.5.2 地下空间结构荷载组合

各种荷载不一定同时存在，所谓组合就是采用可能作用在结构上的荷载进行编组。荷载组合往往取最不利组合作为设计荷载，以最危险截面中最大内力值作为设计依据。

最不利荷载组合情况一般有：静载、静载＋活载、静载＋动载这三种。

5.5.3 地下空间结构荷载确定

此处只介绍荷载确定依据，具体计算方法内容稍复杂，在此不作介绍。

1. 依据规范

当前在地下建筑结构设计中试行的规范、技术措施、条例等有多种。有的仍沿用地面建筑的设计规范，设计时应遵守各有关规范。

2. 设计标准

(1) 根据建筑用途、防护等级、地震等级等确定。

(2) 地下建筑结构材料的选用。

(3) 地下衬砌结构一般为超静定结构，其内力在弹性阶段可按结构力学计算。考虑抗爆动载时，允许考虑由塑性变形引起的内力重分布。

(4) 截面计算原则。

(5) 安全系数。

(6) 材料强度指标。

5.6 地下工程结构设计的发展现状与展望

5.6.1 地下工程结构发展现状

1. 地下工程的快速发展带动地下结构理论的成熟和进步

现在地下结构工程已经进入快速发展时期，大量的地下结构在城市出现，随着这些工程的进行，与地下结构相关的学科研究也在飞速的发展当中。新的地下工程情况频频出现，工程公司研究人员和各大学的科研人士不断地从工程中总结经验，发现问题，提出新的解决思路和方法，一大批学术成果随之涌现，这其中包括：结构形式的创新、计算理论和计算模型的改进、新的结构材料的发明、可靠度分析方法的改进等。

2. 与地下结构相关的很多难题亟待解决

（1）地下结构赋存环境复杂，无论是传统的计算方法还是最新的工程软件都难以做到比较精确的经济和结构搭配。新的计算方法和计算软件层出不穷，在复杂的工程环境中选取合适的计算方法和计算软件还需认真总结。

（2）现行的地下结构规范往往参照地上结构制定，特殊地下工程结构的相关规范要么不具体，要么靠经验执行。地下结构规范还需根据快速发展的当前和未来情况进行修订和补充。

（3）安全预警系统推广度不高。国内外的工程经验都表明预警设备措施的使用会大大降低安全事故的发生，但是目前施工环境中预警措施推广不到位，事故频发。

5.6.2 地下工程结构未来展望

1. 推陈出新

随着人们对安全问题的重视，数值计算精度要求越来越高，未来必将不断有新的计算理论和工程计算软件出现；一部分科研资源将瞄准与城市地下结构相适应的新型结构材料，新的材料也将会使一些新的结构形式得以实现；结构可靠度分析理论将日趋完善；与工程对应的模拟实验以及实验方法将趋于精确；信息的高速发展还将会建立更完善的地下结构数据库；地下结构的监测保养方法还有很大发展空间等待挖掘。

2. 安全与经济的和谐统一

随着市场化的完善，投资的使用方案将随着结构设计理论的发展进一步经济、高效化。人们仍将追求材料最省、重量最轻和造价最低等目标。

3. 环境与结构的关系

节约资源、改善环境、保护生态、可持续发展，地下工程已经向环境友好工程迈进，未来结构也将向着尽量减少环境扰动的方向发展，在处理地质问题的同时争取不产生新的环境问题。

本章思考题

1. 城市地下空间结构与地上结构有何区别？

2. 城市地下空间结构设计程序分哪几个步骤？
3. 简述地下空间结构的力学计算模型之间的联系和区别。
4. 地下结构可靠度分析原理是什么？
5. 地下空间结构都有哪些荷载？
6. 你对未来地下空间结构发展有何看法？

第6章 城市地下工程施工

6.1 概述

第5章对城市地下工程结构设计进行了介绍，为了将设计者的思想、意图转换为现实，需借助工程施工技术。20世纪80年代国际隧道协会（ITA）提出“大力开发地下空间，开始人类新的穴居时代”的口号。顺应时代的潮流，现代地下工程发展迅速，各种典型工程著名浩瀚。城市地下工程的关键是施工技术，施工技术作为地下工程施工的前期环节和主要组成部分，是决定其成败的关键因素。而目前应用的相关施工技术多达数十种，并且冠以了“技术、方法、工法”等多种名称。因此，结合目前科学技术和经济发展的实际水平，对目前地下工程施工有关的技术、方法、措施等相关问题，特别是针对我国特有的复杂多样的地质条件，进行系统的总结、分析和评价，就具有重要的理论和现实意义。

地下工程修建过程中，主要涉及两种类型的土建工程：①深基坑工程，主要用于车站，地下停车场和地下仓库；②隧道工程，主要用于地铁区间线路修建。众所周知，地下工程是埋设在土体或岩体中的以土体或岩体为介质和环境的工程结构物，其设计和施工受到工程地质条件和周围环境条件等因素的控制，施工难度大，需要考虑但却不可预见的因素众多，而其中的关键问题则是施工方法和技术。选择合理的施工技术和方法是决定地下工程成败的关键因素。通常需考虑的主要因素大体上可归纳为：①工程的重要性，主要是工程投资规模和运营后的社会、经济和环境效益；②工程结构形状与规模、断面尺寸、埋置深度、使用功能等；③工程所处的地形地貌、工程地质和水文地质条件；④施工队伍技术水平与施工机具，包括技术条件、装备情况、安全状况、施工中动力和原材料供应情况等；⑤有关地面沉降、环境污染等环境方面的要求和限制等以及交通条件与工期要求。

其中，对地下工程施工方法有决定影响的是地质水文条件和埋置深度。我国城市的地质条件按其地质特性可分为4大类：一是软土为主，如上海市，隧道和地下车站修筑在软土层中；二是软弱地层与岩层（风化岩层）交变，如南京、广州等地；三是以岩层为主，如重庆、青岛等地；四是以砂卵层为主，如成都、北京等地。由于地质条件不同，所采用的施工方法也不尽相同。同时，隧道施工方法的选择是一项“模糊”的决策过程，它依赖于有关人员的学识、经验、毅力和创新精神。因此，地下工程施工及施工技术的选择应当牢固树立和坚持技术可行、安全可靠、经济合理、环境优好的理念和原则。

6.2 地下工程施工的基本内容

地下工程施工是以在地层中构筑建筑物为目的工程行为，主要研究解决其修建过程中的技术方案与措施，重点研究地下工程在各种地质条件下的施工方法、手段、工艺。基本内容包括地下工程的基本作业、辅助作业、环境控制与施工管理等。

基本作业包括了开挖和支护与衬砌方法，地下工程开挖方法总的来说可以分为两类：明挖法和暗挖法。另外，为了确保地下工程开挖的安全，必须对其进行支护。一般分临时支护与永久支护两类。形式上有木支撑、格栅支架、钢支架、锚杆、喷射混凝土及其组合。衬砌技术有现浇混凝土和预制混凝土两类。

地下工程辅助作业是配合基本作业的必须环节。一般包括风、水、电的设计、安装与供给；施工场地的规划与布置；出渣运输计划与设备配置等。

地下工程环境监控主要研究解决施工过程中的安全问题及其对周围环境的影响，如：洞室开挖位移过大引起塌方、支护结构位移太大引起结构失稳与侵限、地表沉陷过大对环境造成影响、地下水控制等。主要技术手段是：量测监控，发现异常及时采取加固措施（辅助施工手段）并更改施工方法。

为了达到高质量、高效益的工程建设目的，还需进行施工管理。通过有效的施工管理来保证工程的施工质量与工期，应用科学合理、符合地下工程施工特点的方法与理论，规划组织施工设计，对施工过程中的各个环节进行科学的技术、计划、质量、经济与安全管理。主要手段：编制施工劳动组织设计、充分协调现场施工管理部门与监理机构的关系。按用途不同可将地下工程如表 6－1 进行分类。

表 6－1　　地下工程按用途不同的分类

工程类型	举　　例
交通运输隧道	铁路隧道、公路隧道、地铁与水底隧道、隧道运营配套洞室等
水工隧道	电站引水隧洞、农用输水隧洞与给排水隧洞
矿山巷道	矿山井下开拓巷道与回采井巷等
基坑工程	高耸建筑物的深基坑开挖
地下仓库	粮油、水果、蔬菜储藏库；鱼肉冷藏库、车库与核废料封存库
地下工厂	水利或火力发电站以及各类轻、重工业地下厂房等
地下民用建筑	地下街道、停车场、商店、图书馆、体育馆、影剧院等
地下市政工程	给排水工程、污水、管路、线路、废物处理中心等
人防工程	防空洞、指挥所、人员疏散干道与连接通道、医院、救护站等
国防地下工程	机库、船坞、军火库、作战指挥所、通信枢纽、野战工事等

6.3　地下工程施工方法

地下建筑工程施工时，须先开挖出相应的空间，然后在其中修筑衬砌。施工方法的选择，应以地质、地形及环境条件以及埋置深度为主要依据，其中对施工方法有决定性影响的是埋置深度。埋置较浅的工程，施工时先从地面挖基坑或堑壕，修筑衬砌之后再回填，这就是明挖法。当埋深超过一定限度后，明挖法不再适用，而要改用暗挖法，即不挖开地面，采用在地下挖洞的方式施工。因此，地下工程施工方法总的来说可以分为两类：明挖法和暗挖法，其中，明挖法又包括：基坑敞口开挖、基坑支挡开挖、地下连续墙、盖挖法和沉管法。暗挖法又分为：钻爆法、盾构法、掘进机法、浅埋暗挖法、顶管法、沉管法等。在这些方法的实现过程中，将涉及到地下工程施工的各方面内容，如基本作业、辅助作业等。

明挖法是利用预先施做的围护结构，从地面开始往下挖到需要施做结构的位置，做完结构再回填掉恢复到原状地面。暗挖法就是直接在土体内部直接开挖，不需要从地面一直挖下去（当然竖井和工作井还是需要明挖的）。简而言之，明挖法就是在地面上能够看到别人在开挖的施工方法，暗挖法就是在地面上看不到下面在开挖的施工方法。当然还有盖挖法等工法是介于明挖法和暗挖法之间的。明挖法一般来说比较便宜，施工比较可靠，安全性高，能保证主体结构的质量，但是施工时对周边的交通等的影响较大。暗挖法相对造价较高，施工风险大，但施工时对地面的道路通行没有什么影响，特别适用于市中心和一些埋深很深的结构。

6.3.1 明挖法

明挖法指从地面向下开挖，并在欲建地下工程结构的位置进行结构的修建，然后在地下工程上部回填土及恢复路面的施工方法。或者从地面向下开挖，用大号型钢架于两侧钢桩或连续墙上，以维持原来路面的交通运行，这种施工方法也称为盖挖法。明挖法是各国地下铁道施工首选方法，在地面交通环境允许的地方通常采用明挖法施工。

明挖法的技术优点是施工技术简单、快速、经济，常被作为首选方案，其施工简单、方便，修建于地层表面附近（浅埋）的地下工程多属于明挖法修建的地下工程，这些工程包括地下商场、地下街、地下停车场、城市地铁、人防工程及地下工业建筑等。这类工程主体结构的建造，实际上采用的是一种“开敞”式的施工方法，与地面结构的建造方法类似，在主体结构完成后，然后掩土覆盖，恢复地面。但缺点也很明显，如阻断交通时间较长，噪声与震动等对环境影响较大。

明挖法根据施工特点可分为：明挖顺作法和盖挖法等，盖挖法又分为盖挖顺作法、盖挖逆作法。

1. 明挖顺作法

明挖顺作法施工顺序一般可以分为4大步：围护结构施工→内部土方开挖→工程结构施工→管线恢复及覆土。其施工方法是首先从地面向下开挖出基坑，在基坑内进行结构施工，然后回填回复地面。明挖法简单易行，施工作业面宽敞，施工速度较快，在覆盖层薄、建筑物稀少、地面交通车量不多、地下各种管线少、周围环境要求不高的地区，采用这种方法最经济。我国最初的北京地铁北京站到苹果园站一期工程，就是在当时沿线两边没有建筑或少量建筑情况下，本着先修地铁，后带动两边建筑发展的原则，地下铁道采用明挖法修建的。明挖法施工过程如图6-1所示。

2. 盖挖法

然而随着城市的发展，地面交通、周围环境、地下管线也在增加。采用明挖法施工的最大缺点是破坏地面、中断交通、拆迁工作量大。同时施工产生的噪音、震动等也会严重干扰居民的生活和工作。为了尽可能地减少地下工程施工对地面交通和附近居民的干扰，盖挖法应运而生。

盖挖法是一种先做钻孔灌注桩或连续墙作为维护结构和支撑结构，在该结构保护下再做桩顶纵梁、盖顶板，恢复路面，然后，在桩及钢筋混凝土顶板的支护下进行主体结构施

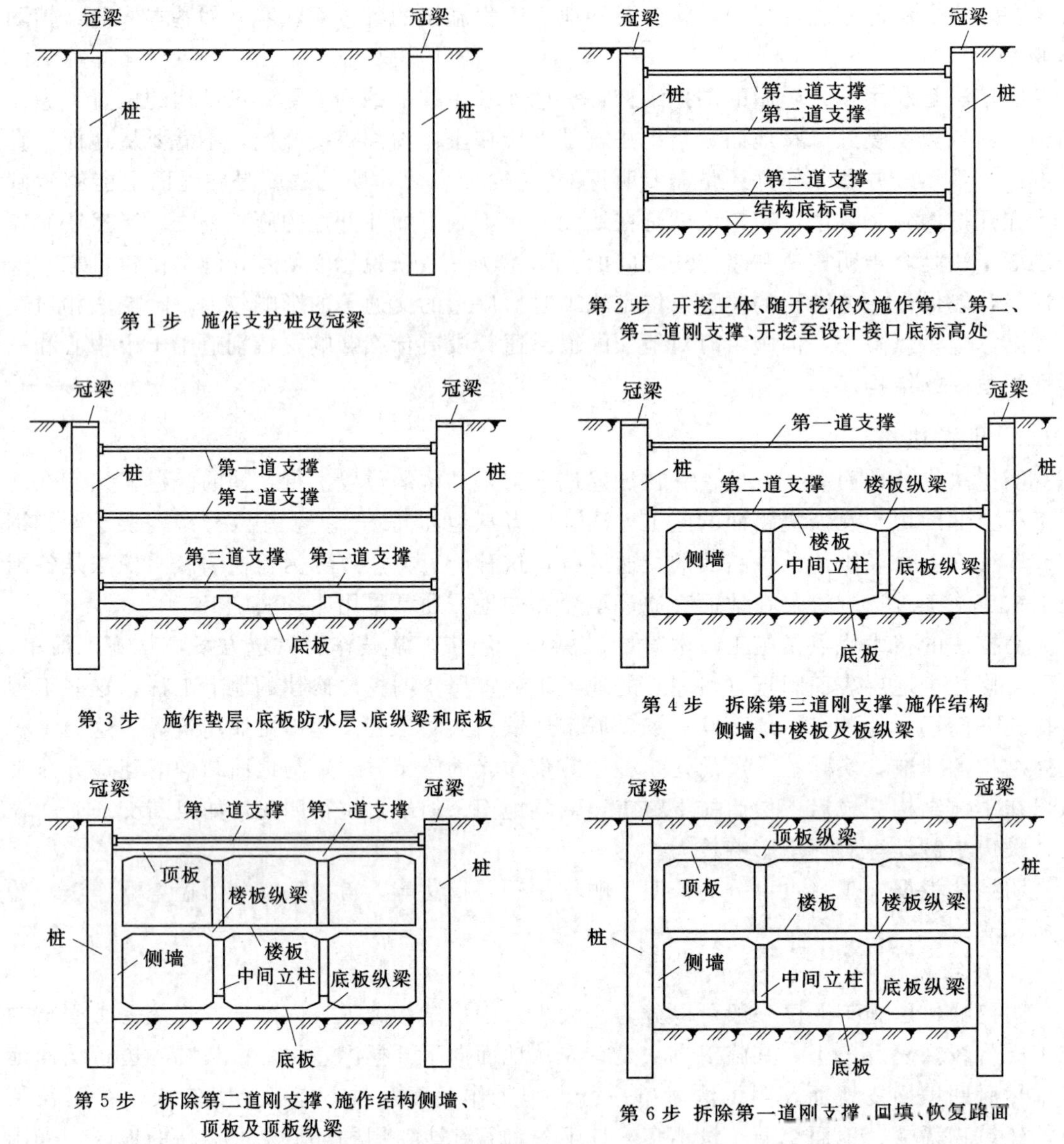

图 6-1 明挖法施工顺序

工的方法。根据开挖和结构施工顺序的不同，盖挖法又可分为盖挖顺作法和盖挖逆作法两类。盖挖法是一种比较快速、经济、安全的施工方法。

(1) 盖挖顺作法。

盖挖顺作法是指土方开挖全部结束后由下而上进行结构施工。在地表作业完成挡土结构后，以定型的预制标准覆盖结构（包括纵、横梁和路面板）置于挡土结构上维持交通，往下反复进行开挖和架设横撑，直至设计标高。依序由下而上，施工主体结构和防水措施，回填土并恢复管线路或埋设新的管线路。最后，视需要拆除挡土结构外露部分并恢复道路。

(2) 盖挖逆作法。

盖挖逆作法原理：先沿建筑物地下室轴线或周围施工地下连续墙或其他支护结构，同时建筑物内部的有关位置浇筑或打下中间支承桩和柱，作为施工期间于底板封底之前承受上部结构自重和施工荷载的支撑。然后施工地面一层的梁板楼面结构，作为地下连续墙刚度很大的支撑，随后逐层向下开挖土方和浇筑各层地下结构，直至底板封底。同时，由于地面一层的楼面结构已完成，为上部结构施工创造了条件，所以可以同时向上逐层进行地上结构的施工。如此地面上、下同时进行施工，直至工程结束。

盖挖逆作法先在地表面向下做基坑的围护机构和中间桩柱，和盖挖顺作法一样，基坑围护结构采用地连墙或帷幕桩，中间支撑多利用主体结构本身的中间立柱以降低工程造价。随后即可开挖表层土体至主体结构顶板地面标高，利用开挖土体作为土模浇筑顶板。顶板可以作为一道强有力的横撑，以防止围护结构的水平变形，待回填土后将道路复原，恢复交通。以后的工作在顶板覆盖下进行，即自上而下逐层开挖并建造主体结构直至底板，如图 6-2 所示。

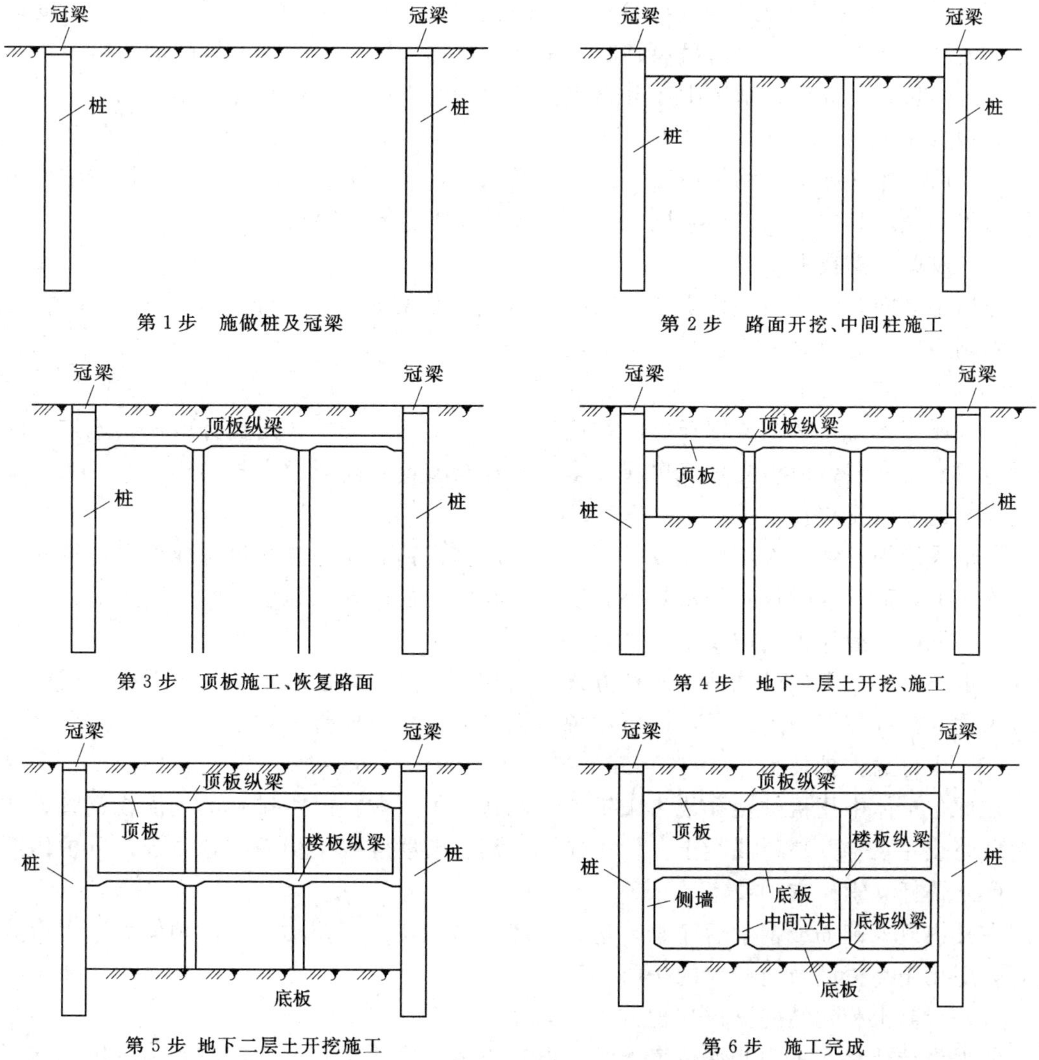

图 6-2　盖挖逆作法施工顺序

逆作法可以分为：全逆作法、半逆作法、部分逆作法、分层逆作法。其工艺特点包括：

1）可使建筑物上部结构的施工和地下基础结构施工平行立体作业，在建筑规模大、上下层次多时，大约可节省工时 1/3。

2）受力良好合理，围护结构变形量小，因而对邻近建筑的影响亦小。

3）施工可少受风雨影响，且土方开挖可较少或基本不占总工期。

4）最大限度利用地下空间，扩大地下室建筑面积。

5）一层结构平面可作为工作平台，不必另外架设开挖工作平台与内撑，这样大幅度削减了支撑和工作平台等大型临时设施，减少了施工费用。

6）由于开挖和施工的交错进行，逆作结构的自身荷载由立柱直接承担并传递至地基，减少了大开挖时卸载对持力层的影响，降低了基坑内地基回弹量。

7）逆作法存在的不足：如逆作法支撑位置受地下室层高的限制，无法调整高度；如遇较大层高的地下室，有时需另设临时水平支撑或加大围护墙的断面及配筋；由于挖土是在顶部封闭状态下进行，基坑中还分布有一定数量的中间支承柱和降水用井点管。

3. 施工关键工序

在使用明挖法施工时的关键工序是：降低地下水位，边坡支护，土方开挖，结构施工及防水工程等。其中边坡支护是确保安全施工的关键技术。主要有：

（1）放坡开挖技术。

适用于地面开阔和地下地质条件较好的情况。基坑应自上而下分层、分段依次开挖，随挖随刷边坡，必要时采用水泥黏土护坡。

（2）型钢支护技术。

一般使用单排工字钢或钢板桩，基坑较深时可采用双排桩，由拉杆或连梁连接共同承受，也可采用多层钢横撑支护或单层、多层锚杆与型钢共同形成支护结构。

（3）连续墙支护技术。

一般采用钢丝绳和液压抓斗成槽，也可采用多头钻和切削轮式设备成槽。连续墙不仅能承受较大载荷，同时具有隔水效果，适用于软土和松散含水地层。

（4）混凝土灌注桩支护技术。

一般有人工挖孔或机械钻孔两种方式。钻孔中灌注普通混凝土和水下混凝土成桩。支护可采用双排桩加混凝土连梁，还可用桩加横撑或锚杆形成受力体系。

（5）土钉墙支护技术。

在原位土体中用机械钻孔或洛阳铲人工成孔，加入较密间距排列的钢筋或钢管，外注水泥砂浆或注浆，并喷射混凝土，使土体、钢筋、喷射混凝土板面结合成土钉支护体系。

（6）锚杆（索）支护技术。

在孔内放入钢筋或钢索后注浆，达到强度后与桩墙进行拉锚，并加预应力锚固后共同受力，适用于高边坡及受载大的场所。

（7）混凝土和钢结构支撑支护方法。

依据设计计算在不同开挖位置上灌注混凝土内支撑体系和安装钢结构内支撑体系，与灌注桩或连续墙形成一个框架支护体系，承受侧向土压力，内支撑体系在做结构时要拆除。适用于高层建筑物密集区和软弱淤泥地层。

4. 辅助工作

在某些特定条件下，如城市中修建地铁，因街道狭窄，不允许长期封闭地面交通；邻近有高层建筑物；水文地质条件复杂，不允许因开挖范围过大而引起沉陷等，可采用地下连续墙法施工。为了保证施工正常而顺利地进行，有时还需要完成下列重要辅助工作：

（1）坑壁支护。

直壁式基坑必须进行支护。在岩石地层和一般黏土地层中，通常采用木支撑支护，有时可配合用锚杆支护。在不稳定含水松软地层中施工时，常用板桩支护，根据具体情况选用工字钢或钢板桩。当基坑较大，不便于架设横撑时，可用土层锚杆代替。

（2）施工防排水。

其目的是力求使地表水和地下水不流入基坑中，以保持坑壁的稳定性和创造良好的施工条件。在基坑开挖之前，必须在其周围开挖排水沟拦截地表水。在含水地层中施工时，根据水文地质条件，可选用集水坑水泵抽水、井点降水、钢板桩围堰、压浆堵水或等冻结法施工防排水方法。

另外，基坑工程是许多工程建设的辅助工程，并且基坑工程也只能采用这种明挖施工方法。如城市高层建筑的基坑工程，由于高层建筑对地基条件的要求，高层建筑的稳定及抗震要求等，通常需要开挖深基坑。按照我国人民防空工程建设管理规定，城市高层建筑必须有地下室作为人防工程，因此，目前城市高层建筑都有地下若干层，与地面部分构成整体。

6.3.2 暗挖法

暗挖法是指在特定条件下，不开挖地面，全部在地下进行开挖和修筑衬砌结构的隧道施工方法。它是城市地下工程施工的主要方法之一，适用于不宜明挖施工的含水量较小的各种地层，尤其对城市城区地面建筑物密集、交通运输繁忙、地下管线密布，且对地沉陷要求严格的情况下的地下结构工程更为适用。随着地面交通运输量越来越大，以及人们环境保护意识的提高，地下工程暗挖法已经逐渐取代明挖法而广泛应用于城市地下施工。

暗挖法施工具有下列特点：①受工程地质和水文地质条件的影响较大；②工作条件差、工作面少而狭窄、工作环境差；③暗挖法施工对地面影响较小，但埋置较浅时可能导致地面沉陷；④有大量废土、碎石须妥善处理。

暗挖法有时也称为矿山法，这是由于地下工程的施工方法最初是采用矿山开拓巷道的方法，尤其是指在坚硬的岩石层中采用的矿山巷道掘砌技术的开凿方式。但地铁施工多在浅部的松软土层中进行。施工方法的发展，除了科技人员对于地下工程受周围介质的复杂影响的认识逐渐加深以外，还有赖于系列化、自动化施工机械的研制和新材料的创造，使在开挖、运输和衬砌等作业中能综合运用，并形成新的施工方法，以缩短施工期限和保证工程质量。19 世纪，为修筑水底隧道，出现了盾构法，经 100 多年的改进，盾构法成为在松软地层中常用的方法之一。为避免在水下施工，19 世纪末又出现了顶管法，此法主要工序在地面上进行，优点显著，应用日益广泛。在敷设管道或设置地道时，为了不影响地面房屋和其他工程设施，用千斤顶将预制的管段或箱涵配合挖土向前顶进，这就是顶管法。用这种方法穿过街道、路堤等障碍物是很有效的。

暗挖法主要包括：钻爆法、盾构法、掘进机法、浅埋暗挖法、顶管法、沉管法等。尤其以浅埋暗挖法、盾构法、顶管法和掘进机（TMB）法等应用较为广泛。

6.3.2.1 浅埋暗挖法

对于浅埋地下工程而言，其显著特点是埋深浅。在施工过程中，由于地层损失而引起的地面移动明显，对周边环境的影响较大。因此，对各种开挖、支护衬砌、排水注浆方法提出了更高的要求，施工难度增加。所以，如何有效控制浅埋地下工程施工扰动诱发的地面移动变形，成为浅埋地下工程设计与施工研究的重点、难点和热点问题。基于从控制地面变形、减少对环境的不利影响、降低施工成本等方面考虑，形成了各种适用于浅埋地下工程施工地方法。为了达到及时支护，防止地层沉降的目的，必须完全稳定后，再敷设防水隔离板，施加二次模筑混凝土衬砌，这是最符合地下工程受力特点的一种结构。

浅埋暗挖法是在近十几年发展起来的一种新方法，该方法现在已经在城市地铁、市政地下管网及地下空间的其他浅埋地下结构物的工程设计与施工中广泛应用。该方法多应用于第四纪软弱地层，开挖方法有正台阶法、单侧壁导洞法、中隔壁法（CD法）、交叉隔壁法（CRD法）、双侧壁导洞法（眼镜工法）等。该方法具有灵活多变，对地面建筑、道路和地下管网影响不大，拆迁占地少、不扰民、不污染城市环境，是目前较先进的施工方法。该方法在铁路、公路及软弱地层中也开始应用。

由于岩体力学的发展，在结合现场经验的基础上，20世纪中叶创造了新奥法，此法的主旨是尽量利用围岩的自承能力，用喷锚支护控制围岩的变形及应力重分布，使其达到新的平衡。这样就把支护和围岩组成一整体结构，而其中的主要承载部分是围岩。此法是在软弱围岩中施工的有效方法。暗挖法的技术核心就是新奥法的基本原理，施工中采用多种辅助措施加固围岩，充分调动围岩的自承能力，开挖后及时支护、封闭成环，使其与围岩共同作用形成联合支护体系，是一种抑制围岩过大变形的综合配套施工技术。

浅埋暗挖法即松散地层的新奥法施工，新奥法充分利用围岩的自承能力和开挖面的空间约束作用，采用锚杆和喷射混凝土为主要支护手段，对围岩进行加固，约束围岩的松弛和变形，并通过对围岩支护的量测和监控，指导地下工程的设计和施工。浅埋暗挖法是针对埋置深度较浅、松散不稳定的上层和软弱破碎岩层施工而提出来的。

浅埋暗挖法的施工技术特点：围岩变形波及地表；要求刚性支护或地层改良；通过试验段来指导设计施工。根据围岩情况、工程特点、自身条件等，选择更适合的开挖方法和掘进方式。其中包括台阶法、CRD工法等，对于地铁车站而言更多采用的是柱洞法或中洞法等工法施工。

采用浅埋暗挖法施工时，依据工程地质、水文情况、工程规模、覆土埋深及工期等因素，常用施工方法有全断面法、台阶法、中隔墙法（CD法）、交叉中隔墙法（CRD法）、双侧壁导坑法（眼镜工法）、洞桩法（PBA法）、中洞法及侧洞法等。

1. 全断面开挖法

全断面开挖法施工操作比较简单，主要工序为：使用移动式钻孔台车，首先全断面一次钻孔，并进行装药连线，然后将钻孔台车后退到50m以外的安全地点，起爆，一次爆破成型，出渣后钻孔台车再推移至开挖面就位，开始下一个钻爆作业循环。同时，施作初期支护，铺设防水隔离层（或不铺设），进行二次筑模衬砌，如图6-3所示。该流程突出两点：①增加机械手进行复喷作业，先初喷后复喷，以利于稳定地层和加快施工进度；

②铺底混凝土必须提前施作，且不滞后200m。当地层较差时铺底应紧跟，这是确保施工安全和质量的重要做法。

全断面法主要适用于Ⅳ～Ⅵ类围岩、土质稳定、断面较小的隧道施工，当断面在$50m^2$以下，隧道又处于Ⅲ类围岩地层时，为了减少对地层的扰动次数，在采取局部注浆等辅助施工措施加固地层后，也可采用全断面法施工。但在第四纪地层中采用此施工方法时，断面一般均在$20m^2$以下，且施工中仍须特别注意。山岭隧道及小断面城市地下电力、热力、电信等管道工程施工多用此法。

优点：全断面开挖法有较大的作业空间，有利于采用大型配套机械化作业，提高施工速度，且工序少，便于施工组织的管理。

缺点：①由于开挖面较大，围岩稳定性降低，且每个循环工作量较大；②每次深孔爆破引起的震动较大，因此要求进行精心的钻爆设计，并严格控制爆破作业。

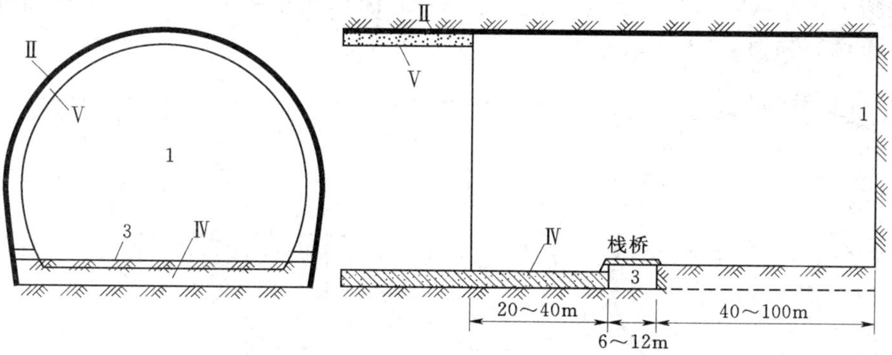

图6-3　全断面法施工工序示意图

1—全断面开挖；Ⅱ—初期支护；3—隧道底部开挖（捡底）；Ⅳ—底板（仰拱）浇筑；Ⅴ—拱墙二次衬砌

2. 台阶开挖法

台阶法施工就是将结构断面分成两个或几个部分，分步开挖，如图6-4所示。根据地层条件和机械配套情况，台阶法又可分为正台阶法、中隔墙台阶法等。该法在浅埋暗挖法中应用最广，可根据工程实际、地层条件和机械条件，选择适合的台阶方式。

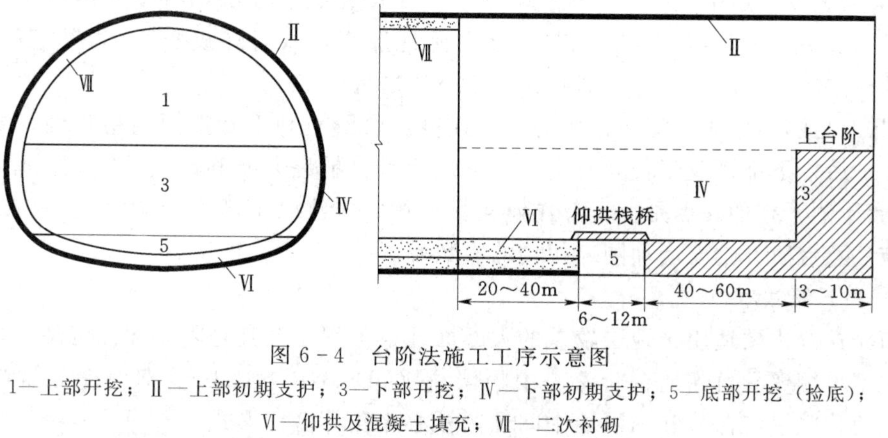

图6-4　台阶法施工工序示意图

1—上部开挖；Ⅱ—上部初期支护；3—下部开挖；Ⅳ—下部初期支护；5—底部开挖（捡底）；Ⅵ—仰拱及混凝土填充；Ⅶ—二次衬砌

正台阶法开挖优点很多，能较早地使支护闭合，有利于控制其结构变形及由此引起的地面沉降。上台阶长度（L）一般控制在 1～1.5 倍洞径（D），根据地层情况，可选择两步或多步开挖法。

（1）上下两部分步开挖法。

采用此法，若地层较好（Ⅲ～Ⅳ类），可将断面分成上下两个台阶开挖，上台阶长度一般控制在 1～1.5 倍洞径（D）以内，但必须在地层失去自稳能力之前尽快开挖下台阶，支护后形成封闭结构，如图 6-4 所示。若地层较差，为了稳定工作面，也可辅以小导管超前支护等措施。

（2）分步开挖留核心土。

该法适用于较差的地层，围岩级别Ⅰ、Ⅱ类，上台阶取 1 倍洞径左右环形开挖，留核心土。用系统小导管超前支护、预注浆稳定工作面；用网构钢拱架做初期支护；拱脚、墙脚设置锁脚锚杆。从断面开挖到初期支护、仰拱封闭不能超过 10d，以确保地面沉陷控制在 50mm 以内，如图 6-5 所示。

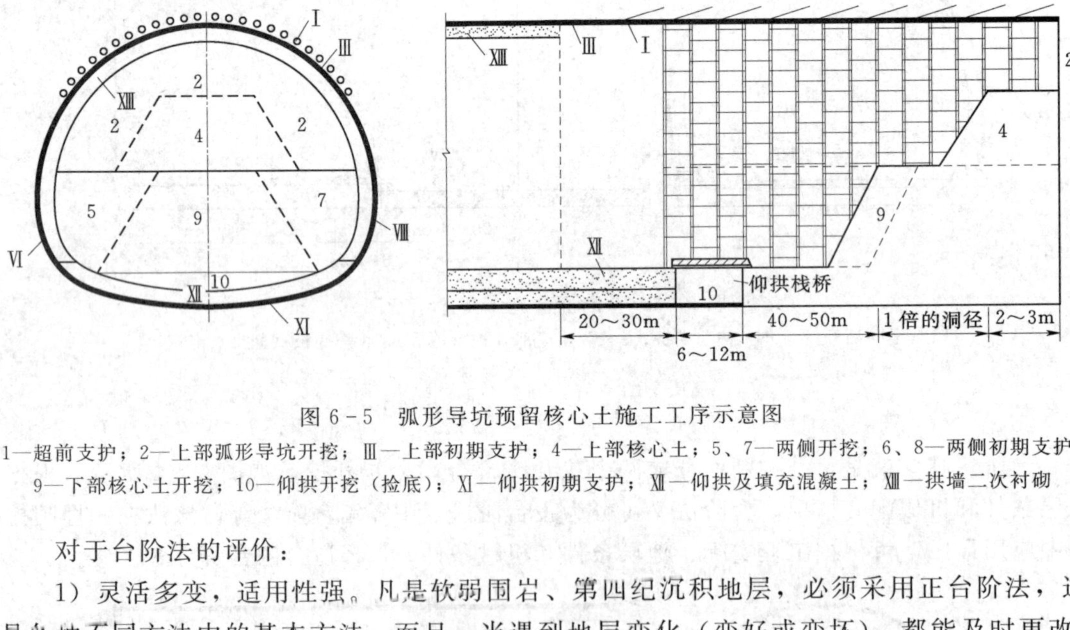

图 6-5　弧形导坑预留核心土施工工序示意图

1—超前支护；2—上部弧形导坑开挖；Ⅲ—上部初期支护；4—上部核心土；5、7—两侧开挖；6、8—两侧初期支护；9—下部核心土开挖；10—仰拱开挖（捡底）；Ⅺ—仰拱初期支护；Ⅻ—仰拱及填充混凝土；ⅩⅢ—拱墙二次衬砌

对于台阶法的评价：

1）灵活多变，适用性强。凡是软弱围岩、第四纪沉积地层，必须采用正台阶法，这是各种不同方法中的基本方法。而且，当遇到地层变化（变好或变坏），都能及时更改、变换成其他方法，所以被称为浅埋暗挖施工方法之母。

2）具有足够的作业空间和较快的施工速度。台阶有利于开挖面的稳定性，尤其是上部开挖支护后，下部作业则较为安全。当地层无水、洞跨小于 10m 时，均可采用该方法。

3）台阶法开挖的缺点是上下部作业互相干扰，应注意下部作业时对上部稳定性的影响，还应注意台阶开挖会增加围岩扰动的次数等。

3. 分步开挖法

分布开挖法主要适用于地层较差的大断面地下工程，尤其是限制地面沉降的城市地下工程，包括单侧壁导坑超前台阶法、中隔墙法（CD、CRD 工法）、双侧壁导坑超前中间台阶法（也称眼镜工法）和双隔墙中间预留核心土法等多种形式。

(1) 单侧壁导坑超前台阶法。

单侧壁导坑超前台阶法主要适用于地层较差、断面较大，采用台阶法开挖有困难的地层。采用该法可变大跨断面为小跨断面。大跨多不小于10m，可采用单侧壁导坑法，将导坑跨度定为3～4m，这样就可将大跨变成3～4m跨和6～10m跨。这种施工方法简单而可靠。

采用该法开挖时，单侧壁导坑超前的距离一般在2倍洞径以上，为稳定工作面，经常和超前小导管预注浆等辅助施工措施配合使用，一般采用人工开挖，人工和机械混合出渣，开挖方式如图6-6所示。

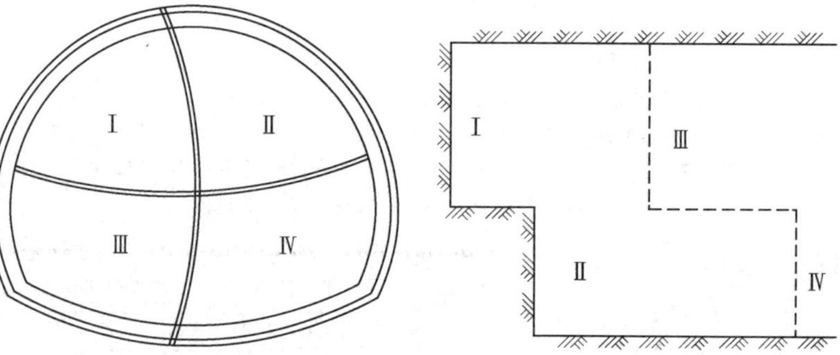

图6-6　单侧壁导坑超前台阶法开挖方式

(2) 中隔墙法（CD工法）和交叉中隔墙法（CRD法）。

1) 概述。

中隔墙法也称CD工法，主要适用于地层较差和不稳定岩体，且地面沉降要求严格的地下工程施工。当CD工法仍不能满足要求时，可在CD工法的基础上加设临时仰拱，即所谓的交叉中隔墙法（也称CRD工法）。CRD工法的最大特点是将大断面施工化成小断面施工，各个局部封闭成环的时间短，控制早期沉降好，每个步序受力体系完整。因此，结构受力均匀，形变小。另外，由于支护刚度大，施工时隧道整体下沉微弱，地层沉降量不大，而且容易控制。

2) 方法对比。

大量施工实例资料的统计结果表明，CRD工法优于CD工法（前者比后者减少地面沉降近50%），而CD工法优于眼镜工法。但CRD工法施工工序复杂，隔墙拆除困难，成本较高，进度较慢，一般在第四纪地层中修建大断面地下结构物（如停车场），且地面沉降要求严格时才使用。

采用中隔墙法施工时，每步的台阶长度都应控制，一般为5～7m。为稳定工作面，往往与预注浆等辅助施工措施配合使用，采用人工开挖、人工出渣方式。CD工法的开挖方式与施工顺序如图6-7所示。CRD工法的开挖方式见图6-8。

(3) 双侧壁导坑超前中间台阶法。

1) 概述。

双侧壁导坑超前中间台阶法也称眼镜法，也是变大跨度为小跨度的施工方法，其实质是将大跨度（>20m）分成3个小跨度进行作业，主要适用于地层较差、断面很大、单侧

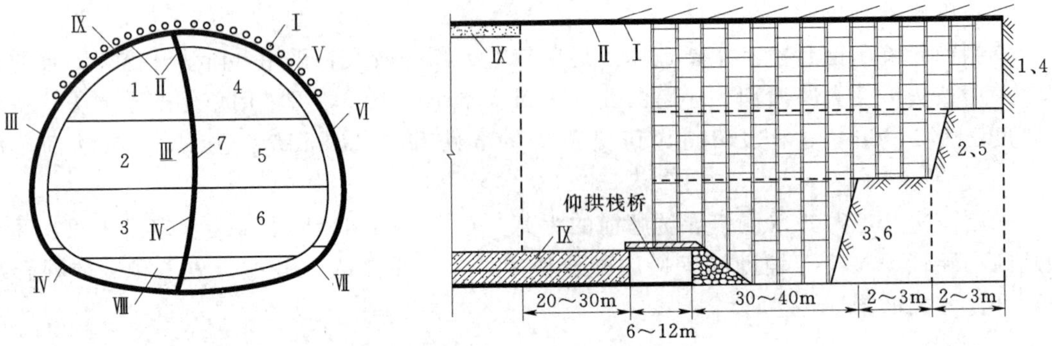

图 6-7　中隔壁（CD）法施工工序示意图

Ⅰ—超前支护；1—左侧上部开挖；Ⅱ—左侧上部初期支护；2—左侧中部开挖；Ⅲ—左侧中部初期支护；3—左侧下部开挖；Ⅳ—左侧下部初期支护；4—右侧上部开挖；Ⅴ—右侧上部初期支护；5—右侧中部开挖；Ⅵ—右侧中部初期支护；6—右侧下部开挖；Ⅶ—右侧下部初期支护；7—拆除中隔墙；Ⅷ—仰拱及填充混凝土；Ⅸ—拱墙二次衬砌

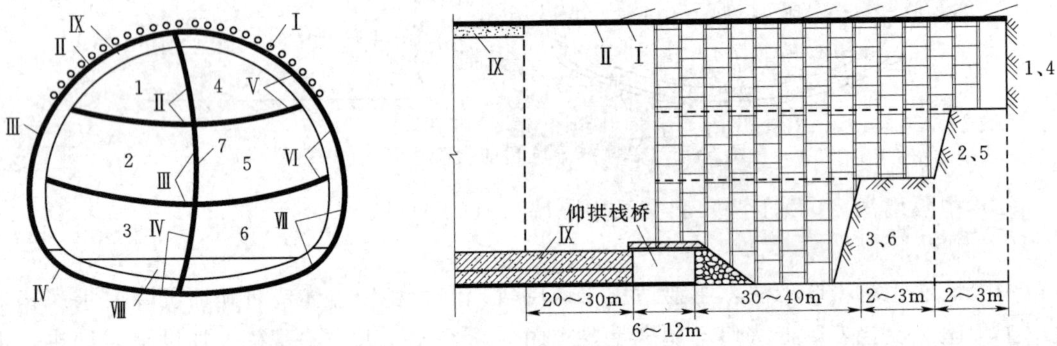

图 6-8　交叉中隔壁（CRD）法施工工序示意图

Ⅰ—超前支护；1—左侧上部开挖；Ⅱ—左侧上部初期支护成环；2—左侧中部开挖；Ⅲ—左侧中部初期支护成环；3—左侧下部开挖；Ⅳ—左侧下部初期支护成环；4—右侧上部开挖；Ⅴ—右侧上部初期支护成环；5—右侧中部开挖；Ⅵ—右侧中部初期支护成环；6—右侧下部开挖；Ⅶ—右侧下部初期支护成环；7—拆除中隔墙及临时仰拱；Ⅷ—仰拱及填充混凝土；Ⅸ—拱墙二次衬砌

壁导坑超前台阶法无法满足要求的三线或多线大断面铁路隧道及地下工程。该法工序较复杂，导坑的支护拆除困难，有可能由于测量误差而引起钢架连接困难，从而加大了下沉值，而且成本较高，进度较慢。20 世纪 70 年代至 80 年代初国内外多用此法，目前使用较少。但是，当断面很大时也经常采用，有时还采用连续眼镜工法，即三眼镜法、四眼镜法。采用该法开挖时，双侧壁导坑超前的距离相等或不等。为了稳定工作面，经常和超前预注浆等辅助施工措施配合使用。一般采用人工和机械混合开挖，人工和机械混合出渣，开挖方式如图 6-9 所示。

双侧壁导坑超前中间台阶法以台阶法为基础，将隧道断面分成 3 部分，即双侧壁导洞和中部，其双侧壁导洞尺寸以满足机械设备和施工条件为标准加以确定。

施工时，应先开挖两侧的侧壁导洞，在导洞内按正台阶法施工，当隧道跨度较大且地质情况较差时，上台阶也可采用中隔墙法或环形留核心土法开挖，并及时施作初期支护结构，在初期支护的保护下，逐层开挖下台阶至基底，并进行仰拱或底板的施工。施工过程中，左右侧壁导洞错开应不小于15m，确定这个数值的前提是，在开挖中引起的导洞周边围岩的应力重新分布不影响已完成的导洞。关于上、下台阶之间的距离，可视具体情况，按台阶法确定。

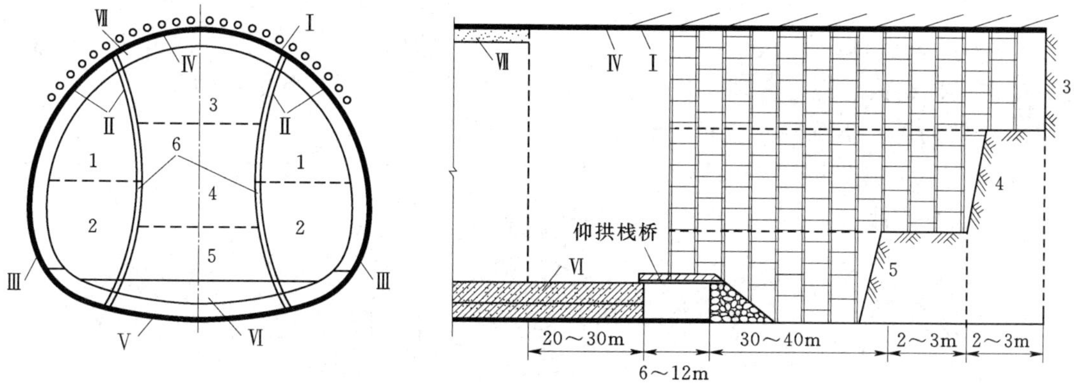

图 6-9　双侧壁导坑法施工工序示意图

Ⅰ—超前支护；1—左（右）侧导坑上部开挖；Ⅱ—左（右）侧导坑上部支护；2—左（右）侧导坑下部开挖；Ⅲ—左（右）侧导坑下部支护成环；3—中槽拱部开挖；Ⅳ—中槽拱部初期支护与左右3闭合；4—中槽中部开挖；5—中槽下部开挖；Ⅴ—中槽下部初期支护与左右5闭合；6—拆除临时支护；Ⅵ—仰拱及填充混凝土；Ⅶ—拱墙二次衬砌

2）工艺原理。

a. 采用双侧壁导坑超前中间台阶法施作大跨度隧道，其机理是将大跨度洞室首先分割成几个小洞室分步施工，合理转化工序。

b. 以岩体力学理论为基础，以监控量测为依据，采用新奥法原理和控制爆破技术，及时喷锚进行初期支护。针对围岩软弱的特点，经监控数据反馈，合理确定工序间的关系。

c. 利用监控位移反分析法和初期支护的钢筋轴力、围岩应力、二衬钢筋轴力、二衬接触压应力的量测结果指导施工。

（4）双隔墙中间预留核心土法。

1）概述。

双隔墙中间预留核心土法也称为留土柱法，主要适用于地层较差、断面较大（跨度大于10m），而且采用CD工法、CRD工法和眼镜工法开挖有困难的地层，该法也是将大跨变为小跨的施工方法。

该方法是以台阶法为基础，用预留核心土将隧道断面从中间分成4部分，使上、下台阶左右各分成两部分，每一部分开挖并支护后形成独立的闭合单元。同时，中间预留土柱能支撑拱顶，有效减少拱顶下沉，充分发挥土体的支护作用，如图6-10所示。而且，该施工方法比CRD工法和眼镜工法工艺简单，进度更快，由于减少了支护，可降低成本。采用该工法开挖时，双隔墙超前的距离相等或不等。预留土柱的各部分开挖时，纵向间隔的距离可根据具体情况按台阶法确定。

2）方法。

采用双隔墙中间预留核心土法施工时，每步的台阶长度都应控制，一般为 5～7m。为稳定工作面，配合运用长期预注浆等辅助施工措施，并采用人工开挖、人工出渣方式。

3）特点。

a. 适用范围广。适用于地层地质条件很差，跨度大，地面沉降要求严格的隧道开挖。

b. 减小地面沉降。预留土柱起到支撑作用，当两侧封闭后，开挖中部可实现快速封闭，使得支护结构受力更合理，从而有效减小拱顶下沉，减少沉降曲线的叠加。

c. 工艺简单。拆除临时支护工作量小，从而简化了工艺。

d. 成本低。支护体系与 CD 工法、眼镜工法比较，需要的支护材料少，工作量小，因此施工成本较低。

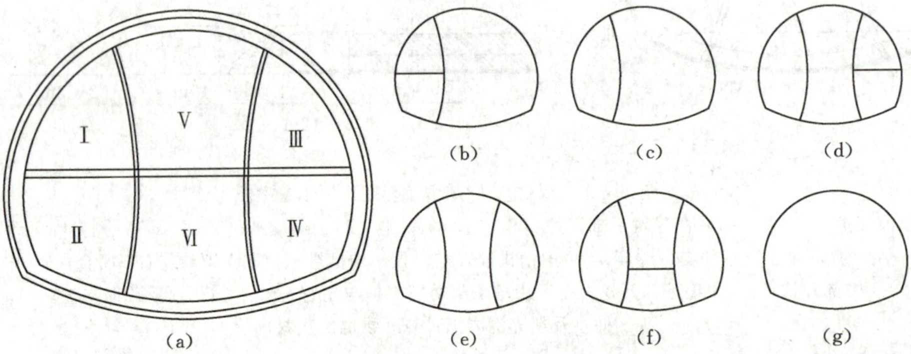

图 6-10　双隔墙中间预留核心土法开挖方式

6.3.2.2　盾构法

盾构法是暗挖法施工中的一种全机械化施工方法，它是将盾构机械在地下推进，通过盾构外壳和管片支承四周围岩防止发生往隧道内的坍塌，同时在开挖面前方用切削装置进行土体开挖，通过出土机械运出洞外，靠千斤顶在后部加压顶进，并拼装预制混凝土管片，形成隧道结构的一种机械化施工方法。

图 6-11　盾构机实物

盾构是一种用于软土隧道暗挖施工，具有金属外壳、壳内装有整机及辅助设备，在其掩护下进行土体开挖、土渣排运、整机推进和管片安装等作业，而使隧道一次成型的工作机械，如图 6-11～图 6-14 所示。它是一种隧道掘进的专用工程机械，现代盾构集机、电、液、传感、信息技术于一体，具有开挖切削土体、输送土渣、拼装隧道衬砌、量测导向纠偏等功能。盾构前端设有支撑和开挖土体的装置，中段安装有顶进所需的千斤顶，尾部可以拼装预制或现浇隧道衬砌环。盾构每推进一环距离，就在盾尾支护下拼装一环衬砌，并向衬砌环外围的空袭中压住水泥砂浆，以防止隧道和地面下沉。盾构推进的反力由衬砌环承担。

图 6-12　盾构机头部

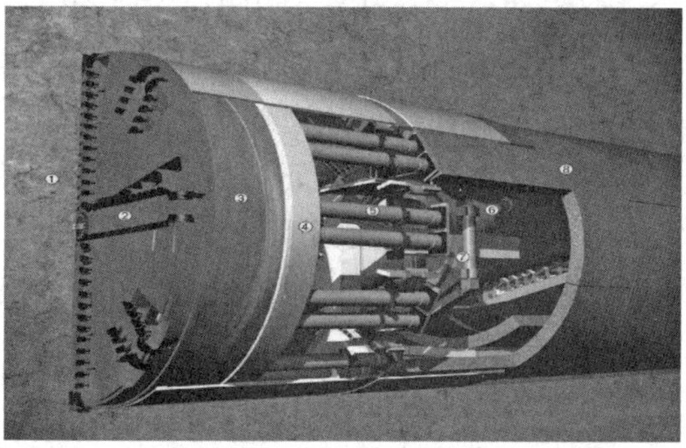

图 6-13　盾构机效果图

盾构的种类很多，目前广泛采用最先进的盾构有泥水加压复合式盾构和土压复合式盾构。由于盾构法施工具有施工速度快，不拆迁地面建筑物和地下管网，施工期间噪音小、震动小、不影响地面交通等优点，近年来在国内外地铁区间工程中被广泛采用。如图 6-15 所示为盾构法施工成型的隧道。

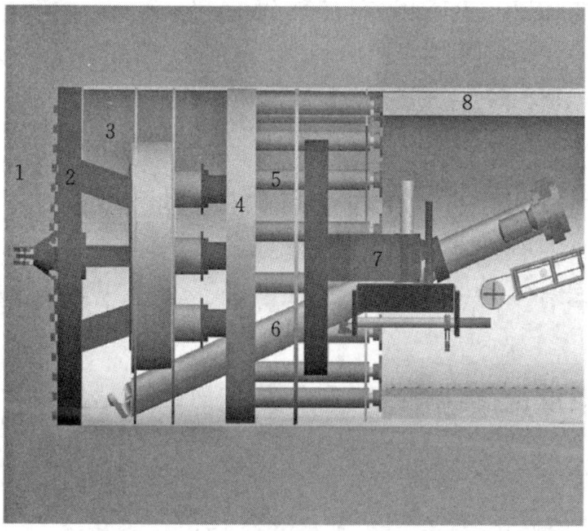

图 6-14　盾构机主要组成部分

1—土体；2—刀盘；3—泥土仓；4—压力墙；
5—千斤顶；6—螺旋输送器；7—管片拼装机；
8—衬砌

图 6-15　盾构法施工成型隧道

1. 盾构施工原理

盾构施工原理：马达驱动刀盘旋转切削土体，同时盾构机液压千斤顶将盾构机向前推进，并向密封舱内加入塑流化改性材料，与开挖面切削下来的土体经过充分搅拌，形成具有一定塑流性和透水性低的塑流体。同时通过伺服控制盾构机推进千斤顶速度与螺旋输送机向外排土的速度相匹配，经舱内塑流体向开挖面传递设定的平衡压力，实现盾构机始终在保持动态平衡的条件下连续向前推进。

2. 盾构法施工的基本条件

在松软含水地层，或地下线路等设施埋深达到 10m 或更深时，可以采用盾构法，即：

(1) 线位上允许建造用于盾构进出洞和出渣进料的工作井。

(2) 隧道要有足够的埋深，覆土深度宜不小于盾构直径。

(3) 相对均质的地质条件。

(4) 如果是单洞则要有足够的线间距，洞与洞及洞与其他建（构）筑物之间所夹土（岩）体加固处理的最小厚度为水平方向 1.0m，竖直方向 1.5m。

(5) 从经济角度讲，连续的施工长度不小于 300m。

3. 盾构法施工步骤

盾构施工方法由以下几个步骤组成：

第一，在置放盾构机的地方打一个垂直井，再用混泥土墙进行加固。

第二，将盾构机安装到井底，并装配相应的千斤顶。

第三，用千斤顶之力驱动井底部的盾构机往水平方向前进，形成隧道。

第四，将开挖好的隧道边墙用事先制作好的混凝土衬砌加固，地压较高时可以采用浇筑的钢制衬砌加固来代替混凝土衬砌。

盾构法施工中，其隧道一般采用以预制管片拼装的圆形衬砌，也可采用挤压混凝土圆形衬砌，必要时可再浇筑一层内衬砌，形成防水功能好的圆形双层衬砌。

4. 盾构法施工的优缺点

优点：

(1) 安全开挖和衬砌，掘进速度快。

(2) 盾构的推进、出土、拼装衬砌等全过程可实现自动化作业，施工劳动强度低。

(3) 不影响地面交通与设施，同时不影响地下管线等设施。

(4) 穿越河道时不影响航运，施工中不受季节、风雨等气候条件影响，施工中没有噪音和扰动。

(5) 在松软含水地层中修建埋深较大的长隧道往往具有技术和经济方面的优越性。

缺点：

(1) 断面尺寸多变的区段适应能力差。

(2) 新型盾构购置费昂贵，对施工区段短的工程不太经济。

6.3.2.3 顶管法

顶管施工法是继盾构法之后而发展起来的一种地下管道施工方法，主要用于地下进水管、排水管、煤气管、电信电缆管的施工。它不需要开挖面层，并且能够穿越公路、铁道、河川、地面建筑物、地下构筑物以及各种地下管线等，是一种非开挖的敷设地下管道的施工方法，起源于美国。最初，顶管施工法主要用于跨越孔施工时顶进钢套管，随着技术的改进，顶管法也用于无套管情况下顶进永久性的公用管道，主要是重力管道。

1. 顶管施工的基本原理

先在工作坑内设置支座和安装液压千斤顶，借助主顶油缸及管道间、中继间等的推力，把工具管或掘进机从工作坑内穿过土层一直推到接收坑内吊起，与此同时，紧随工具管或掘进机后面，将预制的管段顶入地层。顶管法是一种边顶进，边开挖地层，边将管段接长的管道埋设方法。

2. 顶管施工顺序

施工时，先制作顶管工作井及接收井，作为一段顶管的起点和终点，工作井中有一面或两面井壁设有预留孔，作为顶管出口，其对面井壁是承压壁，承压壁前侧安装有顶管的千斤顶和承压垫板（即钢后靠），千斤顶将工具管顶出工作井预留孔，而后以工具管为先导，逐节将预制管节按设计轴线顶入土层中，直至工具管后第一节管节进入接收井预留孔，施工完成一段管道。为进行较长距离的顶管施工，可在管道中间设置一至几个中继间作为接力顶进，并在管道外周压注润滑泥浆，如图 6-16 所示。顶管施工可用于直线管道，也可用于曲线等管道。

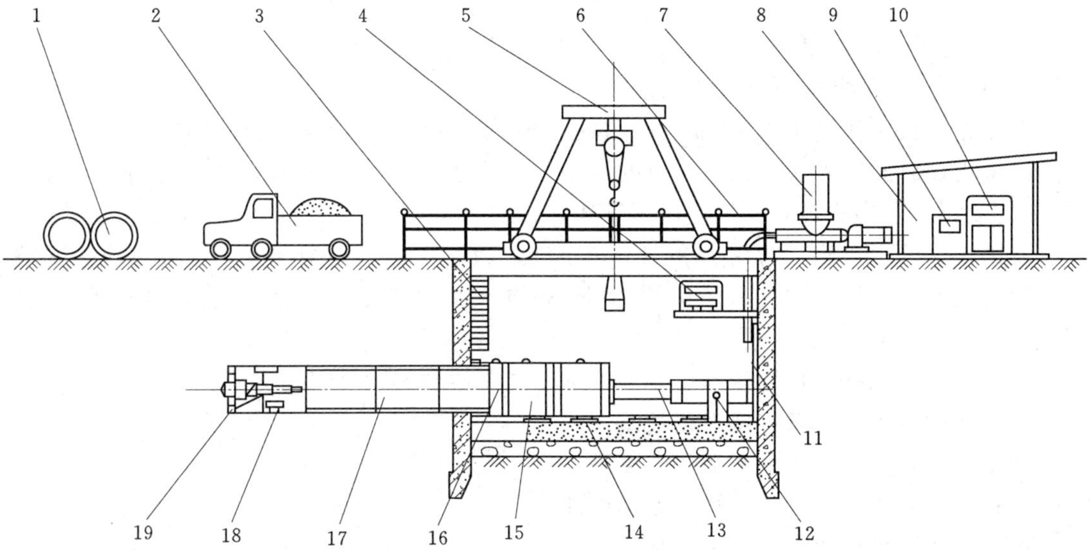

图 6-16　顶管法施工顺序

1—预制的混凝土管；2—运输车；3—扶梯；4—主顶油泵；5—行车；6—安全护栏；7—润滑注浆系统；8—操纵房；9—配电系统；10—操纵系统；11—后座；12—测量系统；13—主顶油缸；14—导轨；15—弧形顶铁；16—环形顶铁；17—已顶入的混凝土管；18—运土车；19—机头

3. 顶管法分类与适用条件

按工作面的开挖方式可将顶管法分为普通顶管（人工开挖）、机械顶管（机械开挖）、水射顶管（水射流冲蚀）、挤压顶管（挤压土柱）等。采用何种方法要根据管径、土层条件、管线长度以及技术经济比较来确定。

在顶管施工中，最为流行的 3 种工作面平衡理论是：气压、土水和泥水平衡理论。

顶管施工法的适用条件为：

(1) 管径一般在 200～3500mm。

(2) 管材一般为混凝土管、钢管、陶土管、玻璃钢管。

(3) 管线长度一般为 50～300m，最长大可达 1500m。

(4) 各种地层，包括含水层。

4. 顶管法的优缺点

(1) 顶管施工与明挖法相比，具有以下优点：

1）开挖部分仅仅只有工作坑和接收坑，而且安全、对交通影响小。

2）在管道顶进过程中，只挖去管道断面部分的土，挖土量少。

3）作业人员少，工期短。

4）建设公害少、文明施工程度高。

5）在覆土深度大的情况下，施工成本低。

（2）但是，它与明挖法相比较，顶管施工也存在以下不足之处：

1）曲率半径小而且多种曲线组合在一起时，施工就非常困难。

2）在软土层中容易发生偏差，而且纠正这种偏差又比较困难，管道容易产生不均匀下沉。

3）推进过程中如果遇到障碍物时处理这些障碍物非常困难。

4）在覆土浅的条件下显得不太经济。

顶管施工技术最早始于1896年美国的北太平洋铁路铺设工程的施工中。1948年日本第一次采用顶管施工方法，在尼崎市的铁路下顶进了一根内径600mm的铸铁管，顶距只在6m。欧洲发达国家最早开发应用顶管法，1950年前后，英、德、日等国家相继采用。

我国较早的顶管施工约在20世纪50年代，初期主要是手掘式顶管，设备也较简陋。我国顶管技术真正较大的发展是从20世纪80年代中期开始。1988年上海研制成功我国第一台土压平衡掘进机。

随着时间的推移，顶管技术也得到迅速发展。主要体现在以下方面：

一次连续顶进的距离：越来越长。

顶管直径：向大小直径两个方向发展。

管材：钢筋混凝土管、钢管、玻璃钢顶管。

挖掘技术：机械化程度越来越高。

顶管线路的曲直度：曲线形状越来越复杂，曲率半径越来越小。

5. 顶管法和盾构法的主要异同点

（1）相同点。

1）二者都属于暗挖法施工大口径（＞900mm）地下工程的主要施工方法。

2）二者都要开挖工作基坑（工作井和接收井）。

3）二者工作面的开挖方法，出、进洞施工技术基本相似。

4）二者都要注意接缝防水处理、地表沉降控制、周边环境保护等问题，都要进行注压浆。

（2）不同点。

1）盾构法的衬砌为管片，且每环管片要在盾构机的盾尾进行拼装，拼装好后一般不会再移动；顶管法的衬砌为管节，且每环管节是一次预制成功的，由顶进装置依次顶进，直至第一节管节到达接收井位置。

2）盾构法施工的盾构千斤顶布置在盾构机的支撑环外沿，而顶管法施工的主顶进装置布置在工作井内，如果顶力不足要加设中继间。

3）盾构千斤顶活塞的前端必须安装顶块，顶块必须采用球面接头，在顶块与管片的接触面上安装橡胶或柔性材料的垫板。顶管法的主顶千斤顶的行程长短不能一次将管节顶到位时，必须在千斤顶缩回后在中间加垫块或几块顶铁。O型顶铁是使主顶千斤顶的推力可以较均匀地加到所顶管道的周边；U型顶铁是为了弥补千斤顶行程不足而用。

4）盾构机内有拼装管片的拼装机，而顶管机内没有。

5）盾构法主要用于大断面城市地下隧道、水工隧道、公路隧道的施工；顶管法主要适用于断面稍小一些的城市地下管线的铺设。

6.3.2.4　TBM法

1. 基本概念

岩石隧道掘进机（Tunnel Boring Machine）简称TBM：是利用岩石隧道掘进机在岩石地层中暗挖隧道的一种施工方法。通常是利用回转刀盘又借助推进装置的作用力从而使刀盘上的滚刀切割（或破碎）岩面，以达到破岩开挖隧道（洞）的目的。

按岩石的破碎方式，分为挤压破碎与切削破碎两种，前者是将较大的推力给予刀具，通过刀具的楔子作用将岩石挤压破碎；后者是利用旋转扭矩在刀具的切线方向及垂直方向上进行切削。

按刀具切削头的旋转方式，可分为单轴旋转式与多轴旋转式两种。

掘进机在各类隧道开挖中的技术可行性、经济合理性主要取决于：

(1) 工程规模：如隧道形状、长度、直径、埋深、走向以及围岩条件等。

(2) 地质情况：如岩石类型及强度，地质的节理分布及发育程度，有无断层、暗河、溶洞，地下水的分布，隧道正上方有无建筑物、河流等。

(3) 作业场地：交通运输能力。由于掘进机的机械部件多、重量大，现场搬运、解体等工作需要起重设备等配合。另外，水电来源、进出洞口场地等也很重要。

(4) 施工进度要求：由总控制工期的时间推算出平均月进尺指标。

(5) 企业自身的实际能力：如制造维修能力、经济能力，施工队伍的技术、管理水平以及传统的施工习惯等。

2. TBM基本构造

TBM由破岩机构、推进机构、岩碴装运机构、导向调向机构及吸尘、通风装置等几部分组成，如图6-17、图6-18所示。

(1) 破岩机构。

滚刀或削刀在强大轴推力的作用下旋转，切削与剪切破碎岩石。

(2) 推进机构。

主支撑鞋顶撑洞壁以支承和推进机身。副支撑鞋控制振动与方向。

(3) 出碴机构。

破岩形成的片状石碴，由安装在刀盘上的铲碴斗铲起，铲斗旋转到顶部卸入集料斗，经皮带机装车运出洞外。

(4) 导向及调向机构。

导向机构是用来指示和校核掘进机推进的方向，使其保证符合设计的轴线和坡度的要求。

(5) 通风及吸尘装置。

掘进机工作时将产生大量的热量与粉尘。故对通风、降尘要求较高。一般在刀盘头部

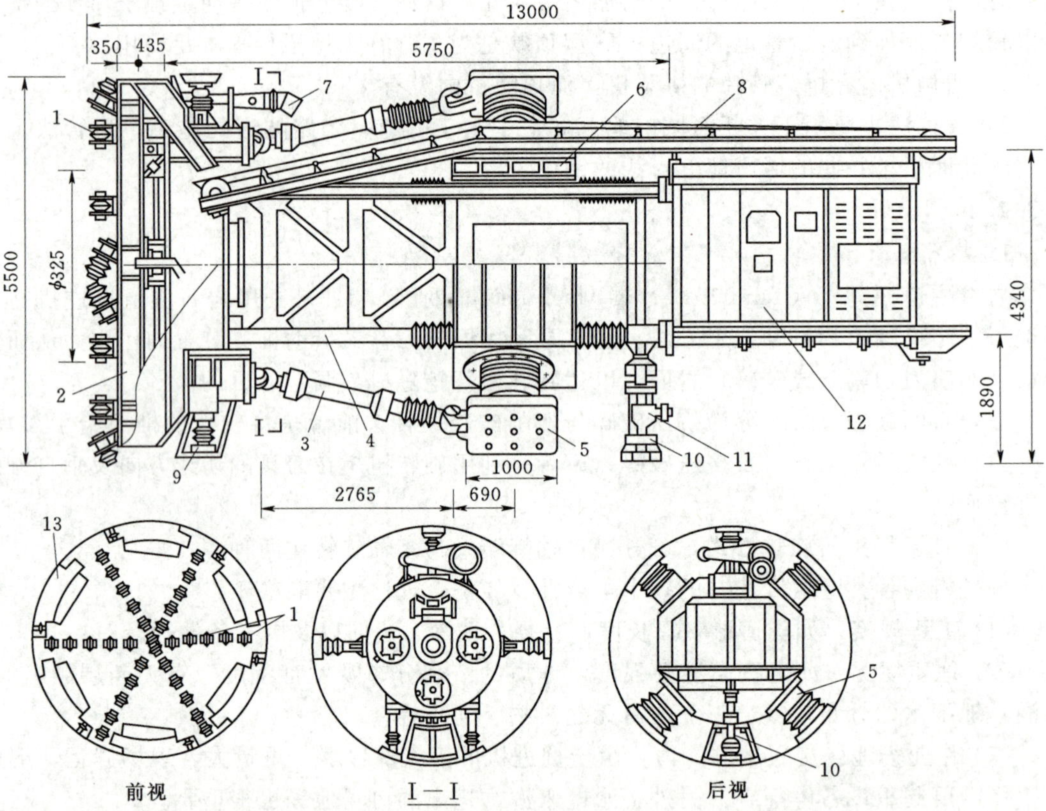

图 6-17　TBM 构造简图（单位：mm）

1—滚刀；2—刀盘；3—推进油缸；4—机架；5—锚撑缸；6—套架；7 吸尘系统；8—带式输送机；9—签支撑缸；10—后支撑缸；11—辅助千斤顶；12—机房；13—铲渣斗

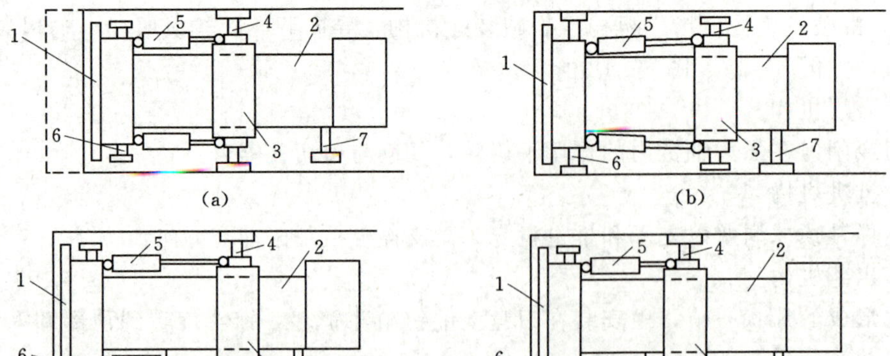

图 6-18　全断面 TBM 掘进过程示意图

1—刀盘；2—机架；3—套架；4—锚撑；5—推进油缸；6—前支撑缸；7—后支撑缸

安装有吸尘设备和喷水装置，掘进时连续喷水降尘。机房内专设通风降温设备。

3. TBM 适用范围

一般只适用于圆形断面隧道，只有铣削滚筒式掘进机可在软岩中掘进非圆形断面隧道。

开挖隧道直径 1.8～12m 之间，以直径 3～6m 最为成熟。

一次性连续开挖长度不宜短于 1km，也不宜长于 10km，以 3～8km 最佳。

适用于中硬岩层，岩石单轴抗压强度介于 20～250MPa，尤以 50～100MPa 最佳。

地质条件对 TBM 掘进效率影响很大。在良好岩层中月进尺可达 500～600m，而在破碎岩层中只有 100m 左右，在塌陷、涌水、暗河地段甚至需停机处理。

选用 TBM 开挖隧道应尽量避开复杂不良岩层。

4. TBM 施工主要流程

TBM 施工主要流程为：施工准备→全断面开挖与出渣→外层管片式衬砌或初期支护→TBM 前推→管片外灌浆或二次衬砌。

TBM 循环作业流程如下：

(1) 作业开始。主支撑前位撑紧洞壁，后支撑腿提起。刀盘转动，推进油缸伸出，TBM 前部前移一个作业行程。

(2) 准备换步。刀盘停转，后支撑腿抵住仰拱承重。

(3) 主支撑回缩。推进油缸回缩将自由态主支撑前拉回位。

(4) 主支撑回位后伸出支撑鞋抵紧岩壁，后支撑提起，TBM 定位找正，坡道上必要时先定坡度。

(5) 返回第一步，TBM 准备下一循环掘进。

5. TBM 法的优缺点

(1) TBM 法的优点。

1) 掘进效率高。掘进机开挖时，可以实现连续作业，从而可以保证破岩、出渣、支护一条龙作业。特别在稳定的围岩中长距离施工时，此特征尤其明显。

2) 掘进机开挖施工质量好，且超挖量少。掘进机开挖的隧道（洞）内壁光滑，不存在凹凸现象，从而可以减少支护工程量，降低工程费用。

3) 对岩石的扰动小。掘进机开挖施工可以大大改善开挖面的施工条件。而且周围岩层稳定性较好，从而保证了施工人员的健康和安全。

4) 施工安全，近期的 TBM 可在防护棚内进行刀具的更换，密闭式操纵室和高性能的集尘机的采用，使安全性和作业环境有了较大的改善。

(2) TBM 法的缺点。

1) 对多变的地质条件（断层、破碎带、挤压带、涌水及坚硬岩石等）的适应性较差。但近年来随着技术的进步，采用了盾构外壳保护型的掘进机，施工既可以在软弱和多变的地层中掘进又能在中硬岩层中开挖施工。

2) 掘进机的经济性问题，由于掘进机结构复杂，对材料、零部件的耐久性要求高。因而制造的价格较高。难用于短隧道。

3) 施工途中不能改变开挖直径。如用同一种机型不能开挖不同直径的断面。

4) 开挖断面的大小、形状变更难，在应用上受到一定的制约。

6. 采用掘进机（TBM）法的基本条件

(1) 工程地质条件。

在 TBM 工法中，TBM 和掌子面是分离的，故有软弱层和破碎带时，采用辅助工法很困难。所以，不良地质的调查，不仅对 TBM 的选择和施工速度有很大的影响，对能否采用 TBM 法也是决定性的因素。

1) 影响选用 TBM 工法是否合适的地质因素。

a. 隧道地压。隧道中存在很大的地压作用，掌子面难于自稳，TBM 掘进是极为困难的。

b. 涌水状态。在涌水地段，在极端的情况下，机体会产生下沉，TBM 的优点会丧失殆尽。

2) 影响 TBM 效率的地质因素。

影响 TBM 效率的地质因素主要有岩石强度、硬度及裂隙等。这些因素对 TBM 切削岩石的能力影响极大。

a. 岩石强度。开挖难易一般用抗压强度来判定。刀具消耗应考虑岩石中石英粒范围、大小与抗拉强度等判断。

b. 岩层裂隙。岩层节理、层理、片理对开挖效率影响极大。裂隙适度发育的岩层，即使抗压强度大也能进行较为有效的开挖。

c. 岩石硬度。一般地，对于 $q<100$MPa 的岩层，其石英含量较多、粒径较大，刀具磨耗很大。

d. 破碎带等恶劣条件。在破碎带、风化带等难于自稳的困难条件下进行机械开挖，均需采取辅助施工方法配合施工。特别是在有涌水的条件下更为困难，拱顶崩塌、机体下沉、支承反力降低等问题时有发生。

(2) 机械条件。

TBM 不仅受到地质条件的约束，还受到开挖直径、开挖机构的约束。一般在硬岩中，大直径的开挖是很困难的。这是因为目前的 TBM 大都是单轴回转式的，开挖直径越大，刀头的内周和外周的周速差越大，对刀头产生种种不良影响。此外，随着开挖直径的增大，要增大推力，支撑靴也要增大。会出现运送上的困难和承载力问题。此外，挖掘机械是采用压碎方式还是切削方式，对实际应用的适用范围也有差别。

(3) 开挖长度。

TBM 进入现场后，一般要经过运输、组装的过程。根据 TBM 的直径和形式、运输途径、组装基地的状况等，要准备 1～2 个月。其次，TBM 的后续设备长 100～200m，为正规地进行掘进，也要先修筑一段长 200m 左右的隧道。所以，隧道长度短时，包括机械购置费在内的成本是很高的，是不经济的。当隧道长度在 1000m 以下时，固定费的成本急剧增大，到 3000m 左右时，成本大致是一定的。因此，如果单纯的看此图，TBM 适宜的长度最好是 3000m 以上。

(4) 工程所在地的设施。

在 TBM 法中，因要进行机械的运输、组装等，故要对隧道所处地点的状况，给以应有的注意。TBM 的运搬计划，要考虑道路的宽度、高度和重量的限制，根据组装的条件要充分调查运输时的分割方法（最小分割尺寸和重量）。

6.4 地下工程施工实例

1. 明挖法应用实例

明挖法是各国地下铁道施工的首选方法，在地面交通和环境允许的地方通常采用明挖法施工。

1860 年伦敦开始修建世界上第一条地下铁路：伦敦大都会铁路，用于解决当时伦敦的交通堵塞问题，1863 年通车，使用明挖法施工。

我国于 1965 年开始在北京建设第一条地铁线路，采用明挖法施工。

2003 年，上海地铁 M8 线黄兴路地铁车站为地下 2 层岛式车站，长 166.6m，标准段宽 17.2m，南、北端头井宽 21.4m。标准段为单柱双跨钢筋混凝土结构，端头井部分为双柱双跨结构，共有 2 个风井及 3 个出入口。车站主体采用地下连续墙作为基坑的维护结构，地下连续墙在标准段深 26.8m，墙体厚 0.6m。车站出入口、风井采用 SMW 桩作为基坑的维护结构。

2008 年，广州地铁五号线区庄站全长 134.1m，六号线区庄站全长 213.1m。五号线站厅为地下明挖四层结构，基坑形状不规则，最宽达 50.1m，最深达 33.22m。

2. 盖挖法应用实例

最早运用盖挖法的工程是 20 世纪 60 年代西班牙马德里的隧道，后来在很多国家隧道建设中得到应用，其在国外已经是成熟的技术，但我国的发展应用比较晚。

推广应用盖挖逆作法，能够提高地下工程的安全性，可以大大节约工程造价，缩短施工工期，防止周围地基出现下沉，是一种很有发展前途和推广价值的深基坑支护技术，在辽宁、上海、广州这类地区应用逆作法施工高层建筑深基坑较多。较典型的有上海特种基础工程研究所办公楼，位于上海西南角徐家汇天钥桥路。该建筑物地下 2 层，地上 5 层，底板埋置深度为－7.30m。为了探索基础结构与上部结构同时施工，以期缩短施工总工期，大楼采用了逆作法施工技术并取得了成功。又如，由上海第二建筑工程公司施工的恒积大厦工程以逆作法施工地下 4 层、地上 22 层，基坑深 17m，施工仅用了 5 个月，整个工期明显加快，并减少支撑费用 400 万元，周边管线沉降仅为 15mm，四周道路及民房位移均在 5mm 以内，取得了显著的经济效益和社会效益。由此在上海地区掀起了一股逆作法热，其后相继有明天广场、京沙住业大厦等数十项工程采用逆作法施工。

2007 年，上海轨道交通 11 号线愚园路站位于上海市中心区三纵三横主干道中西纵的江苏路上，地面交通十分繁忙，为保障在车站建设的全过程中维持现有通行能力的要求，采用了新型盖挖法施工。

3. 浅埋暗挖法应用实例

北京地铁首次采用浅埋暗挖法设计，建成了复兴门车站折返线工程。由于取得了很大的经济效益和社会效益，于 1987 年 8 月 25 日由北京市科委、铁道部科技司共同组织了国家级成果鉴定，与会专家和各级领导对该法进行了认真的讨论，最后否定了“软弱地层新奥法”、“中国特色新奥法”、“北京地铁浅埋暗挖法”等名称，确定采用“浅埋暗挖法”这个名称。它更能反映该方法的特点，说明该方法不仅可在北京地层中应用，而且也可以在全国类似的各种地下工程中应用。

国外在 20 世纪 70 年代初开始将新奥法应用于浅埋地层的研究，到 20 世纪 70 年代末 80 年代初已基本形成一套完整技术并应用于城市地铁、市政工程等。目前，德国、日本、美国、法国、意大利、韩国、中国香港等国家和地区都有 NATM 法成功应用的实例。日本的城市地铁多修建在浅埋软弱地层中，过去大多采用明挖法施工，自 1976 年采用新奥法技术以后，就逐渐地把山岭隧道使用的新奥法技术转移到了城市地铁中来，目前用新奥法技术修建的城市地下工程越来越多，如粟山、大贯、第一原、旭丘、北四番丁等城市隧道和横滨市地铁区间及地铁车站等。德国是当今地下工程中应用新奥法技术最多的国家，他们不仅在地铁区间隧道应用，而且还在多层多线路大断面地铁车站中广泛应用，如慕尼黑、法兰克福、埃森、波鸿、纽伦堡地铁车站等，其施工技术已发展到了较高水平。

我国于 20 世纪 70 年代末 80 年代初开始将新奥法应用于地下工程施工，并于 20 世纪 80 年代中后期开始系统研究新奥法在浅埋软弱地层中的应用，1984 年首先在大秦线军都山隧道进口黄土段研究实验成功，之后又成功地运用在北京地铁复兴门车站折返线工程，并首先在地铁复—西区间、西单车站、国家计委地下停车场、首钢地下运输廊道、城市地下热力、电力隧道、长安街地下过街通道、深圳地上过街通道等地下工程中推广应用，经过多年的不断总结、完善，这一方法已在城市地铁、市政、电力隧道、城市地下过街通道、地下停车场等工程中推广应用，并已形成一套完整的配套技术。并形成各地域各城市的特色如南京地铁软流塑地层暗挖施工工法，广州地铁含水砂层暗挖施工工法等。以北京地铁工程为实例形成的“隧道与地铁浅埋暗挖工法”已被建设部批准为国家级工法。

2006 年，北京地铁五号线崇文门站位于崇文门路口下，采用“浅埋暗挖法”施工。车站与地铁二号线崇文门站东端喇叭口式过渡段区间立交，并从其下方穿过。五号线崇文门车站结构为双柱三跨岛式暗挖车站，车站两端为双层结构（地下一层为站厅层，地下二层为站台层），中间为单层结构（系站台层），车站总长度 208.9m，总宽度 24.2m，站台宽度 14m。车站顶板覆土：双层结构为 8～9.3m，单层结构为 13.5m。

2008 年，北京地铁十号线呼家楼车站采用“浅埋暗挖法”施工。呼家楼车站是北京地铁十号线的中间站，车站位于东三环与朝阳北路的交叉路口，呈南北走向，为分离岛式暗挖车站。东三环现状路宽 80m，双向 8 车道，两侧为辅道；朝阳北路为新建城市道路，路宽 60m，双向 8 车道。

4. 盾构法应用实例

盾构法最早是在 1818 年由英国工程师布鲁诺尔（M. I. Brunel）发明的，他是从船的木板中，有一种蛀虫钻出孔道，并用它分泌的黏液加固洞穴得到启发而研制出的，并于 1925 年开始用一个宽 11.58m、高 6.7m 的矩形盾构，在英国伦敦的泰晤士河下面修建世界第一条水底隧道。施工中遇到泥水涌入隧道的极大困难，两次被淹，直至 1835 年对盾构作了改良，用压气辅助施工，才于 1843 年完工，隧道全长 458m。

1888—1890 年间，用盾构法在美国和加拿大间的圣克莱（St. Clair）河下建成了一条直径为 6.40m，长为 1870m 的萨尔尼亚（Sarnia）水底隧道，为盾构法修建隧道开拓了更为广阔地发展前景。

20世纪初，盾构法施工已在美、英、法、俄等国开始推广，已用在水底公路隧道、地下铁道、上下水道、电力、通信、煤气等市政公用地下设施管道。

1932年，原苏联开始用直径为6.6～9.5m的盾构先后在莫斯科、圣彼得堡、基辅等城市修建地下铁道的区间隧道及车站。

1922年，日本开始用盾构法修筑国铁奥羽线折渡隧道。

1943年，修建关门水底隧道直径达6.0m，长1100多m。

1956年，在海州露天矿用直径2.66m的盾构在砂土层开凿了疏水巷道。

1957年，起北京采用直径2.0m、2.6m的盾构施工下水道工程。

1972年，在江苏大屯矿用立井盾构施工了井筒达150m。

从1960年起，上海在第四纪软弱饱和水土层中用不同类型盾构完成了一批地铁区同隧道、水底公路隧道、地下人防通道、引水隧道、排水隧道、电缆隧道等工程。

1991年，上海地铁一号线引进法国FCB公司的7台土压平衡式盾构，采用大刀盘开挖、螺旋输送机排土，同时备有同步压浆、计算机控制系统等，性能比较完善。上海利用这7台盾构机建成地铁一号线区间隧道，全长18.5km。该盾构直径为6.2m，混凝土管片厚度0.35m，每环6块，环宽1.0m。隧道经过淤泥土和淤泥质亚黏土，覆土深度5～18m，盾构进尺为4～6m/d，地面沉降控制在10～30mm。

上海地铁二号线区间隧道也采用了盾构法施工。

1994年，上海引进日本的超大型泥水加压平衡盾构，用于建造延安东路隧道南线，经受了穿越仓库、浅覆防汛墙、地下车库、地下人行道、高层建筑等严峻考验，成功穿越了黄浦江，盾构曾创下日推进13.5m的速度，地表最大沉降小于3cm。该盾构主要参数为盾构外径11.22m，盾构全长10.945m，千斤顶数32台，盾构总推力112200kN。

上海隧道总公司又在南京越江隧道施工中在穿越砂层的条件下使用盾构获得成功。

北京于1966年开始设计，1968年开始修建地铁盾构施工试验段工程，也取得了一些经验。北京地铁五号线试验段工程采用从德国进口的直径6.19m的土压平衡盾构进行试挖。北京在亮马河污水工程中引入日本外径3.33m土压平衡盾构在地下水位1～2m、覆土层约5m以下的亚黏土和粉细砂3层中建成了污水隧道长1700多m。

广州地铁一号线、二号线、三号线部分区间隧道也采用了盾构法。

南京地铁南北线一期工程的中一三间的市区段、三一新区间、玄一南区间为粉土、粉质黏土，也采用盾构法施工。

2007年，角门北路至北京南站区间左线全长1321.687m（其中盾构法施工1161.488m，矿山法施工139.199m），右线全长1382.858m（其中盾构法施工1231.434m，矿山法施工130.424m）。

2007年，北京南站至陶然亭站区间左线全长1462.619m（其中盾构法施工821.05m，矿山法施工604.569m），右线全长1481.079m（其中盾构法施工864.05m，矿山法施工584.629m）。

5. 顶管法应用实例

顶管法施工是继盾构施工之后发展起来的地下管道施工方法；最早应用于1896年美国北太平洋铁路铺设工程中，已有百年历史；1948年日本第一次采用顶管施工方法，是在长崎市的铁路下顶进了一根内径600mm的铸铁管，顶距只在6m。20世纪60年代在世界各国推广应用；我国较早的顶管施工约在20世纪50年代，初期主要是手掘式顶管，设备也较简陋。我国顶管技术真正较大的发展是从20世纪80年代中期开始。1988年上海研制成功我国第一台土压平衡掘进机。

国外首次一次最大顶进距离1200m是在1970年，德国汉堡下水道混凝土顶管，直径为2.6m。国内自20世纪50年代从北京、上海开始试用。

1986年上海穿越黄浦江输水钢质管道，应用计算机控制，激光导向等先进技术，单向顶进距离1120m，顶进轴线精度：左右<±150mm，上下<±50mm。

1981年浙江镇海穿越甬江管道，直径2.6m，单向顶进581m，采用5只中继环，上下左右偏差<10mm。

1993年，广州沙面珠江水底公路铁路共用隧道。隧道全长1238.5m，其中主隧道457m。主隧道采用沉管法施工。在沙面冲土坞内预制的钢筋混凝土管段宽33m、高8m。5节管段的长度从黄沙岸边算起分别为105m、120m、120m、90m和22m。

1997年，上海黄浦江上游引水工程的长桥支线顶管，钢管直径3.5m，一次最大顶进距离为1743m。

2001年，浙江嘉兴污水顶管，钢筋混凝土管直径2m，一次最大顶进距离为2050m。

6. TBM应用实例

TBM施工法始于20世纪30年代，限于机械技术水平，其应用实例甚少。五六十年代随着机械工业与掘进机技术水平的不断提高发展较快。迄今为止，世界上采用TBM施工的隧道超过1000座，总长度超过4000km，以逐步成为长大隧道修建的主要施工方法之一。

国外典型应用——英吉利海峡隧道由2条外径8.6m单线铁路隧道与1条外径5.6m辅助隧道组成。全长48.5km，海底段长37.5km，隧道最深处在海平面下100m，全部采用TBM施工。英国侧6台，岸边段3台海底段3台（单向推进21.2km）。法国侧5台，岸边段2台海底段3台。最深处需承受10atm水压力，平均月进尺1000m/月。

隧道建成标志着TBM施工技术的最高水平，也是融合英、美、法、德等国TBM施工技术于一体的最高成就。

国内TBM研发制造始于20世纪60年代中期，共生产10余台直径2.5～5.8m的TBM，先后用于下列水电与煤矿井巷工程。国产机型月均进尺20～300m，累计总掘进长度12km。

国内应用TBM的实例为：

云南西洱河水电站引水隧道；引滦入津新王庄隧道陡河电站的引水隧道；引大入秦总干渠38号隧道；北京落坡岭水电工程；贵州猫跳河水电站引水隧道；福建龙门滩引水隧道；江西萍乡、山西怀仁、山西古交、云南羊场煤矿；甘肃引大入秦水磨沟输水隧道（ϕ5.54m；11649m；Robbins双护盾TBM；最高月进尺1300.8m/月）；引黄入晋总干6、7、8号与南干4、5、6、7号隧道（Robbins双护盾TBM，总长122km，最高月进尺1637m，日掘进113m）；辽宁大伙房引水工程（全长85.32km，3台ϕ8.0m开敞式）；新疆大阪输水隧道工程（全长30.68km，德国海瑞克双护盾TBM）；青海引大济湟总干渠工程（德国 Wirth 双护盾 TBM，ϕ5.93m，全长 19.94km）；西康铁路秦岭Ⅰ线隧道（掘进 5.621km，ϕ8.8m 开敞式 TBM）；西安南京铁路桃花铺 1 号隧道（掘进 7.23km，机型同上）；西安南京铁路磨沟岭隧道（掘进 6.11km，机型同上）；南疆铁路吐库二线中天山隧道（机型同上）；兰渝铁路西秦岭隧道（ϕ10.23mRobbins 开敞式 TBM）；重庆地铁一号线（2 台 ϕ6.36m 开敞式 TBM）。

本章思考题

1. 一般地铁车站采用何种开挖方法？
2. 盖挖逆作法和盖挖顺作法的区别是什么？
3. 盾构法的优缺点是什么？
4. 浅埋暗挖法的施工原则和主要技术措施是什么？
5. TBM 法和盾构法的区别有哪些？
6. 你对未来地下空间施工技术发展有何看法？

第 7 章　城市地下空间工程监测

7.1　概述

城市地下空间工程建设会产生一系列的岩土工程安全问题。其主要表现为：地面沉降及塌陷、地下管线严重变形及断裂、基坑大面积变形与坍滑、邻近建筑物倾斜与开裂、支护失稳及工程结构物破坏、地下空间严重渗漏等。近年来，地下空间工程建设的事故给了我们惨痛的教训。因此，城市地下空间开发中的岩土工程安全问题已成为重大的焦点问题。对于施工开挖工程引起地层的力学响应在时间及空间上的规律，不同施工方法的不同力学响应可以通过施工监测实现。

城市地下空间工程监测是目前地下空间工程施工中必不可少的组成部分，地层力学参数的不确定性及施工过程的不可预见性，使地下空间工程设计和施工中难免出现与实际地层条件不符合的情况，需要在施工过程中通过不断调整地下空间工程的开挖及支护参数以满足施工要求，指导施工。

通过现场监测，将迅速、准确地获得第一手数据资料，将数据资料和现场量测资料进行分析，并将分析结果及时反馈给设计、施工单位、监理单位和业主，直接服务于地下空间工程施工；并能及时和预测施工过程中出现的险情，对可能出现的事故进行防范和处理，可以避免由于缺乏地下空间施工监控量测数据和结果分析而造成施工与支护等工作安排的盲目性，尽量降低工程造价，争取时间，保证在计划工期内圆满完成施工任务。

7.1.1　地下空间工程信息化施工

地下空间工程信息化施工是在施工过程中布置监控量测系统，从开挖和支护过程中获得围岩稳定及支护结构状态信息，正确指导设计和施工，以期获得最佳的效果。地下空间工程施工监测和信息化设计流程如图 7-1 所示。在信息化设计施工流程中，它将工程地质、施工监测、力学计算以及经验方法等有机地结合起来，建立起具有自身特点的设计施工程序：首先，根据施工前的地质勘察资料进行预设计；其次，在施工过程中进行施工跟踪调研与监测，并依据其反馈分析信息及时调整、修改有关施工方法和预设计中的工程措施等技术参数，直至形成一个长期稳定、合理的结构体系。其将设计和施工两个阶段有机地融合为一体，能较好地反映和适应地下空间工程的特征与动态变化规律，因此在地下空间工程中得到了广泛的应用。

信息化施工的内容包括以下 3 个方面：

（1）现场监测。

现场监测是获得输入信息的基础和手段，内容包括：制定量测方案，确定测试内容，选择测试手段以及实施监测计划。

（2）数据分析。

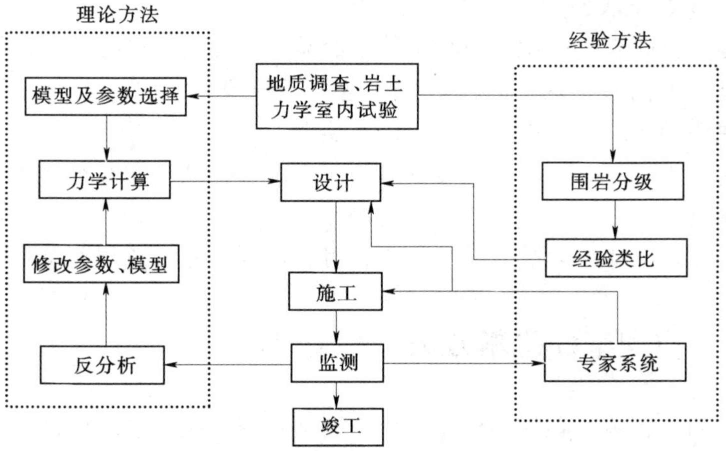

图 7-1 地下空间工程施工监测和信息化设计流程

对第一手量测所得的初始数据进行数据处理，如剔除一些量测误差，绘制量测曲线，对量测曲线进行数学拟合，提出拟合检验后对反分析结果的评价。

（3）及时的信息反馈。

信息反馈是对原设计或修改后的设计通过计算分析加以验证，以了解在设计参数下，由力学分析得到的位移和应力是否和实测数据符合，是否满足结构及岩土体安全稳定的判据标准，从而决定是否制定新的设计参数，或者是否要调整施工方案等，以指导下一阶段的施工。同时，经过分析，对下一阶段施工可能遇到的问题（特别是地质灾害问题）作出预测，以保证施工人员安全，保证施工进度和施工质量。

7.1.2 城市地下空间工程监测的目的和意义

城市地下空间工程监测的目的是掌握岩土稳定与支护受力、变形的动态或信息，并以此判断设计、施工的安全与经济。具体来说，有如下几点。

1. 提供监控设计的依据和信息

岩块的力学指标与岩体的力学指标有很大不同，因此，必须结合工程，进行现场岩体力学性态的测试，或者通过围岩与支护的变位与应力监测反推岩体的力学参数。为工程设计提供可靠依据。当然，现场的变位与应力监测不止是为了提供岩体力学参数，它还能提供地应力大小，围岩的稳定性与支护的安全等信息，为监控设计提供合理依据和计算参数。

2. 指导施工预报险情

除了预测险情外，它还是指导施工作业，控制施工进程的必要手段。如应根据监测结果来确定二次支护的时间、仰拱的施作与否及其支护时间、地下空间工程开挖方案等。这些施工作业原则都应通过现场监测信息加以确定和调整。

3. 作为工程运营时的监视手段

通过一些长期的现场测试设备，可对已运营的工程进行安全监视，这样可对接近危险值的区段或整个工程及时地进行补强、改建，或采取其他措施，以保证工程安全运营，这是一个在更大范围内受到重视和被采用的现场测试内容。

4. 用作理论研究及校核理论，并为工程类比提供依据

以往城市地下空间工程的设计完全依赖于经验，但随着理论分析手段的迅速发展，其分析结果越来越被人们所重视，因而对地下空间工程理论问题的物理方面——模型及参数，也提出了更高的要求，理论研究结果须经实测数据检验。因此系统地组织现场测试，研究岩体和结构的力学形态，对于发展城市地下空间工程理论具有重要意义。

5. 为城市地下空间工程设计与施工积累资料

施工中结构及周围环境的受力、变形资料对于设计、施工总结经验有很大的帮助。

7.2 城市地下空间工程监测方法

城市地下空间工程施工必须将现场监控监测项目列入施工组织设计，并在施工中认真实施。为了确保施工顺利进行，并较为准确地掌握施工过程中围岩的稳定状态，监测各项支护手段的效果，指导施工和变更设计，应按规范要求进行施工现场监控监测工作。

现场监控监测工作应根据围岩条件、工程规模、支护类型和施工方法等来选择测试项目。

7.2.1 监测方法的确定原则

（1）可靠性原则：仪器适用可靠；测点稳固可靠；系统完善可靠；数据真实可靠。

（2）多层次监测原则：监测对象以位移监测为主，兼顾其他；仪器监测与人工巡视并重；在经济可靠的原则下，以人工监测为主，辅以自动化监测。监测设计应点面结合，联系成网。

（3）关键区域监测原则：实施监测前，应对工程状况，周边环境进行分析。针对工程自身重点、难点、重要周边环境应视为关键区域，进行重点监测。

（4）方便使用原则：为减少监测与施工、监测与周边环境间的相互干扰，监测的设计和实施应兼顾方便实用的原则。

（5）经济合理原则：监测设计和实施过程中，应考虑经济合理的原则。在满足需求的情况下，不必过分追求仪器设备的先进性。

7.2.2 主要监测仪器设备

地下空间工程施工监测中，需要监测的物理量主要有位移、应变、压力、应力等。因此用于地下空间工程施工监测的仪器主要包括以下几类：①用于宏观位移监测的仪器，主要有经纬仪、水准仪、全站仪、收敛计、测斜仪、分层沉降仪、位移计、裂缝观测仪建筑物倾斜仪等；②用于结构和围岩压力、应力、应变监测的仪器，主要有电阻应变仪钢弦式频率接收仪等；③用于地下水参数监测的仪器，有水位计和渗水压力计；④用于其他参数观测的仪器，如监测爆破震动参数的爆破震动仪、探测地下管线位置的探测仪等。实际工作中，根据监测项目、精度要求，考虑“经济性、安全性、适用性、耐久性”等选择合适的监测仪器。下面简单介绍几种监测仪器设备。

1. 应力计与应变计

混凝土应力计埋设在混凝土结构物内，直接测量混凝土内部压应力，并可同时检测埋

设点的温度。应变计是用于监测结构承受荷载、温度变化而产生变形的监测传感器。与应力计所不同的是，应变计中传感器的刚度要远远小于监测对象的刚度。

2. 地下管线探测仪

地下管线探测仪是用来探查地下空间工程所在范围内的各类地下管线的平面布置位置和埋深的专用仪器。对于一些因缺乏竣工资料，需要寻找其位置的地下管线而言，该仪器能帮助寻找管线的概略位置以便进行坑探确定其确切位置，在管线上布设测点。对于不便挖掘的地方，可以根据探测资料在管线上方的地表布置监测点。

3. 土压力计

土压力监测是土力学理论与实验研究的一个重要方面，是地下空间工程监测的重要内容。土压力盒是置于土体与结构界面上或埋设在自由土体中，用于测量土体对结构的土压力及地层中土压力变化的测量传感器。

4. 分层沉降仪

分层沉降仪可用来监测由开挖、打桩等地下空间工程引起的周围深层土体的垂直位移（沉降或隆起）。

5. 收敛计与测斜仪

收敛计是用于测量和监控地下空间工程周边收敛（变形）的主要仪器。

测斜仪是一种能有效且精确地测量土体内部水平位移或变形的工程监测仪器。应用其工作原理同样可以监测临时或永久性地下结构（如桩、连续墙、沉井等）的水平位移。

7.2.3 主要监测项目

现场监测项目分为必测项目和选测项目两大类。

必测项目是现场监测的核心，它是设计、施工等所必须进行的经常性监测项目，是为了在设计、施工中确保围岩的稳定，并通过判断围岩的稳定性来指导设计和施工的经验性监测。这类监测通常测试方法简单，费用少，可靠性高，但对监测围岩的稳定及支护结构安全、指导施工却具有巨大的作用。选测项目是对一些有特殊意义和具有代表性意义的区段进行补充测试，以求更深入地掌握围岩的稳定状态与锚喷支护的效果，具有指导未开挖区的设计与施工。这类监测项目测试较为麻烦，监测项目较多，费用昂贵，一般只根据需要选择其部分项目。

1. 明（盖）挖法必测项目

基坑工程监测的内容分为两大部分：围护结构和支撑体系、周围地层和相邻环境。围护结构主要是围护桩墙和圈梁；支撑体系包括支撑或土层锚杆、围檩和立柱等部分；相邻环境中包括相邻土层、地下管线、相邻建筑物等。对于具体工程，监测项目应根据其具体情况确定，主要取决于工程的规模、重要程度、地质条件及周边环境等。

明（盖）挖法必测项目：地表沉降（含临近建构筑、管线沉降）；建构筑物变形、倾斜；围护桩（墙）顶水平位移；围护桩（墙）体水平位移；支撑（锚索）轴力；地下水位；中柱沉降（盖挖法）。明（盖）挖法选测项目：桩（墙）体内力；围岩压力（桩体背后压力）；渗水压力；基坑回弹。

基坑工程监测方案的制订应充分满足如下要求：确保基坑工程的安全和质量，对基坑周围的环境进行有效的保护，并为优化设计提供技术依据。表 7-1 是根据《建筑基坑工程监测技术规范》(GB 50497—2009)规定的基坑侧壁安全等级及重要性系数确定的基坑监测项目表。

表 7-1　　基坑工程主要监测项目

序号	监测项目		基坑类别		
			一级	二级	三级
1	(坡)顶水平位移		应测	应测	应测
2	墙(坡)顶竖向位移		应测	应测	应测
3	围护墙深层水平位移		应测	应测	宜测
4	土体深层水平位移		应测	应测	宜测
5	墙(桩)体内力		宜测	可测	可测
6	支撑内力		应测	宜测	可测
7	立柱竖向位移		应测	宜测	可测
8	锚杆、土钉拉力		应测	宜测	可测
9	坑底隆起	软土地区	宜测	可测	可测
		其他地区	可测	可测	可测
10	土压力		宜测	可测	可测
11	孔隙水压力		宜测	可测	可测
12	地下水位		应测	应测	宜测
13	土层分层竖向位移		宜测	可测	可测
14	墙后地表竖向位移		应测	应测	宜测
15	周围建(构)筑物变形	竖向	应测	应测	应测
		倾斜	应测	宜测	可测
		水平	宜测	可测	可测
		裂缝	应测	应测	应测
16	周围地下管线变形		应测	应测	应测

注　基坑类别的划分按照国家标准《建筑地基基础工程施工质量验收规范》(GB 50202—2002)执行。

2. 矿山法必测项目

检测项目应根据具体工程的特点来确定,主要取决于工程的规模、重要性程度;地下空间工程的形状、工程结构和支护特点;地应力大小和方向;工程地质条件;施工方法;在尽量减少施工干扰的情况下,要监控整个工程的主要部位。位移监测室最简单易行的,因而应作为监测的重要项目。对于浅埋地下空间工程,地表沉降和支护结构的受力情况监测也是极其重要的。

我国《城市地铁施工与验收规范》(GB 50299—1999)中将浅埋暗挖法施工的监测项目分为应测项目和选测项目,见表 7-2,其中应测项目是必须进行监测的项目,选测项目是根据情况选测的项目。

对于浅埋地下空间工程如城市地铁、过街通道、地下停车场等,地表沉降是判断周围地层稳定性的一个重要标志。地表沉降监测方法简便,监测结果能反映地下空间工程施工

表 7-2 **暗挖法施工的监测项目**

类别	监测项目	监测仪器	测点布置	监测目的	监测频率
应测项目	围岩与支护结构状态	地质素描及拱架支护状态观察	每一开挖循环	了解施工过程中实际地质情况和支护结构变形情况，为变更支护参数提供依据	(1) 开挖面距监测断面前后小于2D时，1～2次/d (2) 开挖面距监测断面前后小于5D时，1次/2d (3) 开挖面距监测断面前后大于5D时，1次/周
	地表、地表建筑、地下管线及结构物沉降	水准仪和水准尺	每10～50m一个断面	了解施工过程中地表、地下管线、建筑物沉降与倾斜情况，评估周边环境是否安全	
	拱顶下沉	水准仪和水准尺	每5～30m一个断面，每断面1～3对测点	了解施工过程中初期支护结构变形情况	
应测项目	周边净空收敛	收敛计	每5～100m一个断面，每断面2～3测点	了解施工过程中初期支护结构变形情况	
	岩体爆破地表质点振动速度和噪声	声波仪及测振仪	质点振动速度根据结构要求设点，噪声根据规定的测距设置	了解爆破引起地表及建筑物的振动及噪声情况，为爆破设计提供参数	随爆破随时进行
选测项目	围岩与结构内部位移	多点位移计、测斜仪等	选择代表性地段设监测断面，每断面2～3个测孔	了解施工过程中地层不同深度的变形情况，研究施工引起的地层位移规律	(1) 开挖面距监测断面前后小于2D时，1～2次/d (2) 开挖面距监测断面前后小于5D时，1次/2d (3) 开挖面距监测断面前后大于5D时，1次/周。 注：D为隧道直径
	围岩与支护结构间压力	压力传感器	选择代表性地段设监测断面，每断面10～20个测点	了解施工过程中初期支护结构的荷载分布情况	
	钢筋格栅拱架内力	钢筋计或其他测力计	选择代表性地段设监测断面，每断面10～20个测点	了解施工过程中初期支护结构的内力分布情况	
	初期支护、二次衬砌内力及表面应力	混凝土应变计或应力计	取代表性地段设监测断面，每断面10～20个测点		
	锚杆内力、抗拔力及表面应力	锚杆测力计及拉拔器	必要时进行	检查和检验锚杆的安装质量和了解抗拉拔强度是否符合要求，要进行锚杆拉拔测试。用于测试锚杆的锚固强度是否达到规范的要求	

过程中围岩变形的全过程，因此可以把地表沉降作为一个主要的监测项目，监测的重要性随埋深变浅而加大。对于深埋岩石地下空间工程，水平方向位移的监测往往比较重要，可以采用收敛计进行，也可以在边墙设置水平方向的位移计监测。

矿山法必测项目：地表沉降（含临近建构筑、管线降）；地下水位；建构筑物变形、倾斜；结构拱顶沉降；结构水平收敛。矿山法选测项目：土体水平位移；渗水压力；地层分层沉降；初支（二衬）结构应力；围岩接触应力；混凝土应力。

3. 盾构法必测项目

对于盾构法修建的地下空间工程，其监测对象主要是地层、支护结构和周围环境，监测项目主要是地表和深层土体的沉降和水平位移、地下水压力和水位、建筑物沉降、支护结构内力、变形等。

对于具体工程，应根据地层和地表环境条件选择监测项目，对地层和支护结构及周围环境进行动态监测。我国《城市地铁施工与验收规范》（GB 50299—1999）规定的盾构法隧道监测项目见表7-3。

表7-3　　盾构法工程主要监测项目

类别	监测项目	监测仪器	测点布置	监测目的	监测频率
必测项目	地表隆沉	水准仪和水准尺	每30m一个断面，必要时加密	监测盾构施工引起的地表沉降、确保施工安全	(1) 开挖面距监测断面前后小于20m时，1～2次/d (2) 开挖面距监测断面前后小于50m时，1次/2d (3) 开挖面距监测断面前后大于50m时，1次/周
	隧道隆沉		每5～10m一个断面	监测盾构施工时隧道的位移情况，确保隧道线形	
选测项目	土体内部位移（垂直和水平位移）	水准仪、测斜仪、分层沉降仪	选择代表地段设监测断面	监测盾构施工引起的地层的垂直及水平变形，了解地层的变形特性，并反馈施工，调整盾构的掘进参数，确保安全	
	衬砌环内力与变形	压力计和应变传感器	选择代表地段设监测断面	了解施工过程结构的内力情况	
	土层压力	压力计和传感器	选择代表性地段设监测断面	了解施工过程结构的荷载分布情况	

盾构法必测项目：地表隆沉（含临近建构筑、管线降）；建（构）筑物倾斜；管片上浮。盾构法选测项目：管片应力；渗水压力；地层分层沉降；土体水平位移；围岩接触应力。

由于条件、施工方法的不同和要取得的信息不同，在不同的工程中往往采用不同的测试项目。但对于一个具体工程来说，对上述列举的项目不会全部应用，只是有目的地选用其中的几种。

7.2.4 主要监测方法

1. 地表沉降观测

地表沉降监测是浅埋暗挖地下空间工程监测中最主要的监测项目。在基坑开挖、浅埋地下空间工程开挖等施工过程中都需进行地表沉降监测。

沉降监测是根据监测对象周围的水准点高程进行的。可以利用城市中的永久水准点或工程施工时使用的临时水准点，作为基准点或工作基点。如果附近没有这样的水准点，则应根据现场的具体条件和沉降监测的时间要求埋设专用水准点。

水准点的形式和埋设可参照三等、四等水准点的要求进行，其数目不少于3个，以便组成水准控制网，对水准点定期进行校核，防止其本身发生变化，以保证沉降监测结果的正确性。水准点应在沉降监测的初次观测之前1个月埋设好。测点间距见表7-4。横断面布点应根据地层条件，一般间隔30～50m布设一组地表横向沉陷槽测点，测点横向间距为2～5m。横断面测点布置如图7-2所示。

表7-4　　测　点　间　距

隧道埋深 H_0 与开挖深度 B	纵向测点间距（m）
$2B<H_0<2.5B$	20～50
$B<H_0\leqslant 2B$	10～20
$H_0\leqslant B$	5～10

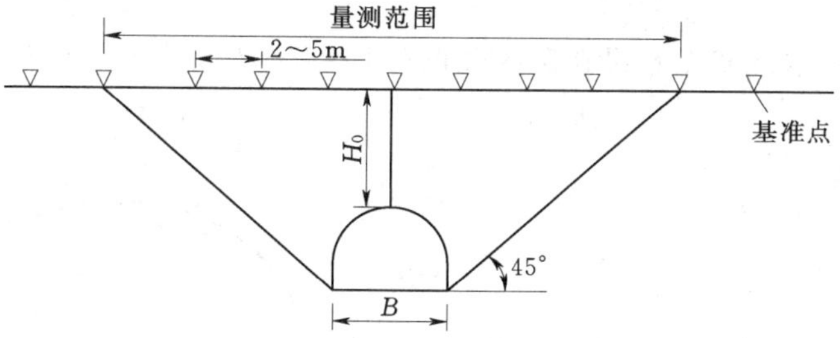

图7-2　测点布置图

2. 管线沉降

由于地下空间工程施工不可避免地要对土体产生扰动，因而埋设在土层中的地下管线将随土体变形并产生垂直位移和水平位移。地下管线变形监测的目的在于：根据监测结果，掌握地下管线的变形量和变化速率，及时调整施工方案，采取有效施工措施，保证地下管线和施工的安全。

目前地下管线测点主要有以下3种设置方法。

（1）抱箍式。

由扁铁做成抱箍固定在管线上，抱箍上焊一测杆，测杆顶端不应高出地表，路面处布置阴井，既用于测点保护，又便于道路交通正常通行。抱箍式测点的特点是监测精度高，能如实反映管线的变形情况，但埋设时必须进行开挖，且要挖至管底，对于交通繁忙的路段影响甚大。抱箍式测点主要用于一些次要的干道和十分重要的管道，如高压煤气管、压力水管等。

（2）直接式。

用敞开式开挖和钻孔取土的方法挖至管线顶表面，露出管线接头或闸门开关，利用凸出部位涂上红漆或粘贴金属物（如螺帽等）作为测点。直接式测点主要用于沉降监测，其特点是开挖极小，施工便捷，但若管子埋深较大，容易受地下水位或地表积水的影响，立尺困难，影响测量精度。直接式测点适用于埋深浅、管径较大的地下管线。

（3）模拟式。

对于地下管线排列密集且管底标高相差不大，或因种种原因无法开挖的情况，可采用模拟式测点，方法是选有代表性的管线，在其邻近打ϕ100mm的钻孔，如表面有硬质路面应先将其穿透（孔径大于50mm即可），孔深至管底标高，取出浮土后用砂铺平孔底，先放入不小于钻孔面积的钢板一片，以增大接触面积，然后放ϕ20mm的钢筋一根作为测杆，周围用净砂填实。模拟式测点的特点是简便易行，避免了道路开挖对交通的影响但因测得的是管底地层的变形，模拟性差，精度较低。

上述3种形式的测点均可用于垂直位移监测。抱箍式和直接式也可用于水平位移的监测，但应注意抱箍式测点的测杆周围不得回填，否则会引起监测误差。

3. 拱顶下沉监测

（1）沉降点埋设与测试。

1）沉降点埋设原则应以能反映结构安全为原则，并尽量与地表沉降测点相对应，以利于对比分析。

2）拱顶下沉的水准基点布设在洞内和洞外均可，要布设牢固，易于测量，测点布置如图7-3所示。

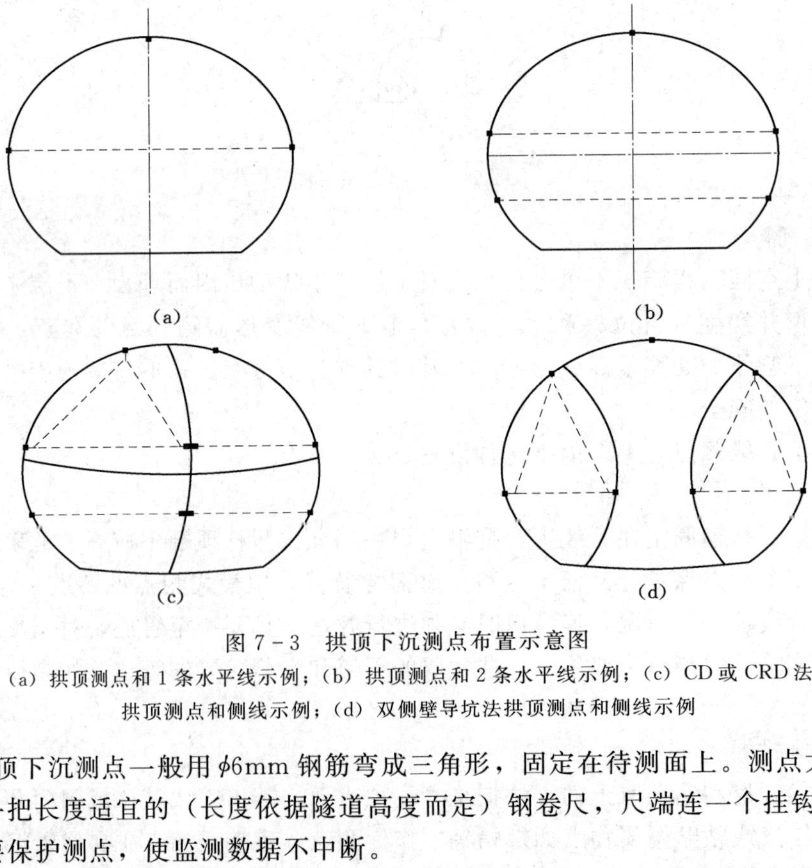

图7-3 拱顶下沉测点布置示意图

（a）拱顶测点和1条水平线示例；（b）拱顶测点和2条水平线示例；（c）CD或CRD法拱顶测点和侧线示例；（d）双侧壁导坑法拱顶测点和侧线示例

3）拱顶下沉测点一般用ϕ6mm钢筋弯成三角形，固定在待测面上。测点大小要适中。监测时用一把长度适宜的（长度依据隧道高度而定）钢卷尺，尺端连一个挂钩，可以挂在测点上。要保护测点，使监测数据不中断。

4）测量应在水准仪及挂尺检验合格后方可进行；不得在测点和挂尺处有振动时进行测量；尽量选择在测量环境好时进行测量。

（2）数据分析与处理。

对同一测点而言，拱顶沉降计算见式（7-1）。

$$U=U_i-U_{i-1} \tag{7-1}$$

式中 U_i——第 i 次测量高程；

U_{i-1}——第 $i-1$ 次测量高程；

U——第 i 次沉降值。

4. 净空收敛监测

地下空间工程开挖后，净空收敛也是反映围岩与支护结构力学形态变化的最直接、最明显的参数，通过监测可了解围岩和支护结构的稳定状态。

测点布设与结构拱顶下沉测点布置在同一个断面上。在同一断面内，收敛基线的布设，应根据断面大小选择不同的布置形式，通常情况下可以采用如图 7-4 所示的形式。安装测点时，在被测结构面上用风钻机或冲击钻成孔，孔径 40～80mm，深 20cm，在孔中填塞水泥砂浆后插入收敛预埋件，尽量使两预埋件轴线在基线方向上并使销与孔轴线处于垂直位置，上好保护帽，待砂浆凝固后即可进行监测。

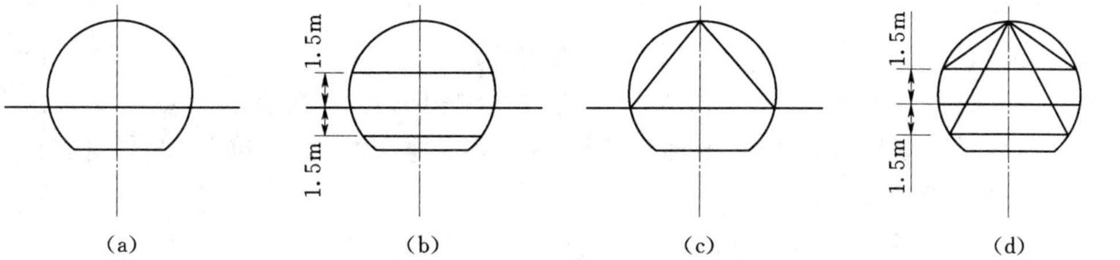

图 7-4 地下隧道收敛基线形式

（a），（c）单线隧道；（b），（d）双线隧道

每次测量时取下测杆保护帽，将收敛计用销子连接于基线两端的测杆上，张紧钢尺读数，重复 3 次读数应在＋0.05mm 之内。

初次测量在钢尺上选择一个适当孔位，将钢尺套在尺架的固定螺杆上。孔位的选择应能使得钢尺张紧时能与百分表（或数显表）顶端接触且读数在 0～25mm 的范围内。拧紧钢尺压紧螺帽，并记下钢尺孔位读数。

再次测量，按前次钢尺孔位，将钢尺在支架的固定螺杆上，按上述相同程序操作，得到测量值 R_n。按式（7-2）计算净空变化值。

$$U_n=R_n-R_0 \tag{7-2}$$

式中 U_n——第 n 次测量的净空变化值；

R_n——第 n 次测量时的测量值；

R_0——初始测量值。

当百分表（或数显表）读数大于 25mm 时，钢尺须另换一个孔位与尺架连接。为了消除钻孔间距的误差，换孔前先测读一次并计算净空变化值，换孔后再测读一次。以后计算净空变化时即以后一次读数为准，再加上换尺时的净空变化值。

当测量间隔期间变形比较大，换孔前不能测读时就按式（7-3）计算净空变化值。

$$U_k=R_k-R_0+A_0-A_k \tag{7-3}$$

式中 A_0——钢尺初始孔位；

A_k——第 k 次测量时钢尺孔位。

首先作出时间-位移及距离-位移散点图，对各监测断面内每条测线分别进行回归分析。并根据收敛监测结果判断支护结构的稳定性。

5. 深层土体位移监测

地下空间工程施工引起的地表沉降很多是由于深层土体位移造成的，如打（压）桩和压密注浆加固地基、基坑开挖时挡土结构底部的位移（踢脚）或围护结构质量问题造成的水土流失以及盾构推进过程中留下的空隙，这些都是引起深层土体位移的重要原因。深层土体位移反映到地表有一个滞后的过程，需要一定的时间。因此，如能及时掌握深层土体的运动，在必要采取适当的施工保护措施，对地下空间工程施工和周围环境安全非常有利，这就是深层土体位移监测的目的所在。

深层土体位移可分为水平位移和垂直位移。深层土体水平位移的监测可通过在土体中钻孔埋设测斜管，使用测斜仪进行监测，详见围护结构水平位移监测；深层土体垂直位移的监测可通过在土体中埋设分层标进行监测。

（1）深层土体水平位移监测。

测斜管埋设如图 7-5 所示。首先在地层中钻孔孔径略大于所选用的测斜管的外径，然后将测斜管封好底盖逐节放入孔内，并同时在测斜管内灌满清水，直至放到预定的标高。测斜管与钻孔之间孔隙内回填细砂或水泥与黏土拌和的材料以固定测斜管，配合比应与地层的物理力学性质相匹配。

（2）深层土体垂直位移（分层沉降）监测。

1）分层沉降标的埋设。分层标可分为磁锤式（测杆式）和磁环式。前者埋设时为一孔一标；后者一孔可埋设多标，磁环数量可视地层分布而定，也可等间距设置。

磁锤式（测杆式）标志的埋设方法是用钻机在预定位置钻孔至欲测土层的标高后，将护筒放入孔内，以防孔壁坍塌，再将标头放入孔底，压入土层内，随后放入测杆（仅测杆式用），并使其底面与标志顶部紧密接触，上部的水准气泡居中，最后用 3 个定位螺丝将测杆在护筒中定位，如图 7-6 所示。

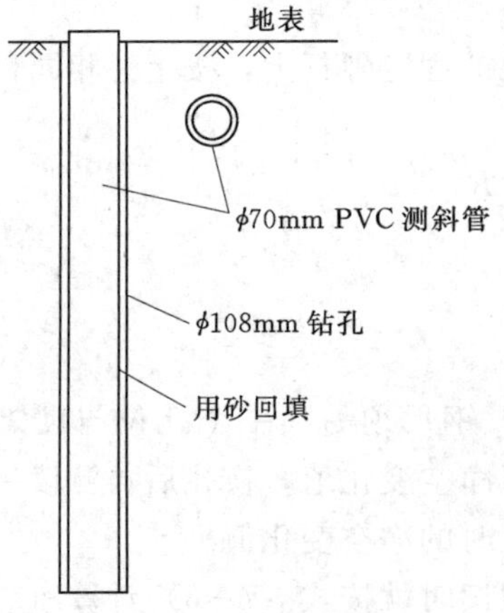

图 7-5 测斜管埋设示意图

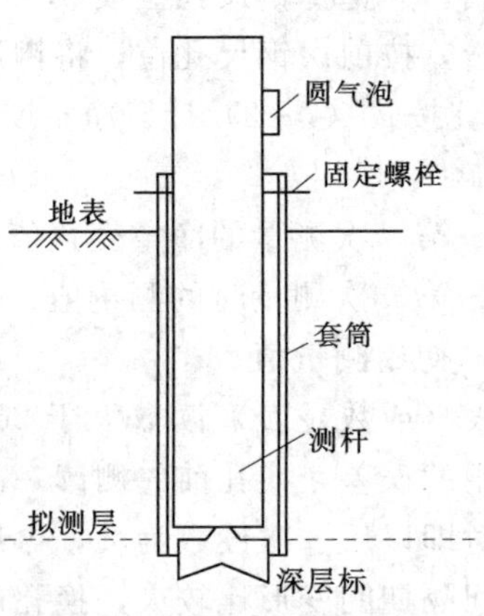

图 7-6 磁锤式埋设示意图

2）监测方法。磁锤式分层标是通过钢尺和水准仪进行监测，如图 7－7 所示。孔内重锤靠底部磁块的吸力与标头紧密接触，孔外重锤利用自重通过滑轮将钢尺拉直，用水准仪监测基准点与分层标之间的高差，计算出深层土体的沉降值，所用钢尺在监测前应进行尺长检定，同时要考虑拉力、尺长、温度变化的影响。

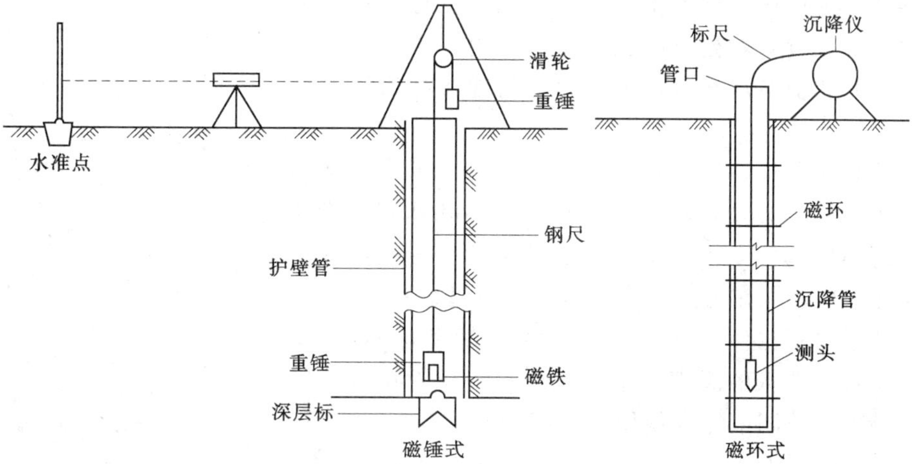

图 7－7　磁锤式分层标测量示意图

测杆式分层标也是采用水准法进行监测，在测杆上竖立水准尺，用水准仪监测高程，计算深层土体沉降。在监测时测杆应保持垂直，水泡居中。

磁环式分层标监测时应先用水准仪测出沉降管的管口高程，然后将分层沉降仪的探头缓缓放入沉降管中，当接收仪发生蜂鸣或指针偏转最大时，就是磁环的位置，自上而下依次逐点测出孔内各磁环至管口的距离，换算出各点的高程。

深层土体垂直位移的初始值应在分层标埋设稳定后进行，一般不少于一周。每次监测应重复进行两次，两次误差值不大于±1.0mm。对于同一个工程，应固定监测仪器和人员，以保证监测精度。

6. 建筑物的监测

在城市地区修建地下空间工程，往往周围有建筑物。为了保证建筑物的安全，在施工过程中需进行建筑物监测，目的是掌握工程施工期间建筑物的变化情况，以便当建筑物变形过大时，及时采取有效的保护加固措施，确保建筑物安全。

建筑物沉降监测水准基点离监测建筑物的最近允许距离见表 7－5。

表 7－5　　根据建筑物性质、层次和用途确定水准基点的位置

建筑物性质	层次	水准基点离观测建筑物的最近容许距离（m）	建筑物性质	层次	水准基点离观测建筑物的最近容许距离（m）
民用建筑	6 层以下	≥40～30	工业厂房	单层厂房	≥40
	10	≥50		单层厂房	≥50
	20	≥60		（有吊车者）	
	30	≥70		单层厂房	≥60
	40	≥80		（有震动基础）	

沉降监测标志（点）应根据建筑物的构造类型和建筑材料确定，一般可分为墙（柱）标志、基础标志和隐蔽式标志（用于宾馆或商场内）。图 7-8 为监测标志的埋设示意图。

7. 支护体系的水平位移监测

支撑系统的水平位移主要是由于支撑杆件平面布置的不对称性和基坑挖土顺序的不同所引起的。支撑节点之间的相对水平位移过大，会引起支撑杆件产生较大的附加弯矩，从而降低其轴向承载力，严重时会引起支撑系统失稳破坏。

支护体系水平位移的监测目的：①及时了解支护结构的最大水平位移，必要时调整基坑开挖顺序和速度，确保基坑和周围环境的安全；②验算支护结构的变形量，反算地层的水土压力；③作为测斜管监测计算的起始依据。

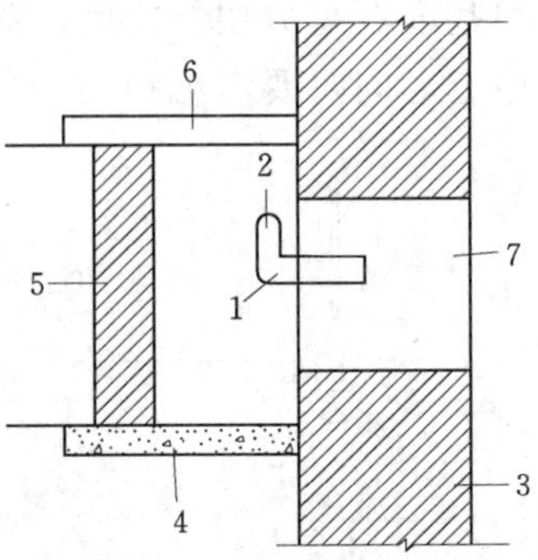

图 7-8 建筑物沉降测点埋设示意图

1—钢筋；2—观测点头部；3—建筑物墙式柱；4—混凝土垫；5—砖砌井壁；6—钢筋混凝土盖板；7—预制混凝土块

支护体系水平位移的监测主要使用全站仪或经纬仪及觇牌，或是带有读数的觇牌，基座都应有光学对中器，以提高对中精度。监测中配合使用的还有带圆水准器的 T 形尺和钢卷尺。仪器上的光学对中器、水准器等应定期检查，发现误差，及时校正。所用的觇牌最好与测点对号使用，以消除误差。

支护结构上的测点可独立埋设，也可利用沉降监测点，在测点端面锯上十字刻痕或凿出中心位置。监测同一条边所用的测点应尽量埋设在一直线上，以便监测。每次监测时应对其基准点和测点进行检查，保证监测数据的稳定可靠。水平位移的监测方法很多，可根据现场情况和工程要求灵活应用。下面介绍几种常用的监测方法。

(1) 直接丈量法。

直接丈量法适用于边长不大于 50m 的小型基坑。基坑开挖前，在监测部位埋设测点，用钢卷尺丈量出位移方向上相关测点的距离，对于无支撑基坑采用悬空法测量，对有支撑的基坑可采用平铺法测量。不论采用哪一种方法，钢尺要用测力计控制拉力，一般为钢尺鉴定时的拉力（49N）并记录测量时的现场气温，对距离进行温度修正。基坑开挖后，再对这些测点之间的距离进行测量，将测量结果与初始值相比较，其差值即为测点间的相对位移，若基坑是对称的，可取其值的 1/2 分别作为测点的位移量。

(2) 视准线法。

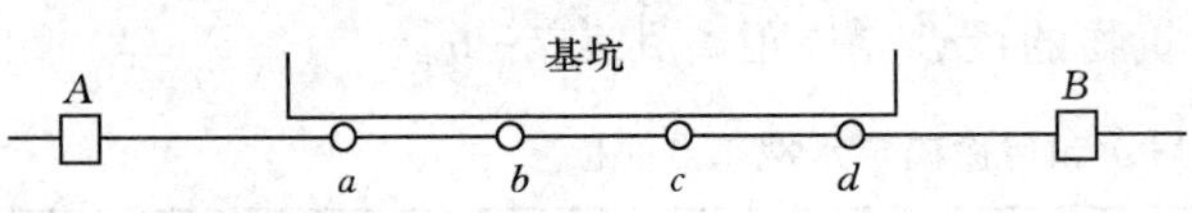

图 7-9 视准线法监测示意图

A、B—基坑两端的工作基点；a、b、c、d—位移监测点

视准线法适用于基坑直线边及直线支撑杆体的水平位移的监测，如图 7-9 所示。场地有条件者，可沿基坑某一测量边向后 2 倍开挖深度距离外设置测站。场地狭小时，可将测站设在基坑围护结构的转角上，所测得的位移值是相对基坑转角处的位移值。当经纬仪架设调平后，在基坑相反方向找一个固定的目标作为后视方向，用带有刻画的读数觇牌或 T 形尺，设置在观测点上，读取数值。一般用经纬仪正倒镜 4 次读数，取中数作为一次观测。初始值要测两遍，以保证无误。以后每次监

测结果与初始值比较，求得测点的水平位移量。

（3）小角度法。

小角度法适用于监测点零乱、不在同一直线上的情况，如图 7－10 所示。在距基坑两倍开挖深度距离的地方，选设测站 A，若测站至监测点 T 的距离为 S，则在不小于 $2S$ 的范围之外，选设后方向点 A'为方便起见，一般可选用建筑物棱边或避雷针等作为固定目标 A，用 J2 级经纬仪测定转角，角度测量的测回数可根据距离 S 及监测点的精度要求而定，一般用 2～4 测回测定，并丈量监测站点 A 至监测点 T 的距离。为保证 β 角初始值的正确性，要测两次。以后每次测定 β 角的变动量按式（7－4）计算 T 的位移量：

$$\Delta T = S \times \Delta\beta / \beta \quad (7-4)$$

$$R = 3600 \times 180 / \pi = 206265$$

式中　ΔT——角的变动量；

β——换算常数；

S——测站至观测点的距离，mm。

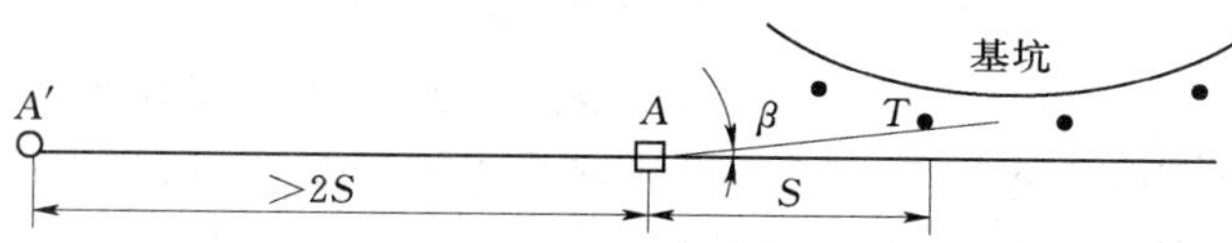

图 7－10　小角度法观测示意图

（4）控制网法。

控制网法适用于要求测出基坑整体绝对位移量的情况。控制网的建立可根据施工现场的通视条件、工程的精度要求，采用角边交会法、基准线法或附合导线法等。各种布网均应考虑图形强度，长短边不宜悬殊。先采用平面控制网求出基坑各角点的位移值，再叠加用前述方法求得各监测点的相对位移值，即是基坑的整体绝对位移值。采用此方法对仪器的精度要求高，监测工作量大，但可求得前述 3 种方法不容易求出的测点绝对位移量。工程中可视需要选用。

8. 围岩压力监测

围岩压力是指地下空间工程开挖引起的应力重分配过程中在初期支护与围岩接触面上产生的压力。围岩压力可分为松弛压力和形变压力。松弛压力是由于岩体内材料的破裂而形成的一定范围之内的松弛岩体荷载。形变压力是由于围岩的变形受到支护的约束，在支护和围岩的共同变形中所产生。围岩压力的确定方法大致分为直接测量法、经验公式法（工程类比法）和理论计算方法。

直接测量法是在围岩代表性的位置埋设压力盒，压力盒布设在围岩与初衬之间，监测围岩压力。在架设钢拱架和格栅拱架时埋设在拱架和围岩之间；压力盒布设在初衬与二衬之间，监测二衬压力，在二衬施作前，埋设在初期支护的表面，如图 7－11 所示。埋设压力盒时，要使压力盒的受压面向着围岩，在施作喷混凝土层时不要使喷混凝土与压力盒之间有间隙，保证围岩与压力盒受压面贴紧。通过分析所测得的围岩压力大小，了解初期支护的受力状态，保证施工安全。

（1）测试原理。

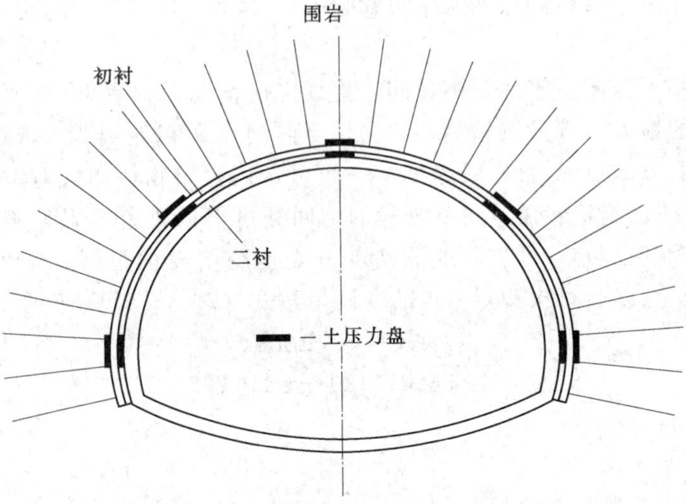

图7-11 围岩压力测点布置示意图

在开挖前进行钻孔或在开挖后在洞室内紧跟开挖面钻孔，在孔中按要求埋设各种类型的应力计、应变计，对围岩应力、应变进行观测。能够及时、较好地掌握围岩内部的受力与变形状态，进而判断围岩的稳定性。在围岩与支护间埋设各种压力盒等传感器，对接触应力进行观测，进而掌握围岩与支护间的共同工作情况、稳定状态及支护的力学性能等。

(2) 测试手段。

1) 围岩应力应变测试。

围岩应力应变的观测方法较多，有电测类型的，也有机械测试类型的。依据工程的具体情况和对监测信息的要求与设备、仪器条件等，决定所采用的监测手段的类型。

钢弦式应变计：把钢弦固定于一管体的两端，管体变化时，钢弦松紧程度随之变化，其钢弦的振动频率亦相应变化，用频率计测其频率值，按标定曲线（或标定系数）即能获得相应的应变值。钢弦的应变与其振动频率有下列关系：

$$f=\frac{l}{2}\sqrt{\frac{E\varepsilon}{\rho}} \tag{7-5}$$

式中 f——钢弦的振动频率；

l——钢弦的长度，m；

E——钢弦的弹性模量，MPa；

ε——钢弦的应变值；

ρ——钢弦的密度，g/cm^3。

2) 接触应力监测。

通常情况下，围岩接触应力是指围岩与支护、或喷层与现浇混凝土间的接触应力的测试。接触应力的量值和分布形态，除了同围岩与支护结构的特性有关外，又与两者间的接触条件有很大关系（如密贴、回填等）。

压力盒埋设，要使压力盒的受压面向着围岩。先用水泥砂浆将压力盒处的围岩（或喷层）抹平，再用水泥砂浆或石膏、支架等把压力盒固定在岩面（或喷层）上，再谨慎施作喷射混凝土层（或模筑混凝土）覆盖，保证围岩（或喷层）与压力盒受压面密贴，不要使喷混凝土与压力盒之间有间隙，压力膜应与所测土压力的方向对应。

根据压力值绘制压应力～时间曲线图，在隧道横断面图上按不同的施工阶段，以一定的比例把压力值点画在各压力盒分布位置，并以连线的形式将各点连接起来，成为隧道围岩压力分布形态图。

7.2.5 现代自动化监测系统

1. 近景摄影测量系统

近景摄影监测的主要问题在于地下空间工程内施工条件下不易实施，而且精度目前尚难达到要求。但随着技术的进步，它仍值得进一步研究探索。

三维隧道影像扫描仪（简称 DIBIT 系统）为可携带式隧道影像记录器，近年来奥地利 ILF 与 TuneiConslt 公司合作开发成功，曾应用于德、奥境内高速铁路隧道施工。采用三维隧道影像扫描仪不仅可全面而并精确地记录隧道开挖面地质与支撑施作结果之影像与几何资料，改善目前本地传统工法中有关监测或记录方法之缺点，而且还可提供隧道开挖高精度资料与建立施工品质资料库，有助于提升国内施工品质控制与工程管理效率。

2. 光纤监测系统

光纤传感器是近几年正在研发的新型传感器，光纤传感器可集信息的传感与传输于一体，与传统的传感器相比它具有很多优势：如防爆、抗电磁干扰、抗腐蚀、耐高温、体积小、重量轻、灵活方便。特别适合在恶劣环境下使用。它克服了电阻应变片的易受电磁干扰、易损坏、寿命短和不能重复使用的缺点。通过此项技术可准确地将地震、不均匀沉降、建筑物的动荷载等带给结构的危害程度，做到实时、长期、直观的监控。

3. 自动全站仪非接触监测系统

全站仪非接触监测系统采用先进全自动全站仪，具有自动目标识别、自动跟踪、无棱镜测距的功能、将全站仪置于固定测站，通过数据线与远处控制室连接，通过控制室电脑发出指令控制全站仪对目标进行监测。该系统具有获取信息及时、监测精度高。其应用如图 7－12 所示。其具有以下优点：

(1) 适应隧道恶劣环境。

图 7－12 全站仪非接触监测洞内监测图

（2）克服了传统接触量测在大跨度隧道中速度慢、误差大等缺点。

（3）自动化程度高，能够实现数据自动采集、观测安全快速。

自动全站仪非接触监测系统在内昆铁路曾家坪隧道首次试验成功，后在磨狗岭隧道、北京城铁14标等多个工程应用，效果良好。

4. 远程监测系统——重要建（构）筑物变形监测

对于一些特殊结构，如：桩基托换过程中的高层建筑物，运营中的地铁线路，交通繁忙的铁路、公路桥梁等，常规监测方法实施的难度特别大，必要时可采用远程监测系统进行监测。

远程监测系统由现场采集系统和远程控制系统两部分组成。将各类传感器埋设在待测结构上，并连接在数据采集仪上，即构成数据采集系统，可在无人值守状态下，实现各类监测数据的自动采集。

数据采集仪为连接远程监控中心及各类监测传感器的中继站，直接控制各类传感器，并将传感器的信号进行编译传输至监测中心。

远程监测中心由主控计算机，通过数据采集仪，控制监测传感器的工作。通过设置参数，可实现高频自动监测，通过强大的数据后处理系统，可实现大量监测数据的实时分析，及时反映监测对象的各类信息，为施工控制提供参考数据。

5. 巴赛特结构收敛系统

巴赛特结构收敛系统可以进行隧道断面变形的连续监测，该系统可安装在隧道典型断面用于监测因结构变形而引起的变形破坏。能够适应隧道交通、防震、水流、温度变化以及电磁辐射环境。

7.2.6 监测数据应用实例

1. 建筑物沉降监测实例

广州地铁二号线某盾构区间建筑物沉降监测。

（1）监测目的。

受盾构隧道施工的影响，周边建筑物将产生不同程度沉降和倾斜，为了确保建筑物的安全，施工过程中需对建筑物进行监测。

（2）监测仪器。

N3精密水准仪，铟钢尺等。

（3）监测实施过程。

1）测点埋设。在地表下沉的纵向和横向影响范围内的建筑物上埋设建筑物沉降及倾斜测点，监测基点的埋设与地表沉降监测相同。

沉降测点埋设，用冲击钻在建筑物的基础或墙上钻孔，然后放入长200～300mm，直径ϕ20～30mm的半圆头弯曲钢筋，四周用水泥砂浆填实。

2）监测方法。与地表沉降监测相同。建筑物沉降及倾斜计算在条件许可的情况下，尽可能布设导线网，以便进行平差处理，提高监测精度。施工前，由监测基点通过水准测量测出建筑物沉降监测点的初始高程H_0在施工过程中测出的高程为H_n，则高差$\Delta H = H_n - H_0$即为建筑物沉降值。

（4）数据分析与处理。

绘制时间-沉降曲线散点图，图 7－13 为 6 号建筑物沉降曲线图。

6 号建筑物为浅基础，且所处地段隧道穿过地层为全化地层，地层软弱、富含地下水，盾构施工对周围建筑物影响较大，建筑物沉降在 20mm 左右，施工时应引起注意。

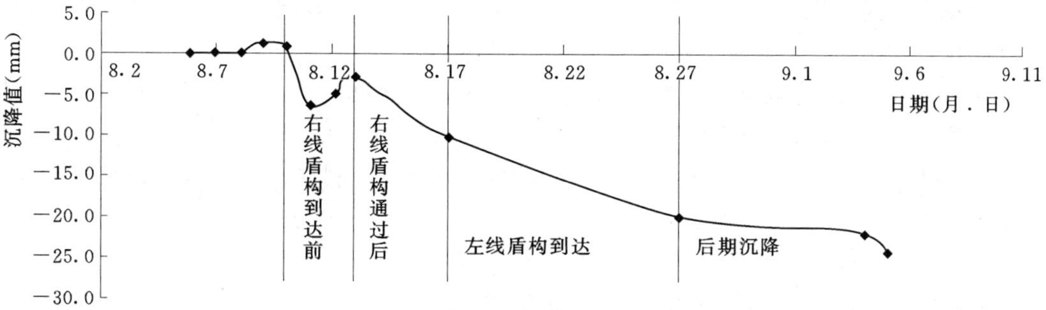

图 7－13　6 号建筑物沉降历时曲线图

2. 拱顶下沉监测实例

广州地铁二号线某车站暗挖工程拱顶下沉监测。

(1) 监测目的。

监测车站支护结构的拱顶位移，了解围岩和支护结构的稳定状态，确保施工安全。

(2) 监测仪器。

苏光 DSZ－2 型精密水准仪及钢挂尺。

(3) 监测实施。

测点埋设。拱顶下沉测点的埋设，先在车站支护结构拱顶中线部位用电钻钻直径 40～50mm 深 200mm 的孔，在孔内填塞满水泥砂浆后插入预埋件并固定牢靠，埋设时应使预埋件轴线垂直拱顶，待砂浆凝固后即可进行测量。施工过程中，要保护测点，使监测数据具有连续性。

(4) 数据分析与处理。

根据监测沉降值绘制沉降历时曲线，如图 7－14 所示。

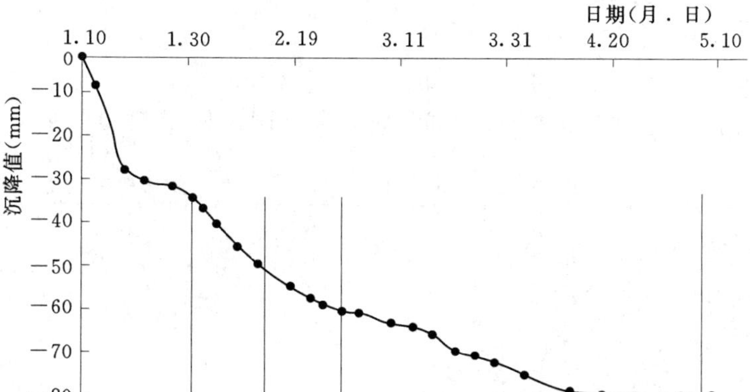

图 7－14　车站支护结构某测点拱顶下沉曲线图

由图 7－14 可知：

1）Ⅳ部通过测点时，沉降速率明显加大，随后逐渐减小。

2）由各阶段沉降统计可知Ⅰ部开挖阶段的沉降占总沉降值的 40%左右。Ⅱ部与Ⅲ部的沉降量大致相同，累计占总沉降值的 40%左右。Ⅳ部开挖影响最小，与后期沉降的和占总沉降的 20%左右。

3）从上述测点沉降规律看，在 CRD 法施工中，为有效控制隧道开挖引起的支护结构的下沉，进而有效地控制地表沉降，关键在于控制Ⅰ部开挖的影响。因此，控制Ⅰ部开挖长度、初支结构尽快闭合、加强初支背后的回填注浆等是控制支护结构沉降的有效手段。

3. 隧道净空收敛监测实例

（1）监测目的。

通过隧道净空收敛监测，可直接了解围岩和支护结构的稳定状态，并进行施工安全状态评估。

（2）监测仪器。

SD－1A 型数显式收敛计。

（3）监测实施过程。

测点埋设。在被测结构面用风钻机或冲击钻人工钻孔，孔径 40～80mm，深 20cm，在孔中填塞水泥砂浆后插入收敛预埋件，尽量使两预埋件轴线在基线方向上并使销孔轴线处于垂直位置，上好保护帽，待砂浆凝固后即可进行监测。

（4）收敛测量与计算。

1）初次测量在钢尺上选择一个适当孔位，将钢尺套在尺架的固定螺杆上。孔位的选择应使钢尺张紧时能与百分表（或数显表）顶端接触且读数在 0～25mm 的范围内。拧紧钢尺压紧螺帽，并记下钢尺孔位读数。

2）再次测量，按前次钢尺孔位，将钢尺套在支架的固定螺杆上，按上述相同程序操作，得到监测值 R_n。按下式计算净空变化值。

$$U_n = R_n - R_{n-1} \tag{7-6}$$

式中 U_n——第 n 次测量的净空变形值；

R_n——第 n 次测量时的净空变形值；

R_{n-1}——第 $n-1$ 次测量时净空变形值。

3）数据的分析与处理。首先作出时间-收敛散点图，如图 7－15 所示。

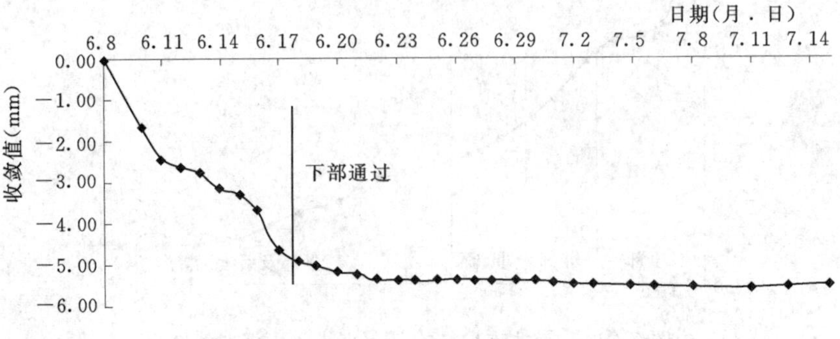

图 7－15 GC43 测点收敛-时间曲线图

从图7-20中可看出：下部通过测点，结构封闭成环后变形曲线也趋于缓和，支护结构趋于稳定，其变形量约为整个变形量的2/3。因此在开挖过程中需要及时封闭，尽量缩短台阶长度。

7.3 施工监控信息反馈技术

7.3.1 信息反馈的目的

在城市地下空间工程中，为保证地下空间工程施工及周边环境安全，需要建立一套严密、科学的监测体系，在施工过程中对地下空间工程及周边环境进行监测，分析、判断、预测施工中可能出现的情况，并采取相应的技术措施，将施工对周围环境的影响降低到最小程度，即通常所说的信息化设计与施工。其核心内容是监测与信息反馈，监测在前面已有介绍，信息反馈的主要目的如下。

（1）将监测所得到的围岩及支护结构稳定状况及时提供给设计与施工单位，以便采取有效措施确保地下空间工程施工安全。

（2）根据监测所得到的施工对周边建（构）筑物、地下管线影响程度，制定合理的保护措施。

（3）为设计与施工、监理单位提供沟通渠道，以确保信息化设计与施工的效果。

（4）为信息化设计与施工积累资料，提高地下空间工程的设计和施工水平。

7.3.2 信息反馈的内容

地下空间工程施工期间通过监测取得的大量围岩与支护结构的位移、支护结构内力、周边建筑物变形等信息及时反馈到设计与施工单位，进行信息化设计与施工非常重要，有很大的工程应用价值。在地下空间工程施工中，需要进行反馈分析的内容很广，实际应用时，可根据工程具体要求有选择地进行反馈分析工作。

1. 对设计的反馈内容

（1）通过对监测资料的反分析，修正设计用围岩物理力学参数。

（2）通过对监测资料的反分析，修正设计用地应力、渗水压力、围岩压力等基本荷载。

（3）通过对围岩和支护结构的位移、应力、应变、地表及周边建筑物位移等监测，修正设计用变形控制基准、安全监测方法和监控判据指标。

（4）在上述修正基础上调整支护结构参数，即进行信息化设计。

2. 对施工的反馈内容

在施工过程中，通过对监测结果的分析判断，及时调整施工方案，必要时增加辅助施工措施以确保施工的安全性和经济性。

（1）浅埋暗挖法施工。通过对监测结果的分析判断，及时调整施工方案，在围岩及支护结构位移、支护结构应力、周边建筑物变形等数值较小时，可简化施工方案以减少施工程序，加快施工进度，降低工程造价；在围岩及支护结构位移、支护结构应力、周边建筑物变形等数值较大时，应调整施工方案直至增加辅助施工措施，以确保工程及周边环境的安全。

（2）明挖基坑工程施工。通过对监测结果的分析判断，及时调整施工方案，在围岩及支护（围护）结构位移、支撑结构内力、周边建筑物变形等数值较小时，可简化施工方案以减少施工程序，加快施工进度，降低工程造价；在围岩及支护（围护）结构位移、支撑结构内力、周边建筑物变形等数值较大时，应调整施工方案直至增加辅助施工措施，以确保工程及周边环境的安全。

（3）盾构工程施工。通过对监测结果的分析判断，及时调整施工方案，周边建筑物变形、地表沉降等数值较小时，可简化推进方案以加快施工进度，降低工程造价；在地表沉降、周边建筑物变形等数值较大时，应调整推进方案直至增加辅助施工措施以确保工程及周边环境的安全。

7.3.3 监测数据的处理方法

下面根据实际使用过程中常用的回归分析方法进行简单叙述。

1. 非线性回归分析法

根据不同工程的具体情况，也可将通过计算求得监测间隔时间、累计监测时间、监测位移值、累计位移值、当日位移速率、平均位移速率等列成表格并绘制成相应的与时间关系曲线。

根据围岩（支护结构）位移-时间曲线，找出不同时刻围岩（支护结构）的位移值和位移发展趋势，预测围岩与支护结构可能出现的位移最大值，进而判断其安全性和是否侵入净空。同时对位移速率进行分析，判断围岩与支护结构的稳定性和支护结构的可靠性。

由于偶然误差的影响使监测数据具有离散性，根据实测数据绘制的位移随时间而变化的散点图出现上下波动，很不规则难以据此进行分析，必须应用数学方法对监测所得的数据进行回归分析，找出位移随时间变化的规律，为优化设计并指导施工提供科学依据。

回归分析时应注意以下几点：

（1）回归分析要有足够多的数据，一般应在连续测试 1 个月以后进行。

（2）实际发生位移的时间 t_0 都在埋设测点前（地表沉降除外），t_0 是未知的，应考虑 t_0 的影响，使函数拟合得更真实。

（3）实际回归分析时，还应考虑爆破开挖造成的位移突变台阶的影响。

1）首先绘制时间-位移曲线散点图和距离-位移曲线散点图，如图 7-16 所示。

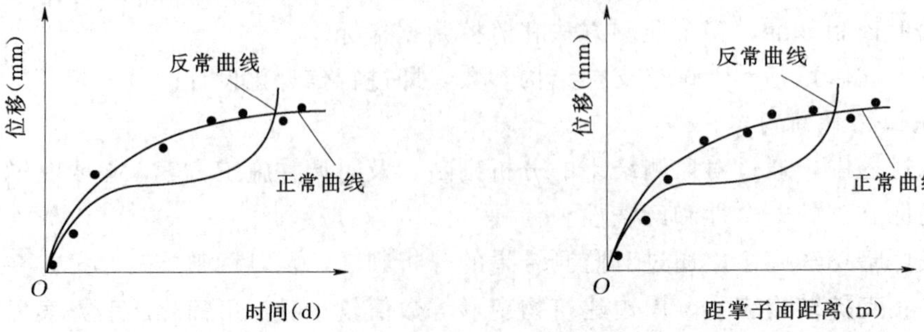

图 7-16 时间（距离）-位移曲线图

2）其次，当位移-时间曲线趋于平缓时，可选取合适的函数形式进行回归分析。

3）图7－16中所示正常曲线，是位移的变化随时间和距掌子面距离向前推进而渐趋稳定，说明围岩处于稳定状态，支护系统是有效、可靠的；如图7－16中所示的反常曲线中出现了反弯点，说明位移出现反常的急剧增长现象，表明围岩和支护结构已呈不稳定状态，应立即采取相应措施，并加强监测频率，以确保安全。

2. 常用的回归函数

（1）地表横向沉降回归系数。

在统计分析大量不同类型地下空间工程施工引起的地表沉降实测资料基础上，Peck在1969年提出了地层损失的概念，即在不考虑土体排水固结和蠕变的条件下，得出了一系列与地层有关的沉降槽宽度的近似值回归模型，即Peck公式：

$$S(x)=S_{\max}e^{-\frac{x^2}{2i^2}} \tag{7-7}$$

$$S_{\max}=\frac{V_1}{\sqrt{2\pi}i}$$

$$i=\frac{H}{\sqrt{2\pi}\tan\left(45°-\frac{\varphi}{2}\right)}$$

式中　$S(x)$——距隧道中线x处的沉降值，mm；

$S_{\max}$——隧道中线处最大沉降值；

V_1——隧道单位长度地层损失，m^3/m；

i——沉降曲线变曲点；

H——隧道埋深。

（2）位移历时回归方程。

对地表沉降、拱顶下沉、净空收敛等变形的历时曲线一般采用如下函数进行回归：

指数模型：

$$y=ae^{-\frac{b}{t}} \tag{7-8}$$

对数模型：

$$y=a\lg(1+t) \tag{7-9}$$

双曲线模型：

$$y=\frac{t}{a+bt} \tag{7-10}$$

式中　t——监测时间；

a、b——回归系数。

（3）沉降历程回归方程。

由于地下空间工程开挖过程中地表纵向沉降、拱顶下沉及净空收敛等位移受掌子面的时空效应的影响，采用单个曲线进行回归时不能全面反映沉降历程，通常采用以拐点为对称的两条分段指数函数式或指数函数式进行近似回归分析。

$$S=A\left[1-e^{-B(x-x_0)}\right]+U_0\quad(x>x_0) \tag{7-11}$$

$$S=-A\left[1-e^{-B(x-x_0)}\right]+U_0\quad(x\leqslant x_0) \tag{7-12}$$

$$S=A\left(1-e^{-Bx}\right)\ (x\geqslant 0) \tag{7-13}$$

式中 A、B——回归参数；

x——距开挖面的距离；

S——距开挖面 x 处的地表沉降；

x_0——拐点 x 轴坐标值；

U_0——拐点 x_0 处的沉降值。

7.3.4 信息反馈

1. 信息反馈程序

监测数据反馈指导设计与施工是指在地下空间工程施工过程中，根据施工信息，对施工前预设计所确定的结构形式、支护参数、施工方法、施工工艺以及各工序施作的时间等的检验和修正，贯穿于整个施工全过程。

地下空间工程监测及信息反馈因施工方法不同，如浅埋暗挖法、盾构法、明挖法等，其反馈的内容和方法存在差别。但其基本思想源于新奥地利隧道设计施工方法（简称新奥法）的基本原理：根据经验初步选定设计参数，在施工过程中通过监测地下空间工程净空收敛位移等数据，以判断地下空间工程围岩的稳定性及支护对围岩的加固效果，并据以修正结构的组成及有关参数。

2. 信息反馈方法

信息反馈方法有参数控制法、收敛限制法、工程类比法、有限元法、反分析法等。这里介绍参数控制法。

地下空间工程施工经过长期的实践，逐步认识到地下空间工程周边位移以及浅埋地下空间工程的地表沉降是可以监测到并可以控制的是围岩-支护系统力学形态最直接、最明显的反应。基于以上认识，围岩稳定的判据都是以周边允许收敛数量和允许收敛速度等形式给出的。作为评价施工、判断地下空间工程稳定性的主要依据，围岩稳定的判据同时还要参考围岩压力等监测数据。对于城市地铁等浅埋地下空间工程，同时可以采用地表沉降作为判断围岩（地层）稳定的主要依据。城市地下空间工程在施工前，根据周边环境条件制定地表沉降、周边净空收敛等参数的控制值，作为判断围岩或地层稳定的标准和进行施工反馈的依据。

（1）根据位移判别围岩稳定与否，据此作出增强或减弱支护参数的对策。

位移变化速率是判断地层和结构稳定性的重要指标，如图 7-17 所示，曲线 1 位移变化速率不断下降，最后趋于稳定，围岩是稳定的；曲线 2 位移变化速率大，而且收敛很慢，则应加强支护，若曲线一直发展，斜率没有下降趋势则已出现危险征兆，应采取紧急而特殊措施；曲线 3 是地层失稳标志，施工单位应立即处理以免造成塌方，处理的同时要报各有关单位速到现场研究、决策。

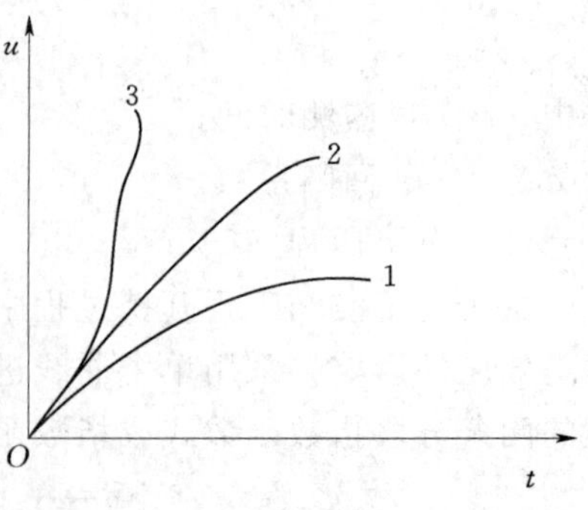

图 7-17 典型位移变化曲线

（2）根据地表沉降监测反映的地层变形规律，采取相应施工对策，确保地层安全稳定。

浅埋隧道在施工过程中，对周围所产生的变形非常明显，距开挖面前一倍洞径开始产生先向上后向下的变形，反映到地表的下沉更为明显，如当拱脚钢支撑处理不当，背后充填注浆不及时、不认真时，地表在8～24h后会发生明显的下沉。所以用浅埋暗挖法施工时，必须把地表下沉和拱顶下沉的监测列入很重要的地位，并且在地表埋设测点进行监测。从控制地表沉降的角度出发，对前方围岩进行预加固是必要的。

（3）根据监测数据确定二次衬砌施作时间。

对采用浅埋暗挖法修建的地下空间工程，一般规定在初期支护基本稳定后，开始施作二次衬砌。这里的“基本稳定”通常是指支护所受的压力不再增加，围岩的位移值基本上不再变化。因此，可以用位移或接触应力这两项测试结果来控制，试验证明地下空间工程周边点的径向位移速度V_h：$V_h=0.1$mm/d（跨度大于10m时）；$V_h=0.2$mm/d（跨度小于或等于10m时）。

地下空间工程支护结构的接触应力变化速度$V_p<5.0$Pa/d，初期支护是基本稳定的。通常在现场施工中，以采用较为简易的位移测试为主。对浅埋城市地下空间工程必须同时考虑地表沉降是否稳定，多数情况下地表沉降是控制因素。

如果地下空间工程施工中出现上述测试结果长时间不能达到“基本稳定”时，说明初期支护的强度不够。应采取以下办法补救：

1）对初期支护进行加强，如果是喷锚支护，可以挂网加厚喷层、增加锚杆数量和长度（尤其是在变形大的部位）、增设临时仰拱、增加钢架支撑等。同时应暂停掘进作业。

2）立即施作薄形钢筋混凝土套拱，该套拱可以作为今后二次衬砌的一部分，尽快施工二次衬砌。

3）改变施工方法、调整施工工序、台阶长度缩短、开挖进尺及其他应急技术措施等。

本章思考题

1. 为什么要进行城市地下空间工程监测？
2. 明（盖）挖法、矿山法、盾构法必测项目有哪些？
3. 什么叫围岩压力？它的测试原理是什么？
4. 施工监控信息反馈的目的是什么？对设计和施工的反馈内容分别包含哪些方面？
5. 搜集最新的城市地下空间工程监测方法资料，并谈谈你对它们的看法。

第8章　城市地下工程施工设备

8.1　概述

第6章对城市地下工程施工方法进行了介绍，地下工程施工方法多种多样，根据目前的技术条件与设备，地下工程采用的开挖方式有明挖法、暗挖法以及一些特殊方法。明挖法施工简单、方便，地层表面附件（浅层）的地下工程多采用明挖法修建。暗挖法是在地层下面进行施工，是一项综合性较强的技术。为了将施工方法付诸实际，需要借助不同的施工设备。由于地下空间施工方法的选择受到建筑场地环境，工程地质与水文条件，结构物的埋置深度，施工设备的性能等因素制约，因此了解地下工程施工设备对地下工程设计、施工、管理等方面具有十分重要的意义。

8.2　明挖法主要设备

8.2.1　挖槽设备

地下连续墙在建筑深基坑施工、地铁施工中被经常使用，而成槽机具是地下连续墙施工的主要设备。由于地质条件变化很多，目前还没有能适用于所有地质条件的万能成槽机。因此，根据不同的土质条件和现场情况，选择不同的成槽机是极为重要的。目前使用的成槽机，按成槽机理可分为抓斗式、回旋式和冲击式3种。

1. 抓斗式成槽机

抓斗式成槽机，以其斗齿切削土体，将土渣收容在斗内，开斗放出土渣，再返回到挖土位置，重复往返动作，即可完成挖槽作业，这种机械是最简单的成槽机。

图8-1为钢索抓斗挖槽机的挖土过程图：图（a）为放松1号、2号钢索，使抓斗呈下沉张开状；图（b）为防松1号索收紧2号索，使抓斗呈抓土状；图（c）为收紧1号、2号索，使抓斗呈闭合提升状；图（d）为吃土轨迹。目前针对钢索式抓斗挖土效率不高的弊端，以液压操纵抓斗，大大提高了抓斗的切土力，从而提高了成槽效率。

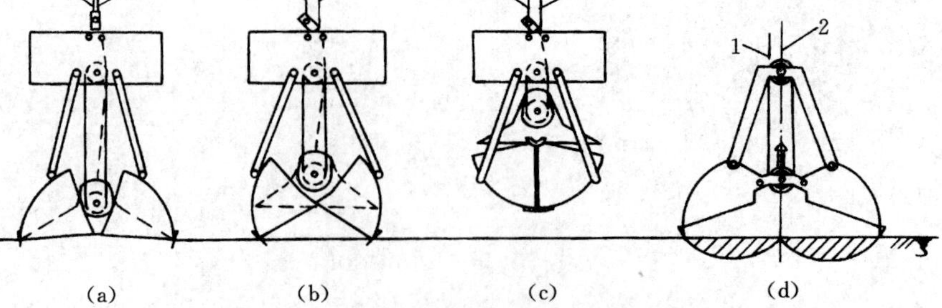

图8-1　钢索抓斗挖土机的抓图过程

2. 回转式成槽机

以回转的钻头切削土体进行挖掘，钻下的土渣随循环的泥浆排出地面。按钻头数目来分，有单头钻和多头钻之分，单头钻主要来钻导孔，多头钻多用来挖槽。

多头钻又称为BW钻机，我国设计和制造了SF型多头钻，如图8-2所示，这种多头钻是一种采用动力下放，泥浆反循环排渣，电子测斜纠偏和自动控制钻进成槽的机械，故具有一定的先进性。

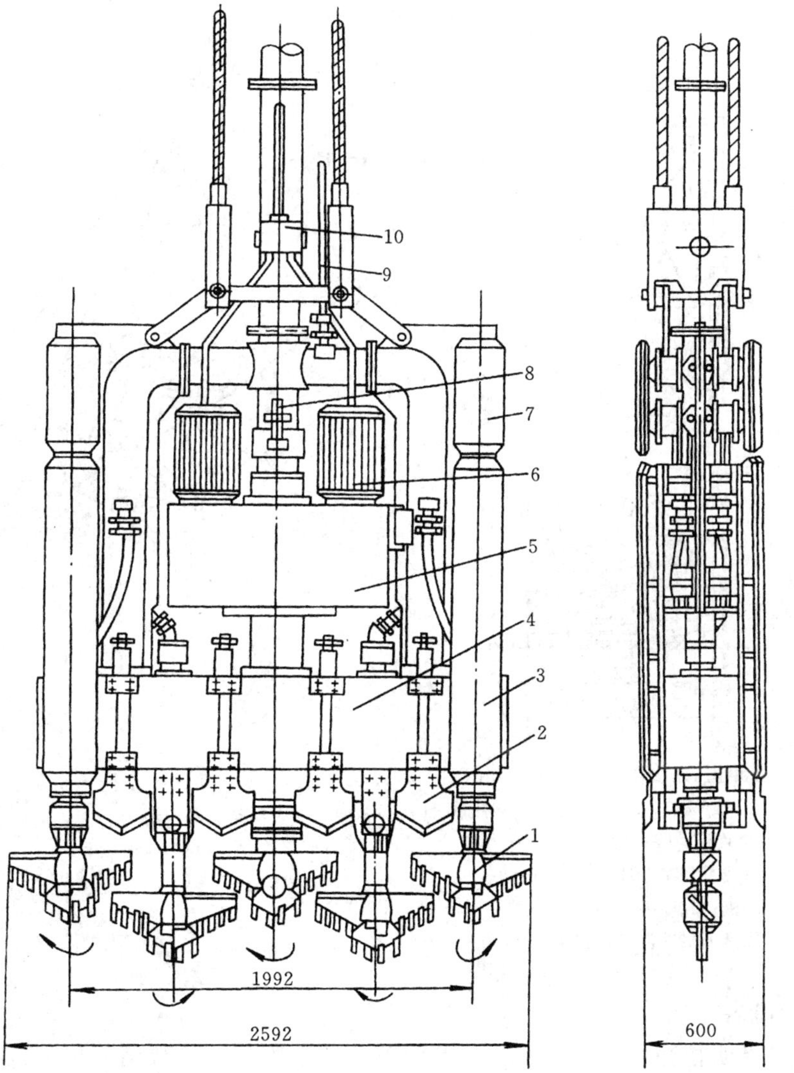

图8-2　SF型多头钻的钻头

1—砖头；2—铡刀；3—导板；4—齿轮箱；5—减速器；6—潜水钻机；
7—纠偏装置；8—高压进气管；9—泥浆管；10—电缆接头

回转式成槽机的排土方式一般均为反循环形式，排泥泵为潜水式，功率较高，钻机用钢索吊住，边排泥边下放，泵的能力可以选择，大的可以将卵石，漂石吸出，其挖槽的速度极快。与其他挖槽机相比，这类设备的机械化程度较高，维修保养要求比较高，并要有熟练的技术。

3. 冲击式成槽机

冲击式成槽机有各种形状的钻头，通过上下运动或变换运动方向，冲击破碎地基土，借助泥浆循环把土渣带出槽外，如图 8－3 所示。

冲击钻机是依靠钻头的冲击力破碎地基土，所以该设备不仅对一般土层适用，而且对卵石，砾石，岩层等地基亦适用。另外，由于钻头的上下运动保持垂直，所以挖槽精度亦可保证。

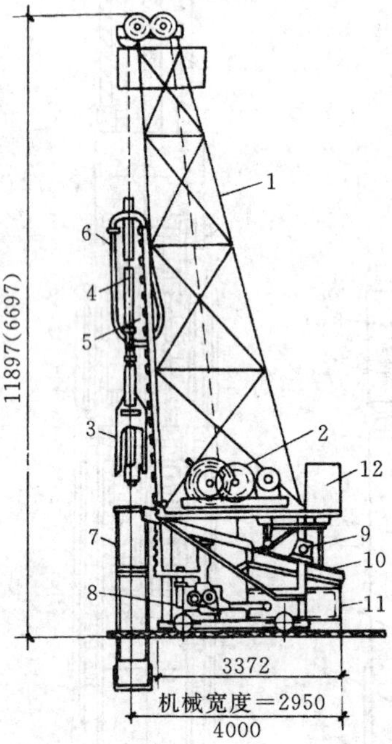

图 8－3　冲击式挖槽机（单位：mm）

1—机架；2—卷扬机；3—钻头；4—钻杆；5—中间输浆管；6—输浆软管；7—导向软管；8—泥浆循环泵；9—振动筛电动机；10—振动筛；11—泥浆槽；12—泥浆搅拌机

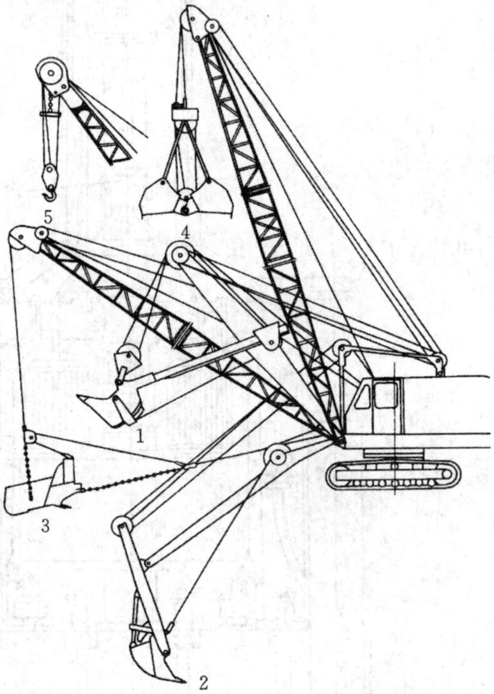

图 8－4　机械单斗挖土机类型

1—正向铲；2—反向铲；3—拉铲；4—抓铲；5—起重

8.2.2　挖土设备

挖土设备是明挖法中常见的工具，其中单斗挖土机是一种常用的挖土机械，常用于基坑开挖。按其动力装置可分为机械单斗挖土机和液压单斗挖土机如图 8－4、图 8－5 所示。其工作装置可以拆换，互相改装。此外，这种挖土机还可以改装成起重机，打桩架等，在建筑工程中广泛应用。

1. 正向铲挖土机

正向铲挖土机是开挖停机平面以上的土。它的工作装置由下列主要部分组成，如图 8 -6 所示。

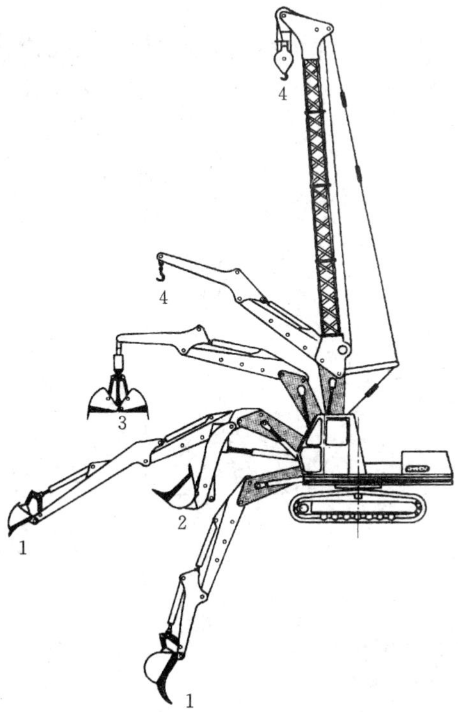

图 8-5 液压单斗挖土机类型

1—反向铲；2—正向铲或装载；3—抓铲；4—起重

（1）支杆是用来支撑斗柄和保证挖土或卸土时所需纵向行程，它的下端铰接于转台上，头部装有起升滑轮和保持动臂倾斜度的滑轮组，在中部装有推压轴，以保证斗柄的往复运动，动臂倾斜角为45°与60°。

（2）斗柄是用来安装并伸缩土斗。以便挖掘土方，它利用柄座与支杆相连，斗柄能沿柄座的导轨作往复运动，同时还可以柄座的铰接为中心在垂直中移动。

（3）土斗是直接用来挖掘土方和运送土方的工具，上口敞开，斗底可以开启以卸土，用以切土的豆齿是用锰钢制成的，强度很高。

在挖土时，斗柄和土斗是从上到下作强制运动，使其强迫压至工作面挖土。正向铲挖土机的主要特点为：

1）斗柄固定在动臂的中间。

2）斗柄和土斗具有进退运动和旋转运动。

3）依靠斗柄作离开机身的向上运动来挖掘土方。

4）在工作循环中，支杆的斜角不变。

根据正向铲挖土机工作装置具有强制性和较大灵活性，因此可开挖较坚硬的土。正向铲可开挖大型基坑，还可以装卸颗粒材。由于正向铲挖土机是开挖停机平面以上的土，在开挖基坑时要通过坡道下坑开挖，停机平面要求干燥，故要求挖土前做好基坑排水工作。

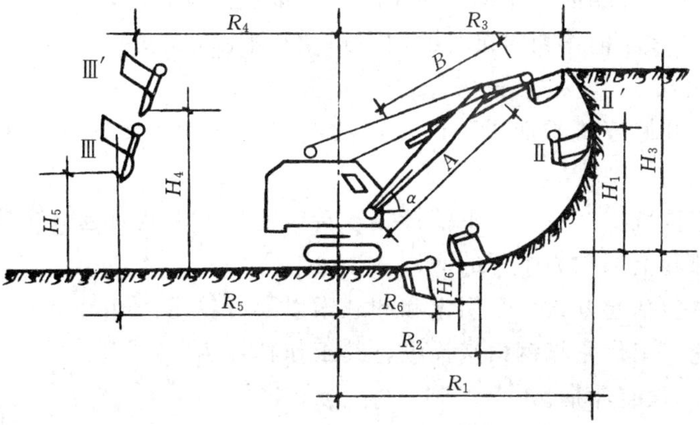

图 8-6 正向铲工作装置与工作参数

R_1—最大挖土半径；R_2—停机平面上最大挖土半径；R_3—最大挖土高度的挖土半径；R_4—最大卸土高度时卸土半径；R_5—最大卸土半径；R_6—停机平面以下切土半径；H_1—最大挖土半径时挖土高度；H_3—最大挖土高度；H_4—最大卸土高度；H_5—最大卸土半径时的卸土高度；H_6—停机平面以下挖土高度；A—支杆长度；B—斗柄长度；α—支杆倾角

2. 反向铲挖土机

反向挖土机是用来开挖停机平面以下的土，因此，挖土机在基坑上面工作。它的工作装置也有支杆，斗柄，土斗等部分组成。如图 8-7 所示。

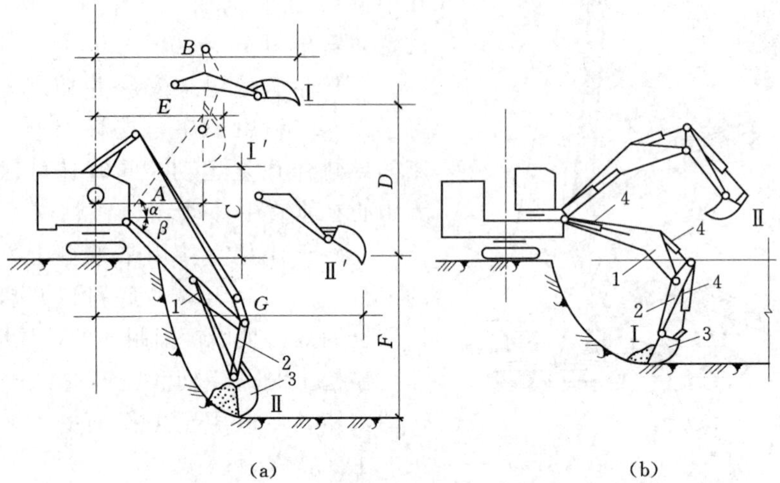

图 8-7 反向铲工作装置与工作参数

(a) 钢索传到反向铲；(b) 液压传动反向铲

1—支杆；2—斗柄；3—土斗；4—液压缸；*A*—开始卸土半径；*B*—最终卸土半径；*C*—开始卸土高度；*D*—最终卸土高度；*E*—往运输工具卸土半径；*F*—最大挖土深度；*G*—最大挖土半径；α—支杆倾斜度 $\alpha=45°$或 $60°$；$\beta=45°$或 $30°$

(1) 支杆下端铰接于回转台上，上端和中部有滑轮和滑轮组。

(2) 斗柄是一种不等臂的杠杆，用铰固定在动臂上端，只能做前后转动。

(3) 土斗，刚接于斗柄前端，斗上装有牵引滑轮组。

反向铲的工作特点为：

1) 斗柄固定在动臂端部，斗柄只能相对于铰接点做旋转运动。

2) 挖土工作依靠斗柄作朝向机身的向下运动和不断地改变动臂倾角来实现。

3. 索铲挖土机

索铲挖土机是开挖停机平面以下的土，其工作装置包括支杆，土斗，工作钢索等组成，如图 8-8 所示。

(1) 支杆和起重机支杆一样，下端铰接于转台上，上端装有起升支杆的滑轮组。

(2) 土斗前部和上部均为敞开的。

(3) 工作钢索包括起升索，牵引索和卸载索以及滑轮组。

索铲挖土机挖土工作是靠钢索来操纵，其工作特点为：

1) 支杆轻便，没有斗柄。

2) 土斗用钢索悬挂在动臂上，挖土时，土斗作朝向机身的运动，在工作循环中支杆的倾斜角不变。

索铲挖土机可以开挖大型基坑和沟渠，因土斗工作时强制力较差，只能开挖软土，配合简易的排水方法即可开挖湿土。索铲挖土机与反向铲挖机比较，它的挖土和卸土半径较大，但开挖的基坑精确性较差，因为操纵悬挂在钢索上的土斗困难较大。

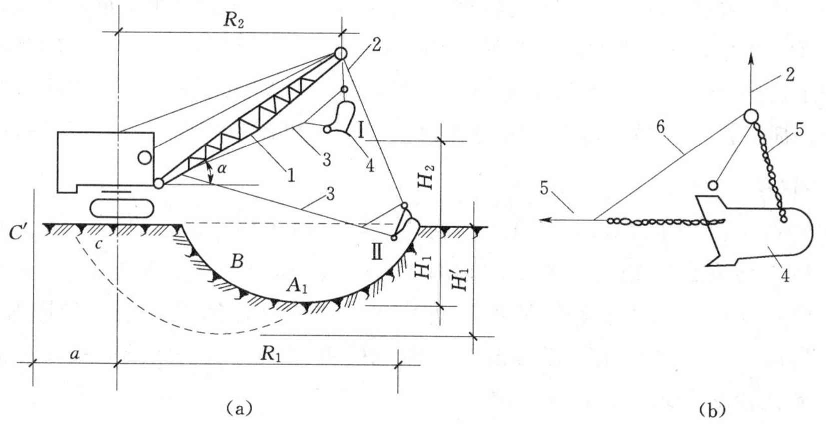

图 8-8　索铲挖土机工作装置与工作参数

(a) 钢索传动反向铲；(b) 液压传动反向铲

1—支杆；2—起重索；3—牵引索；4—土斗；5—链条；6—卸载索；R_1—最大切土半径；

R_2—最大卸土半径；H_1—土斗落点在地面的挖掘深度；H_2—最大卸土高度；

H_1'—挖土机后移距离；a—土斗落点在 A_1 点时的挖土高度；α—支杆倾角；

R_1-R_2—土斗抛土后增加的距离

4. 合瓣式挖土机

合瓣式挖土机又称蟹斗或抓斗挖土机，它的工作装置由抓斗，工作钢索与支杆组成，如图 8-9 所示。

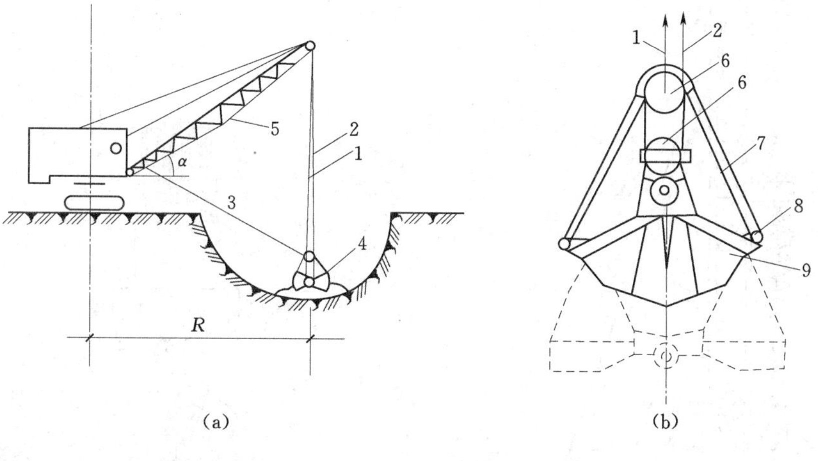

图 8-9　合瓣（抓斗）挖土机工作装置

(a) 抓斗挖土与卸土；(b) 抓斗结构

1—起升索；2—闭合索；3—稳定索；4—土斗；5—支杆；6—滑轮；

7—拉杆；8—绞；9—合瓣

(1) 由两个夹板组成的抓斗，它靠起升索和闭合索悬在支杆上，抓斗可在起升高度范围中的任何位置开闭其颚板。

(2) 工作钢索由起升索，闭合索和稳定索组成，稳定索是用来稳定土斗不移动。

(3) 支杆铰接于转台。

抓斗挖土机的特点是：抓斗起升索和闭合索可以独立工作，也可以同步工作。抓斗可以在基坑内任何位置上挖掘土方，并可以在任何高度卸土。在工作循环中，支杆的倾斜角不变。

抓斗挖土机用于开挖土坡较陡的基坑，可以挖土，黏质粉土或水下淤泥等。当基坑需要水下开挖时，抓斗挖土机最为适合，而且可以装在简易机械上工作，故在工程中广泛使用。

8.2.3 旋挖钻机

旋转钻机是大口径桩基础工程的高端成孔设备，由于该设备具有机、电、液一体化的高度集中、装机功率大、输出扭矩大、轴向压力大、机动灵活、施工效率高、成孔质量好、地层适应性强和环保性能好等特点，使其在灌注桩、连续墙、基础加固等市政建设、公路桥梁、高层建筑的基础施工工程的钻孔灌注桩工程中得到了广泛应用，成为适合建筑基础工程中成孔作业最理想的施工设备。

旋转钻机是一种非挤土的开挖方式，目前螺旋钻孔是一种常见的旋挖钻机，如图 8-10 所示。螺旋钻机由主机、滑轮、螺旋钻杆、钻头、滑动支架和出土装置等组成。主要利用螺旋钻头切削土壤，被切的土块随钻头旋转，并沿螺旋叶片上升而被推出孔外。该类钻机结构简单，使用可靠，成孔作业效率高，质量好，无震动，无噪声，适用于均质黏性土，并能较快穿透砂层。

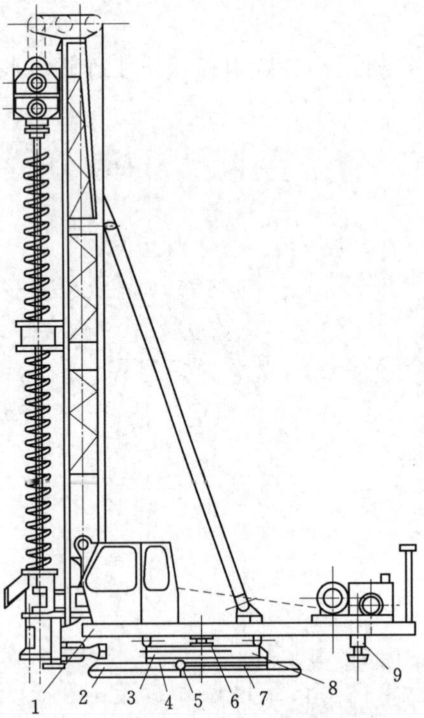

图 8-10 步履式全螺旋钻孔机

1—上盘；2—下盘；3—回转滚轮；4—行车滚轮；5—钢滑轮；6—回转中心；7—行车油缸；8—中盘；9—支盘

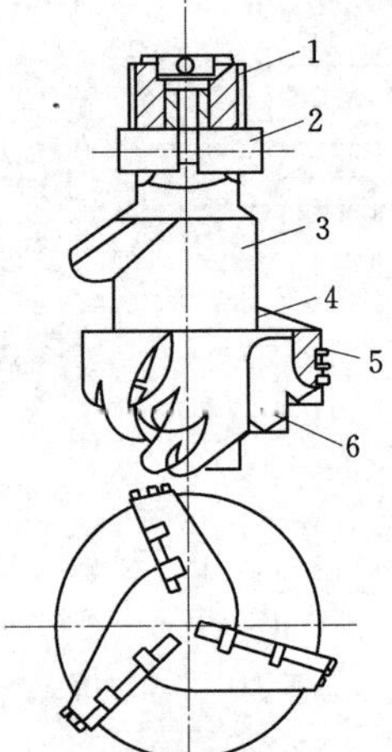

图 8-11 螺旋钻头

1—定位器；2—销子；3—钻头体；4—螺旋带；5—切削具；6—叶片

钻头是旋挖钻机的主要部件，其类型有多种，一般常用的类型如图 8-11、图 8-12 所示。

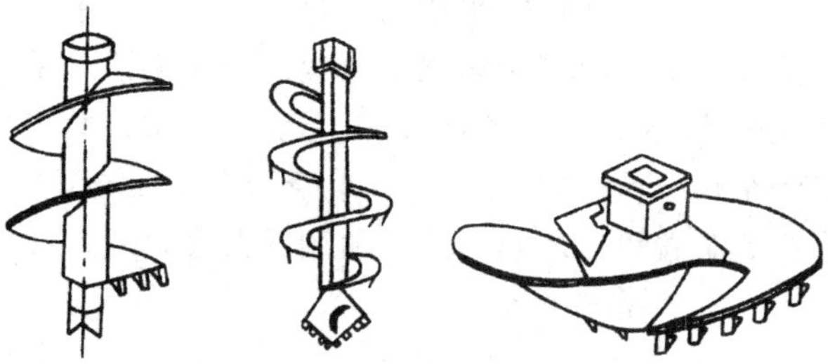

图 8-12 大直径螺旋钻头结构形式

(a) 单侧螺旋叶片钻头；(b) 阶梯螺旋钻头；(c) 平缓螺旋钻头；
(d) 基岩凿岩螺旋钻头；(e) 漂石中钻进用螺旋钻头

8.3 钻爆法施工设备

8.3.1 凿岩台车

1. 用途与分类

凿岩台车是支撑凿岩机并能完成凿岩作业所需的推进、移位等运动的移动式凿岩机械。为了提高隧道开挖效率，将数台凿岩机支架安装在同一台车上，可以同时进行多个钻眼工序。图 8-13 是一凿岩台车的侧视图。

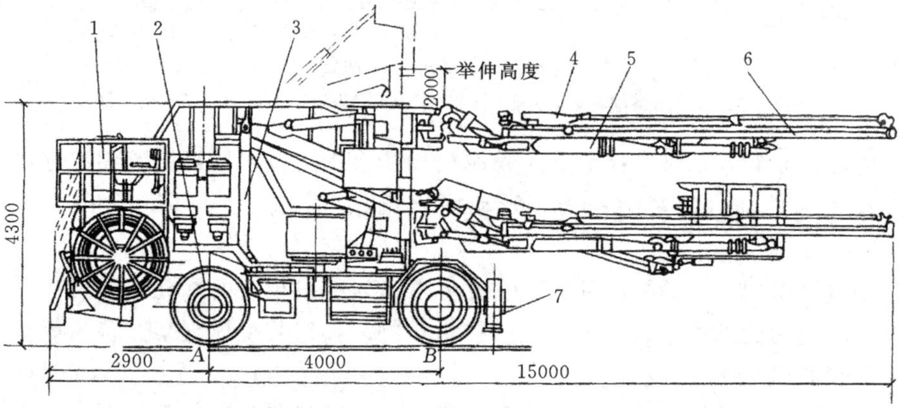

图 8-13 凿岩台车

1—动力系统；2—底盘；3—台车架；4—凿岩机；5—钻臂；6—推进器；7—稳车机构

凿岩台车一般用于地质条件较好，基本不要临时支护的大断面（开挖面积 $17m^2$ 以上）的隧道施工，也可作为其他工序的工作台，如凿顶、支撑、装药和设备材料的临时存放等。

凿岩台车的开挖施工工序为：台车就位、多台凿岩机同时钻眼、利用台车架进行装药、台车退出掌子面、爆破、排烟凿顶、支护（视地质情况而定）、装渣机就位、装渣运输，同时也可进行上部钻眼，如此循环进行作业。

由于在坚固的钻臂上安装凿岩机和支架，因此可装备中型、重型大功率的凿岩机，并且冲击频率可以提高，凿岩机推进力得到了保证。所以，采用凿岩台车的凿岩效率高，钻进速度快，能适应各类岩层，在同等开挖断面下，可减少凿岩机台数。一般来讲，采用凿岩台车建筑隧道日进尺在 10m 左右，月进尺可达 200～300m 左右。

按所能开挖隧道断面的不同，凿岩台车可分为全断面台车、半断面台车及导坑台车；按车架形式可分为门架式和框架式；按行走装置可分为轨行式、轮胎式及履带式；按钻臂可分为液压钻臂式和梯架式。

2. 构造与工作原理

凿岩台车由钻臂、推进器、底盘、台车架、稳车机构、风水系统、液压系统和操纵系统等部分组成，如图 8-14 所示。

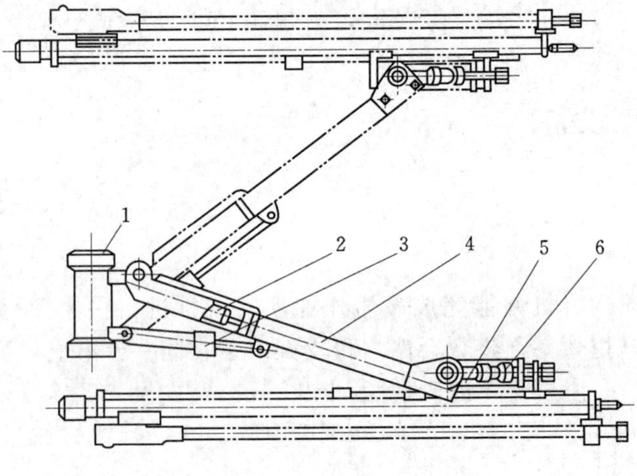

图 8-14 直角坐标钻臂

1—转柱；2—支臂油缸；3—仰角油缸；4—支臂架；5—翻转缸；6—摆角缸

工作时，台车驶入掘进工作面，由稳车机构使台车定位，操纵钻臂和推进器，使推进器的顶尖按要求的孔位顶紧工作面，开动凿岩机钻孔。钻完全部炮孔后，台车退出工作面。

掘进钻臂是凿岩台车的核心部件。它支撑着凿岩机按规定的炮孔位置打孔，又是给予凿岩机一定推进力的部件。它还可以用来提举重物，如组装拱形支架、装药等。因此也可以称之为台车的机械手。

钻臂是独立的可装拆部件，可用钻臂的系列组件装配成各种钻孔台车，如将同一种标准钻臂安装在不同的行走底盘上；或在不同的底盘上，装上不同数量的同一种标准钻臂，都可以构成不同形式的钻孔台车。

为了获得良好的爆破效果，要求工作面炮孔有较好的平行精度，因此，钻臂设有平动机构，钻臂移位时推进器保持平行移动。平动机构的形式有机械自动平行式、电液式和液压自动平行式。

钻臂可分为直角坐标钻臂、极坐标钻臂和液压钻臂 3 种。如图 8-14 所示为直角坐标钻臂。直角坐标钻臂由仰角油缸驱动支臂垂直摆动，摆角缸驱动支臂作水平摆动，从而使安装在支臂上的推进器按直角坐标方式移位。操纵仰角油缸，使支臂除了能完成钻平行炮孔的要求外，还能根据工艺要求钻与工作面中轴线有一定倾角的炮孔。翻转缸可使推进器绕自身轴线回转 180°，以适应钻工作面底部炮孔的需要。有的支臂为了便于控制周边孔的角度，设有外摆角机构。钻周边炮孔时，外摆角机构可使推进器产生所要求的偏角。钻完周边孔后，推进器能准确地恢复原位。

推进机构给凿岩机提供轴推力和支承力，并完成凿岩机推进和退离岩壁的动作。推进机构的形式有马达丝杠式、油缸钢丝绳式、油缸链条式。驱动的动力有风动及液压两种。

如图 8-15 所示为马达丝杠式推进器，它由马达、导轨、丝杠等组成，作业时紧顶在掌子面上，以增加导轨的稳定性。马达可正转和反转，使传动丝杠作相应的转动。丝杠只能转动不能移动，因此，与丝杠相啮合的传动螺母做前后移动；凿岩机是固定在传动螺母上的，所以螺母做前后移动时，凿岩机也随着前进或后退。

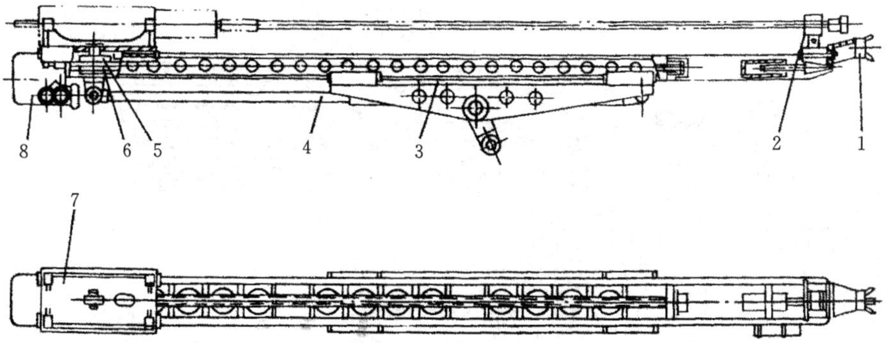

图 8-15 马达丝杠式推进器

1—顶尖；2—扶钎器；3—导轨；4—补偿油缸；5—螺母；6—丝杠；7—凿岩机底座；8—马达

8.3.2 喷锚机械

1. 锚杆台车

锚杆台车是在隧道施工中用于围岩支护的专用设备。在需要锚杆支护的地方用锚杆台车进行钻孔、注浆、插入锚杆，全套工序均由锚杆台车完成，如图 8-16 所示为锚杆台车示意图。

锚杆台车由台车底盘、大臂、锚杆机头等组成。

锚杆机头由凿岩机及其推进器、锚杆推进器、注浆或喷射导架、转动定位器、三状态定位油缸、锚杆夹持器等部件组成，可完成从钻孔、注浆到锚杆安装全过程的工作。更换少数部件即可安装涨壳式锚杆。图 8-17 为锚杆机头结构图。

导架 7、9 可上下升降和左右摆动，利于找位，锚杆机头上的抓杆器，向右摆动抓住锚杆，然后夹紧，随着锚杆机头的转动，自动地将锚杆从夹持器上抓出。

锚杆推进器配有旋转马达。打注浆锚杆时锚杆无需旋转，马达不工作；打树脂卷锚杆时，旋转马达使锚杆边旋转边推进，到顶后等待片刻，旋转马达反向旋转给锚杆施加预应力。其推进器与凿岩机推进器相似，只是无自动停止功能。

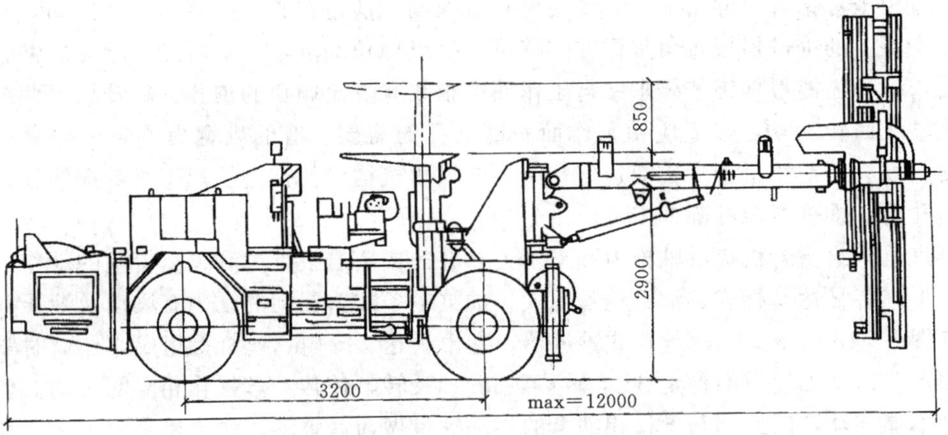

图 8-16 锚杆台车示意图（单位：mm）

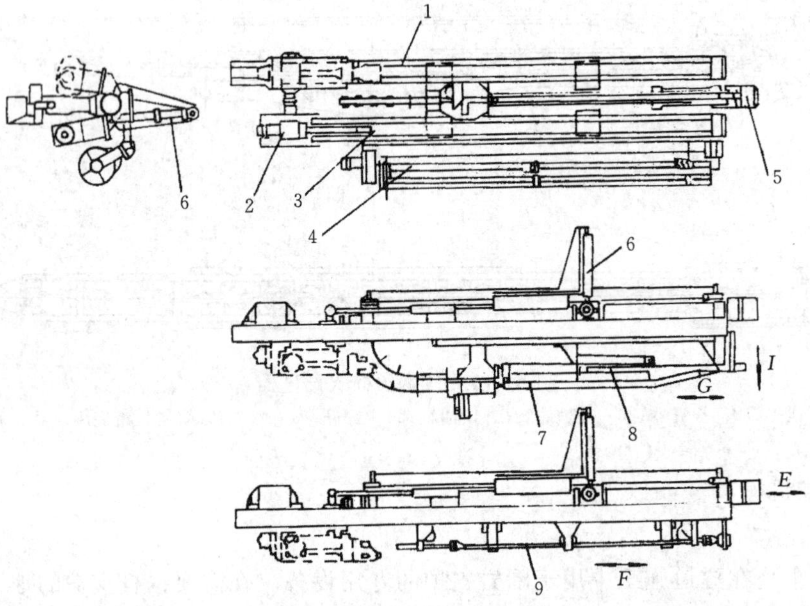

图 8-17 锚杆机头结构图

1—凿岩机及推进器；2—马达；3—锚杆推进器；4—夹持器；5—转动定位器；
6—三状态定位油缸；7—注浆导架；8—抓杆器；9—喷射导架

使用圆盘式锚杆夹持器，每次可夹持 8 根锚杆，由液压马达驱动，可自动定位。

转动定位器由一个带蓄能器的液压缸及橡胶头组成。安装锚杆时，锚杆机头围绕定位器转动，其顶紧力保持恒定。定位器与蓄能器在工作时处于闭锁状态，以确保定位稳定。

三状态定位油缸由一个缸体两个活塞杆组成。活塞杆全部回收时，锚杆机头处于打锚杆孔位置；一端活塞杆伸出时，锚杆机头处于注浆或喷树脂卷位置；活塞杆全部伸出时，锚杆机头处于放置锚杆位置。

2. 混凝土喷射机

喷射混凝土有干喷和湿喷两种方式。干喷是先用搅拌机将骨料和水泥干拌均匀，投入喷射机料斗，同时加入速凝剂，用压缩空气将混合料输送到喷头，在喷头处加水喷向岩面。湿喷是将水加在搅拌机里，投入喷射机的是已拌好的成品混凝土，速凝剂在喷头处加入。喷射机是喷混凝土的关键设备，分干式喷射机和湿式喷射机两种。

干式喷射机主要有转子式、螺旋式、鼓轮式等。湿式喷射机主要有双罐式、螺旋式、挤压软管泵式、活塞泵式、离心式湿喷机等。

如图 8－18 所示为转子式喷射机，由动力传动系统、气路系统、给输料机构、电气系统、底盘等组成。它集干喷、湿喷为一体。如图 8－19 所示为其工作原理图。其上部是料斗，下面是转子体，转子上均布着若干料孔，转子体下面是下座，其上固定有出料弯头。转子转动时，有的料孔对准了料孔的卸料口，即向料孔内加料；有的料孔对准了出料弯头，则把拌和料压送出去。

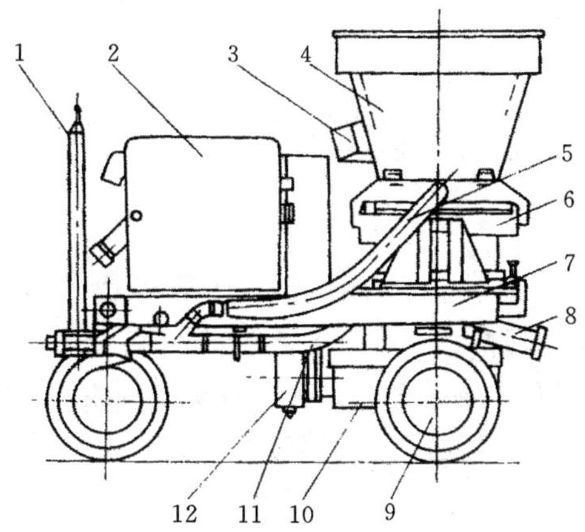

图 8－18　转子式喷射机

1—牵引杆；2—动力装置；3—振动器；4—料斗；
5、11—风管；6—给输料机构；7—车架；
8—出料弯头；9—轮胎；10—减速器；
12—皮带传动

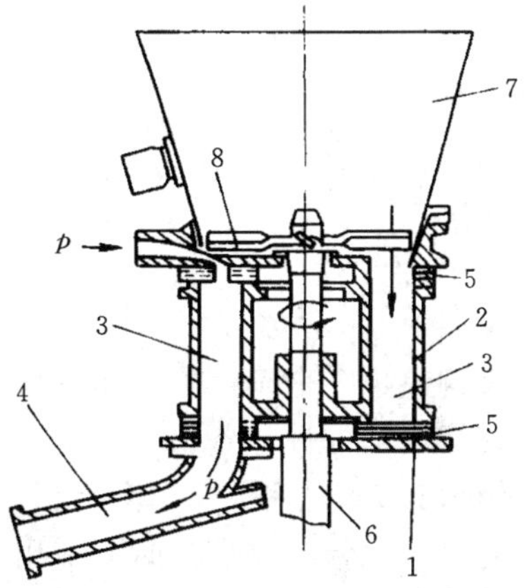

图 8－19　转子式喷射机工作原理

1—齿轮箱盖板；2—转子；3—料孔；
4—出料弯头；5—橡胶密封板；
6—驱动轴；7—料斗；
8—搅拌叶

8.3.3 衬砌模板台车

隧道衬砌模板台车由一部台车和数套钢模板组成。模板以型钢为骨架，上铺钢板形成外壳，并设有收拢机构，通过安装在台车上的电动液压装置，进行立模与拆模作业。模板与台车各自为独立系统，每段衬砌灌注混凝土完毕后，台车可与模板脱离，衬砌混凝土由模板结构支撑。台车将后面另一段已灌混凝土可以拆模的模板收拢后，由电平车牵引，穿过安装好的模板后，到达前方预灌注段进行立模作业。这样钢模台车适用于曲线半径大于等于 400m，衬砌厚度小于等于 45cm、使用先墙后拱法进行衬砌施工的单线隧道。该台车衬砌作业快速、高效、优质、安全，并节省人力、钢材、木料，减轻劳动强度。

衬砌模板台车由钢模板、台车和液压系统三大部分组成。

如图 8－20 所示为衬砌模板台车示意图。

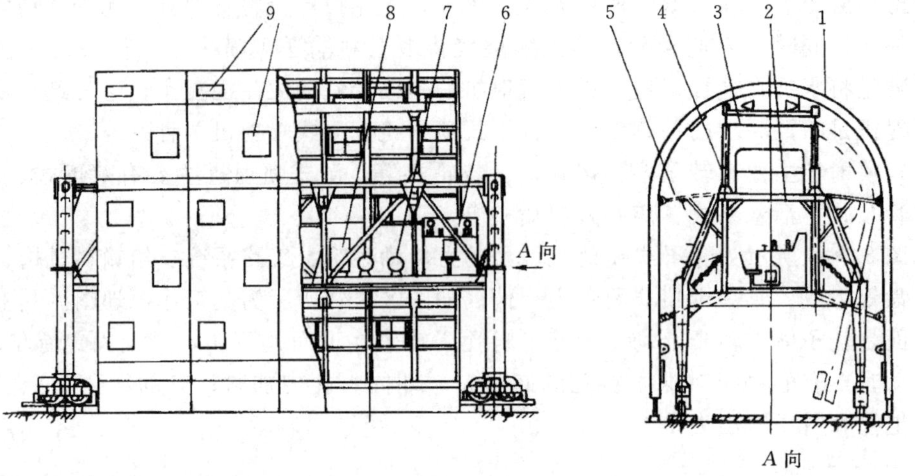

图 8－20　衬砌模板台车示意图

1—模板；2—台车；3—托架；4—垂直油缸；5—侧向油缸；
6—液压操纵台；7—电动机；8—油箱；9—作业窗

1. 模板部分

每套模板长 8m，由 4 个 2m 长的拼接段组成，其中分基脚模板、折叠模板、边墙模板、拱脚模板、拱腰模板和加宽块等 11 块，以及基脚千斤顶、基脚斜撑、堵头块、收拢铰、连接铰等配件。各模板块间均用螺栓对接。钢拱架用 18 号工字钢和槽钢弯制而成，表面铺焊 6mm 厚钢板。每套模板设有作业窗 40 个，以便灌注和捣实混凝土。在每套模板前端有堵头挡板，作灌注时分节用。

曲线加宽块模板最大的加宽值为 80cm。使用时根据隧道曲线设计的加宽断面要求，只需换装相应加宽值的加宽块即可。但在曲线外侧，每 8m 长的衬砌灌注段由于内外弧长之差，在相邻灌注段的模板接头处，须增加楔形辅助弯头模块。

2. 台车部分

台车体为桁架结构，立柱和横梁采用箱形截面结构，其他部件为型钢组合构造。台车分为上、下两层平台，平台两侧均设有可翻转的脚手平台，便于衬砌施工作业。

台车行走装置为轮轨式，设有顶机装置，可用电平车或机车顶推牵引；还设有制动器和卡轨器，使台车停止和固定时能安全稳妥。轨道应专门铺设。

3. 液压系统

由油泵、油缸及操纵系统等组成。上部垂直油缸控制拱顶模板，侧向油缸控制侧模板。油泵由电机驱动，一般设置两套供油系统，以保证作业的绝对可靠性。

台车的作业程序如图 8－21 所示。

全液压衬砌模板台车如图 8－22 所示。该车由基础车、臂架、拱架、模板、控制系统、混凝土浇筑系统等组成。台车转移运输时，将模板拱架收拢，以便运行。施工实例已表明该台车大大改善了一次衬砌的作业环境，减少了支护，缩短了作业周期。

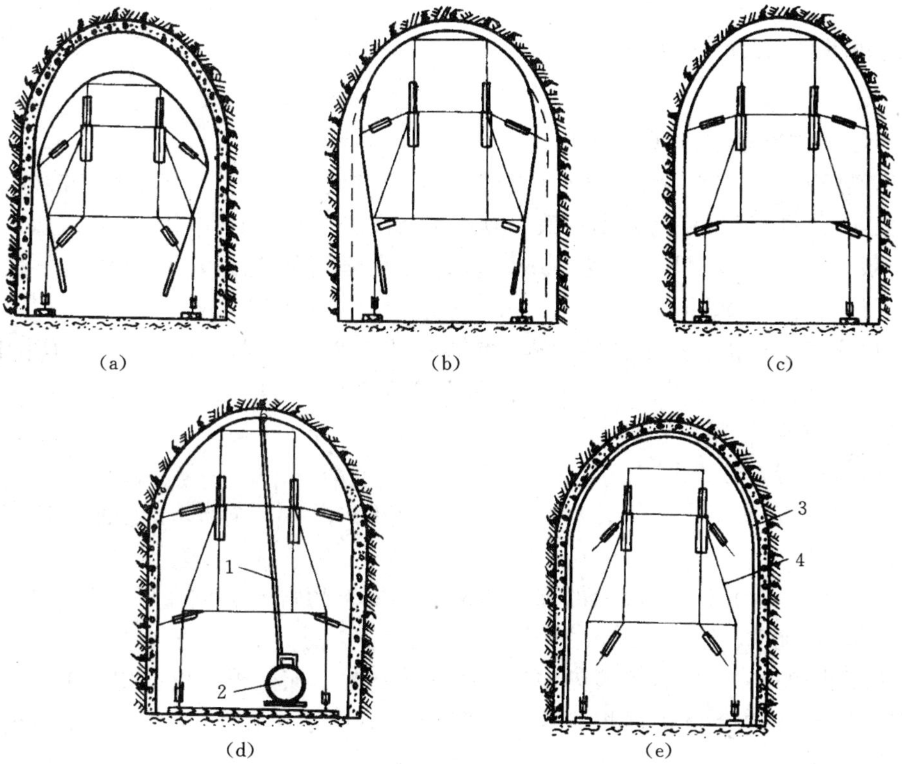

图 8-21　作业程序图

(a) 模板收拢，移动穿行；(b) 垂直油缸顶升，拱模就位；(c) 侧向油缸撑开，边模就位；(d) 浇灌混凝土；(e) 台车脱离模板

1—混凝土导管；2—混凝土搅拌输送机；3—钢模；4—台车

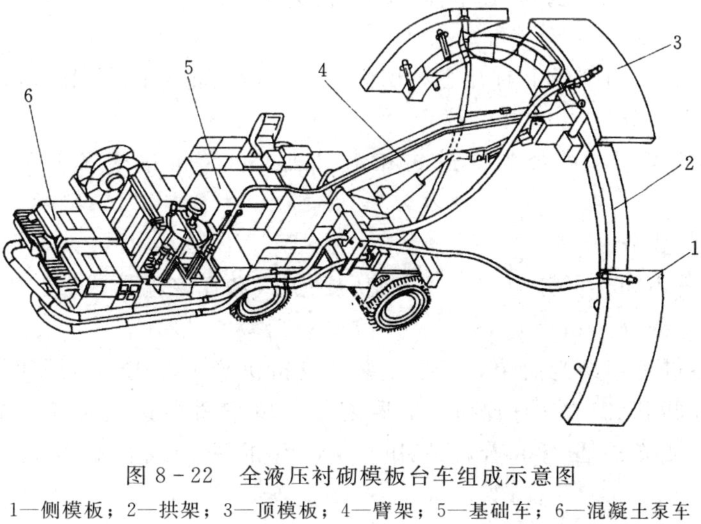

图 8-22　全液压衬砌模板台车组成示意图

1—侧模板；2—拱架；3—顶模板；4—臂架；5—基础车；6—混凝土泵车

8.4 机械掘进法施工设备

8.4.1 全断面隧道掘进机（TBM）

全断面隧道掘进机是一种在岩层中挖掘隧道的机械。其特点是用机械法破碎切削岩石（刀头直径与开挖隧道的直径大小一致，故称全断面开挖），挖掘与出渣同时进行。掘进机的直径一般为 2～11m，最大可达 15m。可挖掘的岩石硬度为岩石单轴抗压强度 20～200MPa，最大近 300MPa。

全断面隧道掘进机适用于公路工程、铁路工程、水电工程、排污工程、军事工程及其他地下工程中开挖岩石隧道。因此，在公路山岭隧道和海底隧道工程中被广泛采用。

1. 分类、特点及适用范围

（1）按破碎岩石方式分。

1）切削式：刀盘上安装割刀，像金属切削刀具一样将工作物切割下来，适用于软岩、土质等抗压强度小于 42MPa 的地质。

2）铣削式：切削过程靠滚刀的旋转和推进及铣刀的自转完成，像铣削金属的铣床一样，适用于软岩地质。

3）挤压剪切式：用圆盘形滚刀使岩石受挤压和剪切而破碎（以剪切为主）。刀具有硬质合金的刀圈或中碳合金钢堆焊碳化钨、钴等，适用于中硬岩石，如抗压强度为 42～175MPa 的岩石。

4）滚压式：是以挤碎岩石来切削，刀具为圆盘式、牙轮式和锥形带小球状刀具。用于硬岩，即抗压强度大于 175MPa 的岩石。

（2）按切削头回转方式分。

1）单轴回转式：切削头的回转轴只有一根。由于在大直径的切削头上，不同半径上的刀具线速度不同，实际上不是真正的同轴回转，因此，它只用于小直径的掘进机。

2）多轴回转式：切削盘上有几个小切削轮，小切削轮各自有回转轴可独自旋转。

（3）按掘进方式分。

按掘进方式的不同，可分为推进式和牵引式二种。推进式又分为抓爪式和支撑反力式。

（4）按排渣方式分。

按排渣方式的不同，可分为铲斗式、旋转刮板式和泥浆输送式等。常用的是前两种。

（5）按外形特征分。

1）敞开式掘进机：结构简单，靠撑踏装置支持机身，适用于岩层比较稳定的隧道。

2）护盾式掘进机：有单护盾和双护盾之分。单护盾掘进机前部用护盾掩护，双护盾机机体被前后二节护盾掩护着，适用于易破碎的硬岩或软岩及地质条件较复杂的岩层。

2. 主要结构及工作原理

全断面隧道掘进机一般由切削头工作机构、切削头驱动机构、推进及支撑装置、排渣装置、液压系统、除尘装置以及电气和操纵等装置组成，如图 8-23 所示。

如图 8-24 所示是开挖直径为 3m 的 LJ—30 型掘进机的结构图。切削头工作机构 1 的上下导框套在机架大梁 8 上，靠四个推进油缸可以移动 750mm。切削头前端有刀盘，靠两个 85kW 的电动机经减速箱和驱动小齿轮带动齿圈旋转，齿圈和刀盘刚性连接。切削下来的岩渣经刀盘上均布的三个铲斗收集并提升到皮带输送机 3 上，向后排出。切削头还有四个前支撑靴 2，在换位时支撑靴的油缸外伸，使靴板紧顶洞壁，以便推进油缸回缩将后部前移。

在机架大梁 8 上装有左右水平方向的水平支撑靴，在切削推进时，支撑靴由油缸紧顶洞壁。大梁最后连接着驾驶室 6，内设操纵台、配电盘、液压泵 4 等装置。大梁上面有吸尘风管 5，可将切削时的岩粉吸出，保证掌子面空气清洁。

为防止隧洞顶部塌方，多采用锚杆临时支护，因此在大梁中部两侧安装有打眼的电钻 9。大梁后下方有后支撑座 10。

掘进机开挖隧道的工作原理如图 8-23 所示。将水平支撑靴 10、11 顶紧洞壁，前后支撑靴 9、12 缩回，开动切削头旋转，后推进油缸 6 收缩，前推进油缸 5 伸出，开动排渣用的输送机，如图 8-23（a）所示；当切削头掘进一定深度时（一般为推进油缸的一个行程）[如图 8-23（b）所示]，将前后支撑靴 9、12 顶紧洞壁，水平支撑靴缩回，后推进油缸伸出、前推进油缸缩回，如图 8-23（c）所示，这样掘进机外机架前移一段距离，如图 8-23（d）所示。按上述程序机器不断旋转掘进，不断换位前移，直至完成隧道开挖工作。

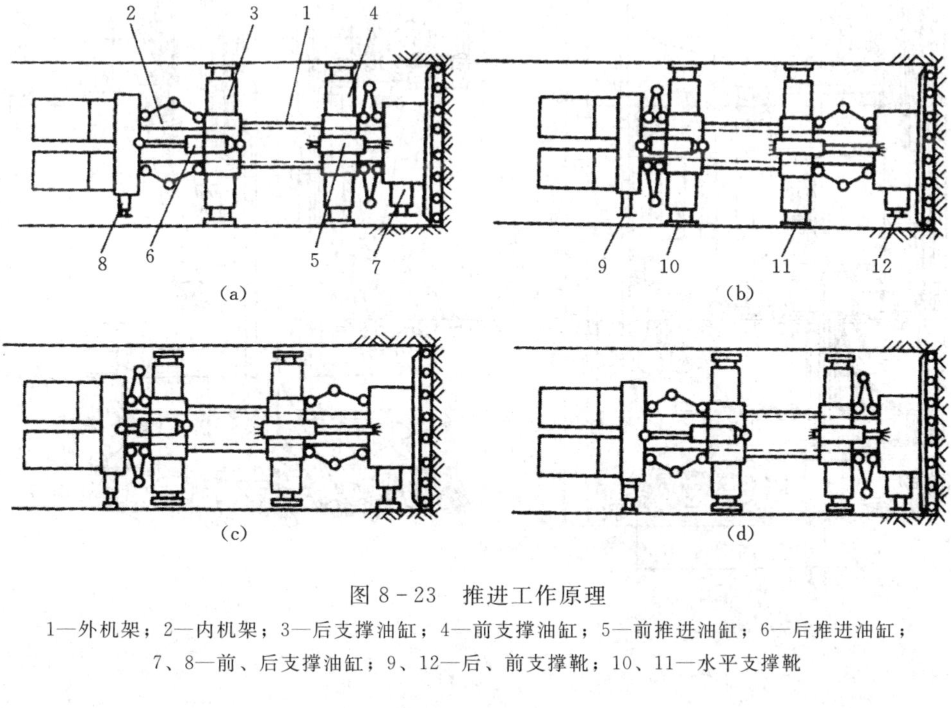

图 8-23 推进工作原理

1—外机架；2—内机架；3—后支撑油缸；4—前支撑油缸；5—前推进油缸；6—后推进油缸；7、8—前、后支撑油缸；9、12—后、前支撑靴；10、11—水平支撑靴

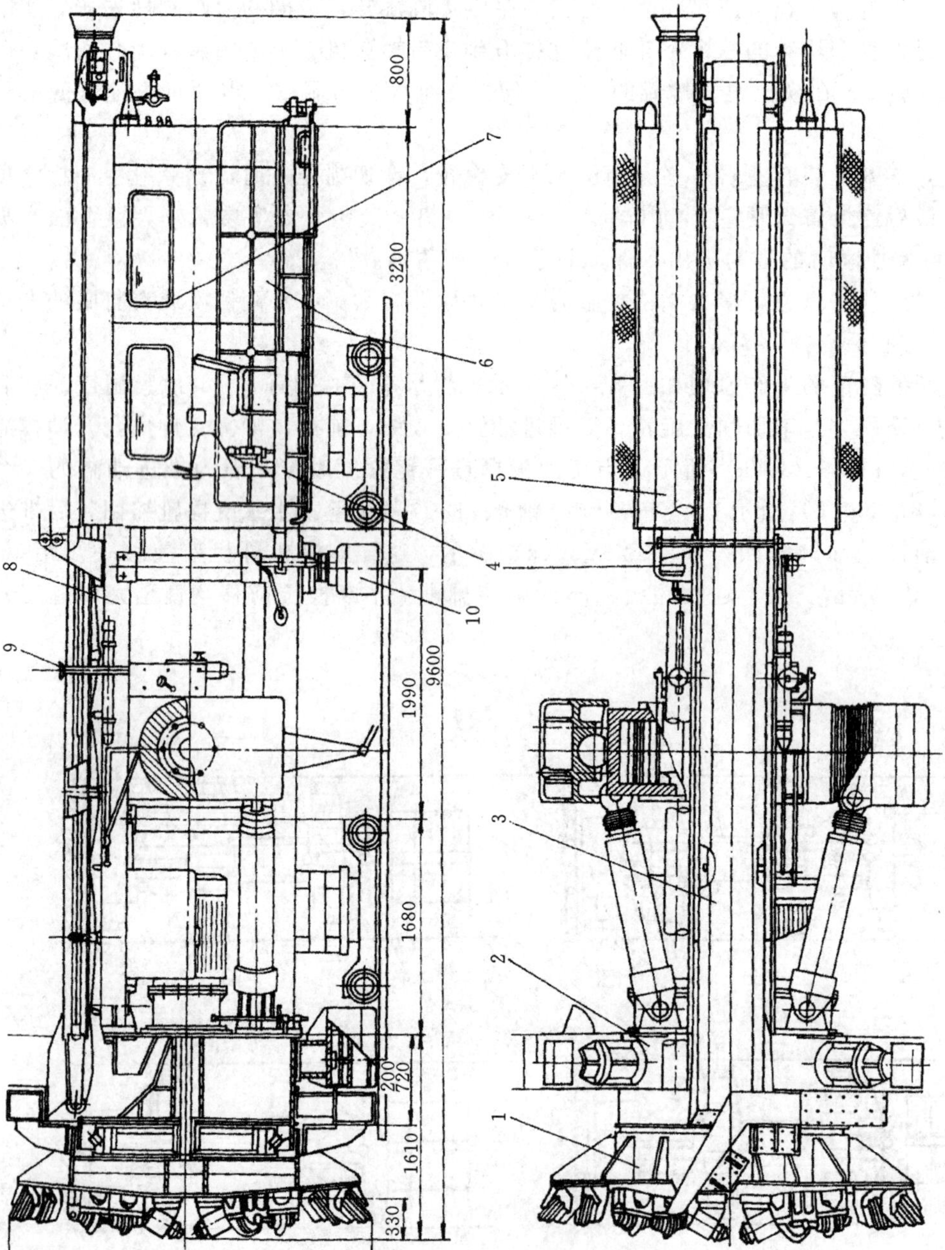

图 8-24 LJ-30 型岩石掘进机（单位：mm）

1—切削头工作机构；2—前支承靴；3—排渣皮带机；4—液压泵；5—吸尘风管；6—机架及驾驶室；7—配电室；8—机架大梁；9—电钻；10—后支撑座

8.4.2　臂式隧道掘进机

臂式隧道掘进机也可称为悬臂掘进机，是一种有效的开挖机械。它集开挖、装卸功能于一体，广泛应用于采矿、公路隧道、铁路隧道、矿用巷道、水利涵洞及其他地下工程的开挖。

使用经验表明，这种掘进机对开挖泥质岩、凝灰岩、砂岩等岩层有极好的性能。与钻爆法相比，机械开挖的最大优势是：不扰动围岩，隧道的掌子面非常平坦，几乎没有钻爆法产生的凹凸不平和龟裂，容易达到新奥法的要求；断面超挖量少，经济性好；另一特点是施工时减少了噪音和振动，符合环境保护的要求。

与全断面开挖的隧道掘进机相比，臂式掘进机体积小、质量轻、易于搬运。

臂式掘进机通常由切割装置、装载装置、输送机构、行走机构、液压系统和电气系统等几部分组成，如图 8-25 所示。

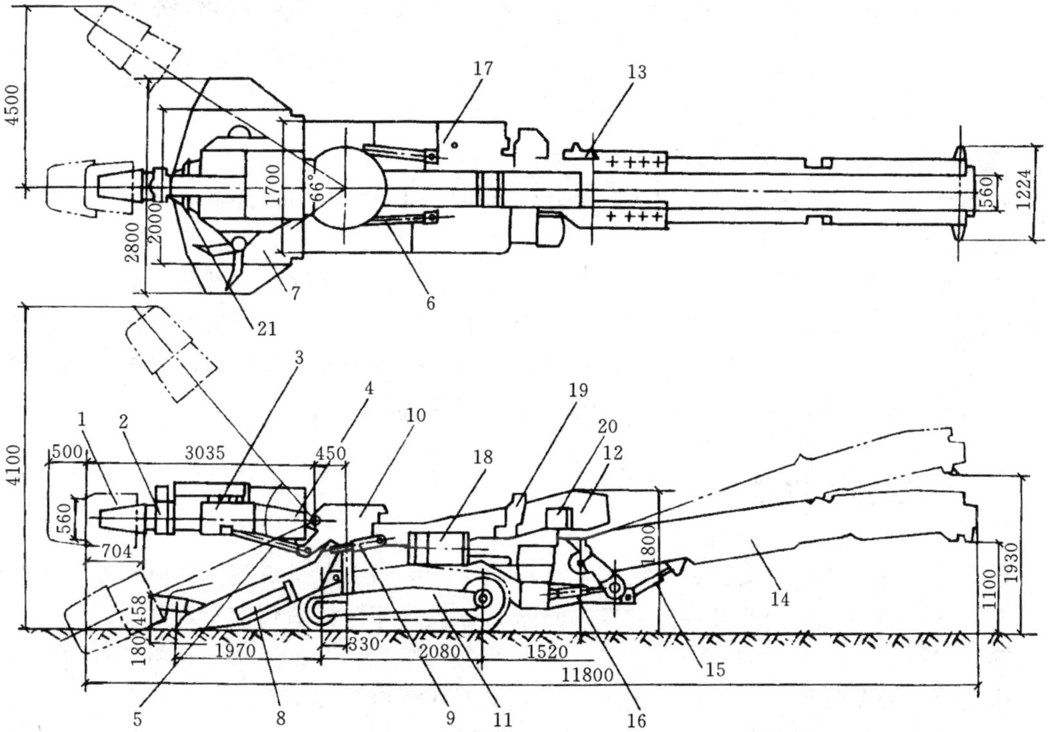

图 8-25　臂式隧道掘进机示意图

1—切割头；2—伸缩臂；3—切割减速器；4—切割马达；5—切割装置升降油缸；6—切割装置摆动油缸；7—装载铲；8—集料减速器；9—装载装置升降油缸；10—主车体；11—行走装置；12—一级输送机；13—一级输送机减速器；14—二级输送机；15—二级输送机升降油缸；16—二级输送机回转油缸；17—液压油箱；18—液压泵；19—控制开关柜；20—驾驶座位；21—水喷头

臂式隧道掘进机的作业工序是：机械驶入工位，切割头切入作业面，再按作业程序向两边及由下而上进行切割。切割臂有伸缩、左右摆动和升降功能，因而机体小，质量轻，无需占领整个掌子面，其余空间可供其他装备使用，有利于提高作业效率。

切割头切割岩石的顺序分两种情况。

(1) 切割中硬岩及硬岩。

在岩石较硬的情况下，考虑到机器的稳定性，切割通常从整体切割断面的最下部（底板处）开始。同时，为使机器的振动最小，切割头应从中心点切入，再向两边摆动，反复交错进行（每次切入约 100mm），如图 8-26 所示。待充分切入后，切割头即可从一边到另一边，由下向上切割，这时的切割顺序和切割软岩时的顺序相同，如图 8-27 所示。

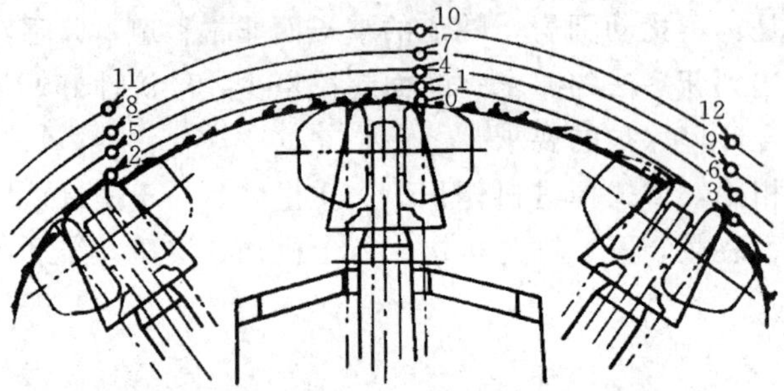

图 8-26　切割中硬岩及硬岩时的切割顺序

注：切割顺序：0→1；1→2→3→1；1→4；4→5→6→4；4→7…

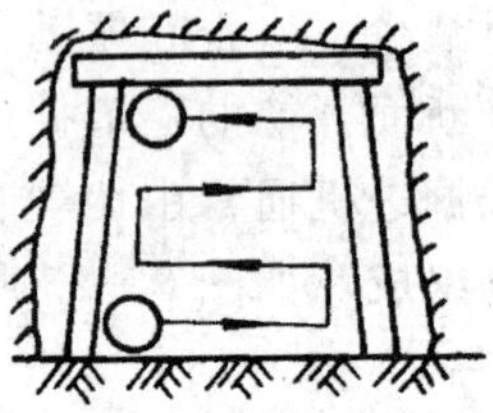

图 8-27　切割软岩的方法

(2) 切割软岩。

一般情况下，切割软岩时采用从底部开始，由下向上、左右顺序的切割方法，如图 8-27 所示。

切割方法并不仅仅取决于岩石的硬度，还取决于岩石的强度、劈理和层结、顶板和底板的状况、巷道的横向坡度、除尘用水、顶板支承方法、装载铲的石渣堆积面积等诸多因素。因此在施工前，应对这些因素进行充分的调查，以便选择最佳的切割方法。但无论采用哪种切割方法，都应遵循充分切入底部后朝上切割的原则。

8.5　盾构法施工设备

盾构是一种集开挖、支护、衬砌等多种作业于一体的大型隧道施工机械，是用钢板作成圆筒形的结构物，在开挖隧道时，作为临时支护，并在筒形结构内安装开挖、运渣、拼装、隧道衬砌的机械手及动力站等装置，以便安全地作业。它主要用于软弱、复杂等地层的铁路隧道、公路隧道、城市地下铁道、上下水道等隧道的施工。

使用盾构机械来建筑隧道的方法称为盾构施工法。其施工程序是：在盾构前部盾壳下挖土（机械挖土或人工挖土），一面挖土，一面用千斤顶向前顶进盾体，顶至一定长度后（一般为一片衬砌圈宽度），再在盾尾拼装预制好的衬砌块，并以此作为下次顶进的基础，继续挖土顶进。在挖土的同时，将土屑运出盾构。如此不断循环直至修完隧道为止。

盾构施工法的采用，要根据地质条件、覆盖土层深度、断面大小、电源问题、离主要建筑物的距离、水源、施工段长度等多种因素加以综合考虑。

8.5.1　分类、特点及适用范围

1. 分类

盾构的形式很多，可按盾构的断面形状、构造及开挖方式进行分类。按盾构断面形状

的不同，可将盾构分为圆形、拱形、矩形和马蹄形 4 种；按开挖方式的不同，可分为手工挖掘式、半机械化挖掘式、机械化挖掘式 3 种；按盾构前部构造的不同，可分为全部开口形、部分开口形、密封形 3 种。在盾构法使用初期，人工挖掘式盾构占很大的比例。但发展的趋势是机械化盾构越来越多。从断面形式来看，应用最广泛的是圆形盾构。因此，本节将以机械挖掘的圆形盾构为主，介绍其结构原理。

2. 机械化盾构施工的特点

（1）机械化盾构施工的优点。

1）提高工效，缩短工期。一般机械日挖进能力在砂质土壤为人工的 2 倍，砂和亚黏土为人工的 3～5 倍，黏性土为人工的 5～8 倍。

2）减少塌方，生产安全。无论哪一种盾构都具有防止工作面塌方、平衡地下水压及减少塌方的优点。而且施工人员无需直接在掌子面操作，安全性高。

3）由于工期能缩短，节省劳力，因而可降低施工成本，经济性高。

4）施工环境好，施工人员无需在气压下工作，改善了恶劣的施工条件。

5）随着土层地质的变化，能变化挖进方法及进度。

（2）机械化盾构施工的缺点。

1）机械造价高、质量大，较普通盾构质量大 1.5～2.0 倍，适用于长距离施工。由于质量大，因此在特软地层施工时容易发生沉陷。

2）机械任何一部分出故障，都必须全部停工检修。机械检修和准备作业时间长，机械利用率低。

3）设计、加工制造时间长。

4）掌子面局部塌方（盾构顶部），如发现不及时而继续掘进，会引起沉陷、局部超挖和加固操作困难。

5）更换磨损刀具困难。

3. 几种盾构施工法简介

盾构种类较多，其施工方法也各有不同，现仅就圆形机械开挖的切削轮式、气压式、泥水加压式、土压平衡式盾构施工法介绍如下。

（1）切削轮式盾构。

切削轮式开挖的盾构是用主轴旋转驱动切削轮挖土，随切削轮旋转的周边铲斗将挖下的土屑倾落于皮带输送机上，由运输机运到盾构后部的运土斗车里，再用牵引车（电瓶机车或小内燃机车）运往洞外。与此同时，推进千斤顶不断推进。当推进一个衬砌管片宽度时，立即逐片地由拼装器拼装管片（一般一圈分为 6 片、8 片，视断面大小而异）。逐片拼装时只回收拼装片范围内的几个千斤顶。整圈衬砌拼装完后，再开始一面顶进一面挖土，如此循环前进。施工布置如图 8-28 所示。

用切削轮式施工的地质条件要求是：掌子面土壁能直立，土层颗粒均匀，如黏性土类。易于坍塌的砂、砾土层、敏感性高的黏土，非常软且接近液化的黏土都不利于使用机械开挖。

（2）气压式盾构。

气压式盾构适用于在地下水位以下易于坍塌的土壤中施工，如图 8-29 所示。为了防

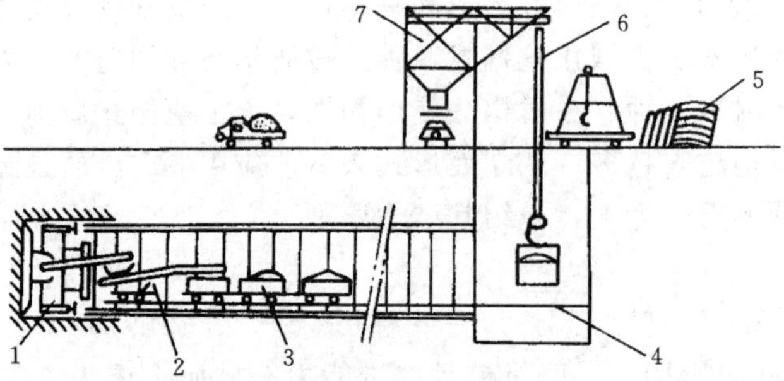

图 8-28 切削轮式盾构施工

1—盾构；2—管片台车；3—运土斗车；4—轨道；
5—材料场；6—起重机；7—弃土仓

止掌子面坍塌，将工作面密封在一定气压下，阻止地下水外流，以利于挖土。这时挖土可能是人工，也可以用机械开挖。由于注入的压缩空气可能会从掌子面渗漏到地层中去，这样既不能保证工作面上气压的稳定，又消耗大量压缩空气。因此，使用气压式盾构的土壤的渗透系数应适当（一般约为 $K=10^{-4}$ cm/s 左右），在较大的砂砾层地质中使用气压式是无效的。

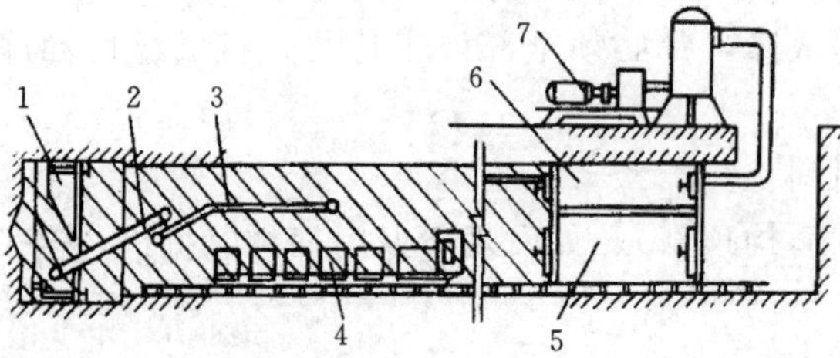

图 8-29 气压式盾构施工

1—盾构卸土器；2、3—皮带机；4—运土斗车；
5—气压工作区；6—气闸；7—压气机

使用气压式盾构，是在距开挖面一定距离内设立双层气闸，其中充满压缩空气。操作人员出入和材料、土屑的运输都要经过气闸。由于人在气压下工作，为保证人员的健康，使用的气压不能过大，一般在 50kPa 左右，最高不大于 0.3MPa。正由于其施工困难，现在很少使用这种方法。

（3）局部气压式盾构。

施工人员在气压下操作，不仅工效低，而且易于产生职业病。为解决这一问题而发展出一种局部气压式盾构。这种方法只在盾构的局部范围内加以密封、注入压缩空气，施工人员在密封室外的常压下工作。因此，可采用正常开挖或局部气压开挖，且只需在盾构上预装气压设备和气闸室，随地层情况而启用。

气压式盾构和局部气压式盾构，除了具有密封设备、压气设备外，其余与机械开挖盾构或人工开挖盾构相同。

（4）泥水加压式盾构。

泥水加压式即在盾构前部设置一个密封区，注入一定压力的泥浆水，以平衡地下水压力、阻止地下水流出、防止塌方。在密封区里有切削轮或者其他切削机具，还有泥浆搅拌器（将切割下来的土块搅碎，同时防止泥浆沉淀）以及泥浆泵的吸头，如图 8－30 所示。

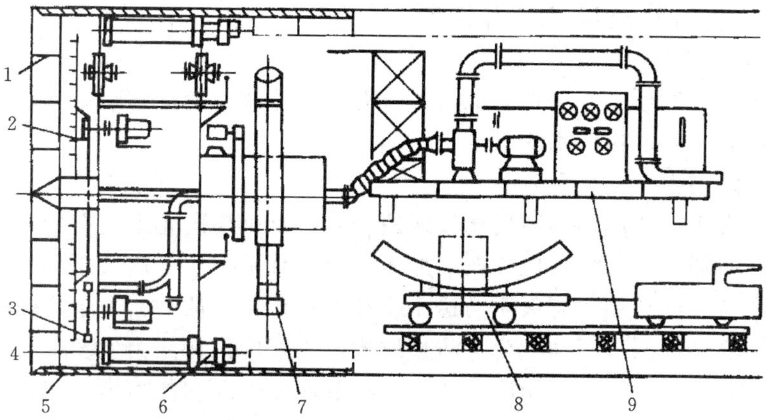

图 8－30　泥水加压式盾构施工

1—网格；2—切削轮；3—搅拌器；4—泥水腔；5—盾壳；6—盾构千斤顶；7—拼装器；8—管片台车；9—后工作平台

其施工程序是：将压力泥水灌入掌子面，用油压千斤顶把盾体向前推进，由切削轮旋转切碎进入盾构内的土壤。切削下来的泥土与灌入的压力泥水由搅拌器搅拌成泥浆，经排泥管道输送至地面。一面切削，一面用千斤顶向前顶进盾体，顶至一定长度后（一般为一个衬砌管片的宽度），再由盾尾的拼装器安装预制好的衬砌块，并以此作为下次顶进的支承座，继续顶进切土，如此不断循环直至修完隧道。

泥水加压式盾构适用于软弱的地层或地下水位高、带水砂层、亚黏土、砂质亚黏土及流动性高的土质，尤以冲积层、洪积层使用泥水加压稳定掌子面效果最显著。

（5）土压平衡式盾构。

土压平衡式盾构是在气压式、水压式和泥水式盾构的基础上发展起来的。气压式要求土壤的渗透系数适当；水压和泥水式在透水性高的砂质土、砂砾土或者地下水位过高的地层下施工困难。而土压平衡式所适应的地质范围比较广，因为它无需考虑更多的土壤物理性能。

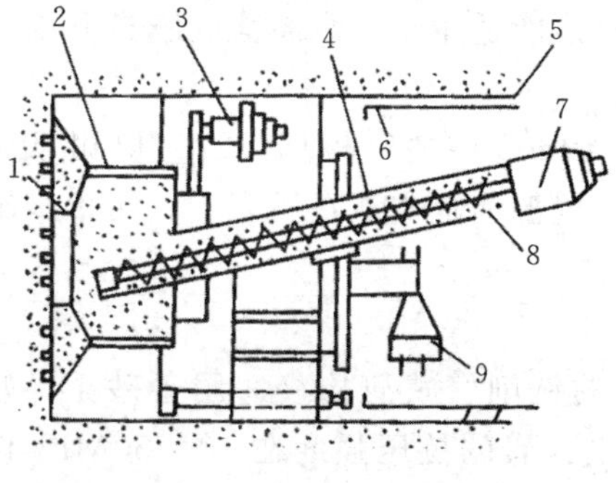

图 8－31　土压平衡式盾构施工

1—切削轮；2—切削轮机架；3—驱动马达；4—螺旋输送机；5—盾尾密封；6—衬砌管片；7—输送机马达；8—土屑出口；9—拼装器

土压平衡型“土压式”盾构（见图 8－31）是在螺旋输送机和切削轮机架内充满着土砂，利用螺旋的回转力压缩土壤，形成具有一定压力的连续防水壁，以抵抗地下水压力、阻止流水和塌方。但是它也只适用于亚黏土和黏性土地层。对砂土、砂砾土地层等渗水性大的土层，在螺旋输送机内仍不大可能形成有效的防水壁。这种情况下，可在螺旋输送机卸料口处加装一个具有分离砾石的卸土调整槽，并向槽内注入压力水以平衡地层水压，这就形成了土压平衡型“加水式盾构”，进一步扩大了对地层的适应范围。同时，两种方法可根据地质情况交替使用。因此土压平衡式盾构的适用范围较广。

8.5.2 机械化盾构的主要结构及工作原理

1. 机械化盾构简介

机械化盾构有多种形式，按切削机构区分有切削轮式、挖掘式、铣削臂式；按切削方式区分有旋转切削式和网格切割式等。

(1) 刀盘式盾构。

这是一种圆形机械化盾构，使用比较普遍。其特点是切削轮上装有割刀，旋转方向与盾构轴线垂直。附加上气压、水压、泥水加压、土压等平衡掌子面土压和地下水压后，形成各种各样的盾构。旋转动力有液压马达驱动和电动机驱动两种。由于旋转转矩大，为便于布置，都采用多马达同步驱动。为了防止盾构由于切削反作用力而发生转动，现代多采用可双向旋转的切削轮。因此，切削轮的刀臂布置成两个反向的刀齿，或者切削轮布置成内外圈，相对旋转以平衡反作用转矩。这种盾构适用于除岩石以外的各种土层施工。

(2) 行星轮式盾构。

1) 固定中心式。

其形式就是在刀盘的刀臂上再装上几个小型刀盘，由于切削轨迹形成摆线型，分散了刀齿上所受的阻力，同时也能抵消回转转矩，防止盾构转动，以适应硬土层的切削。

2) 移动中心式。

在切削横臂上有两个小切削轮，可径向移动。横臂安装在伸缩油缸端部，油缸装在主臂的空心圆筒里。切削横臂一面旋转，两切削轮一面相背地向外切削。当小切削轮径向移动到最外侧直径时，横臂停止旋转，小切削轮向内移动，这样完成一个循环。这种盾构主要用于凝灰岩和片麻岩。

(3) 铲斗式盾构。

在盾壳里安装一个能在盾构断面范围内任意位置挖掘的铲斗，当铲斗装满后，可以缩回盾壳里，用斗底开门方式将土屑卸入排料装置。适用于软弱地质条件下开挖上下水道和各种导坑，也可用于地下铁道的开挖工程。其主要特点是能适用于任意断面的隧道开挖。

(4) 钳爪式盾构。

在盾壳前端装有两个半圆形钳爪，后者由铸钢或 50mm 厚的钢板焊成。每侧钳爪由油缸推动，两个钳爪可同时相对运动，也可单独动作。挖掘油缸支点在盾壳上，钳爪枢轴分上下铰接在盾壳里的承载环上。

(5) 铣削臂式盾构。

如图 8-32 所示为 20 世纪 70 年代中期发展起来的铣削臂式盾构，适用于砂土、软岩、中硬岩的隧道开挖，尤其适用于断层地质条件。土、岩的抗压强度在 10～50MPa 以内均可开挖。

铣削臂式盾构的圆形切削臂端部有切削头 1，可逆时针旋转（从前面看）的切削臂铰接在盾壳里的支架 4 上。切削臂可以自由地切削任意部位。切削头外径为 900mm，旋转速度为 43r/min，装有 4 把中心刀头和 40 把周圈刀头。刀头为组合式，容易更换。

整个切削臂组装在一个滑台上，有两个油缸操纵滑台前后移动。在螺旋收集器 3 下方有皮带输送机将土屑运出盾构。

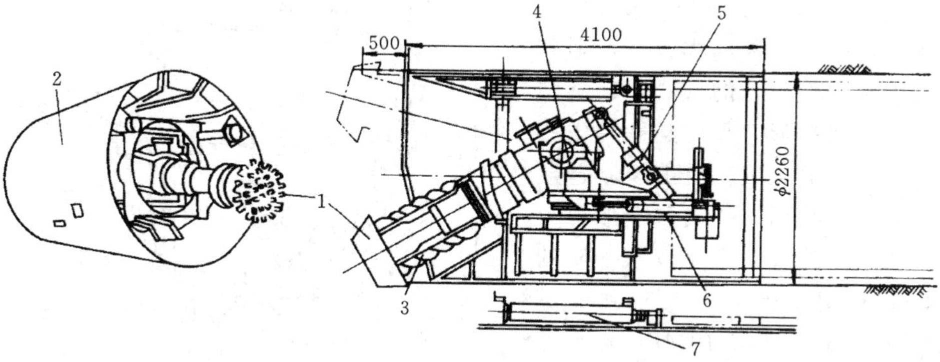

图 8-32 铣削臂式盾构

1—切削头；2—盾壳；3—螺旋收集器；4—支架；5—上下摆动油缸；6—左右摆动油缸；7—前后滑动油缸

(6) 网格切割式盾构。

如图 8-33 所示为网格配以泥水加压式盾构。网格后的泥水腔内设有刀盘，是为了将挤进来的土块切碎，便于搅拌器搅碎成泥浆，依靠吸泥泵将泥浆抽出到地面处理。

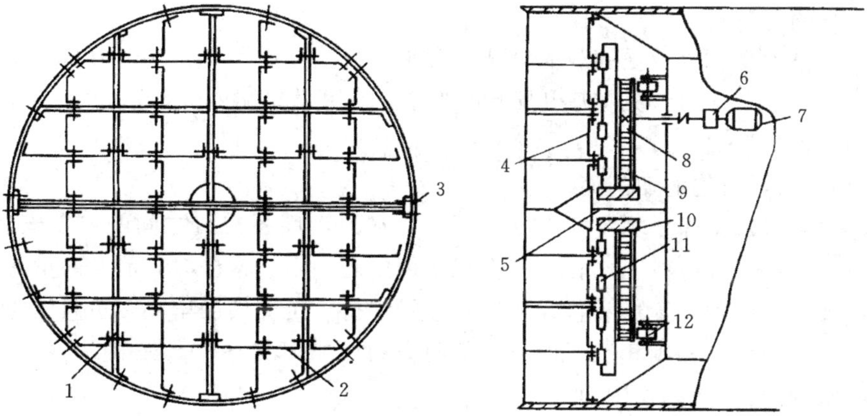

图 8-33 网格切割式盾构

1—主网格梁；2—次网格梁；3—拼装焊接面；4—挡土板；5—中心轴；6—针轮减速器；7—电机；8—摆线齿轮；9—针柱圈；10—轮鼓；11—刀架；12—支撑滚轮

这种盾构适用于除岩石以外的一切土壤的开挖，无论有无地下水均能使用，但多适用于特别不稳定的软弱地层或地下水位高、带水砂层及黏土层和流动性大的土质，尤以冲积层和洪积层使用网格泥水加压式固定掌子面效果最好。

2. 机械化盾构的总体结构

上述几种机械化盾构，尽管其作用原理有所不同，但都由下列几个主要部分组成，即切削机构、盾壳、动力装置、拼装机、推进装置、出料装置和控制设备等。如图 8-34 所示为切削轮式机械化盾构的结构简图。

3. 切削部分

(1) 切削刀。

切削刀有三角形、螺旋形、片式、楔形、水力切削等几种形式。三角形式刀刃通常安装在切割轮的中心，起旋转定位的作用；螺旋形刀刃也是一种中心刀，适用于较硬的土壤，但由于制造成本高，一般较少采用；片式和楔形刀刃均用作周边刀，片式刀用于较软土壤的切削，楔形刀用于砂砾土或较硬的黏土；水力切割式刀是将10MPa的水通过喷嘴射入土壤，边旋转边喷割，适用于硬土或土层稳定性较好的地质。刀齿的形式一定要适应土壤的性质，特软的土壤无需用机械化盾构施工，若用机械化盾构，就必须预先加固土壤，如注药、冷冻或用网格切割式盾构等稳定掌子面；中硬土采用楔形、片式刀刃及组合式刀刃；在硬土中多采用行星式、錾式刀齿。

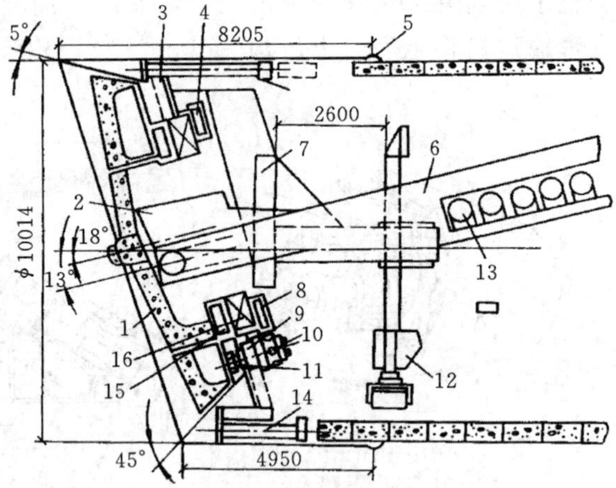

图8-34 切削轮式盾构

1—切削轮；2—卸土斗；3—隔墙；4—轴承座；5—盾尾密封；6—主输送机；7—油箱；8—轴承座；9—减速器；10—油马达；11—滚针轮；12—拼装器；13—油泵站；14—盾构千斤顶；15—大齿圈；16—主轴承

刀刃工作条件恶劣，承受的载荷复杂，要承受极大的推压力、冲击力（遇土层中的石料时）和摩擦力等。因此，要求刀刃具有高强度、高韧性、耐磨性。

(2) 切削面的形式。

1) 软地层时，盾构的切削面。

软地层中由于掌子面土壤不能直立，所以要在刀盘面各刀刃之间的空档安装挡土板，以防土砂流入。挡土板应有工作孔，当发现土层中有漂石、木桩时，能及时取出。

切削面形式有两种：伞形和直线形。伞形能保持一定的切削中心，挺进时不易产生方向上的偏差。直线形结构则相反，而且切削阻力约增加10%～20%左右。

2) 硬地层时，盾构的切削面。

在硬地层开挖的盾构，一般前面无需挡板，只用带刀臂的切削轮。为使盾构适应地层变化，通常盾构的切削面做成可拆卸式挡板。遇软地层时，装上挡板；遇硬地层时，卸下挡板，便于观察掌子面。

3) 切削面倾斜。

随着盾壳前端形式的不同，切削面也随之变化。如图8-35所示，切削轮轴线与盾构轴线下倾，刀盘也向下倾，这是由于后壳的切口环上部向外伸出，可使掌子面稳定，减少坍塌。

(3) 切削轮支承机构。

切削轮的支承机构支承切削轮的旋转和承受切削反作用力。此外，为了提高作业效率，在拼装衬砌时，切削轮可继续切削，这样在切削轮的支承机构上有单独的顶进机构，因此，支承机构还要承受顶进时的反力。这3种载荷都使支承机构承受一定的轴向和径

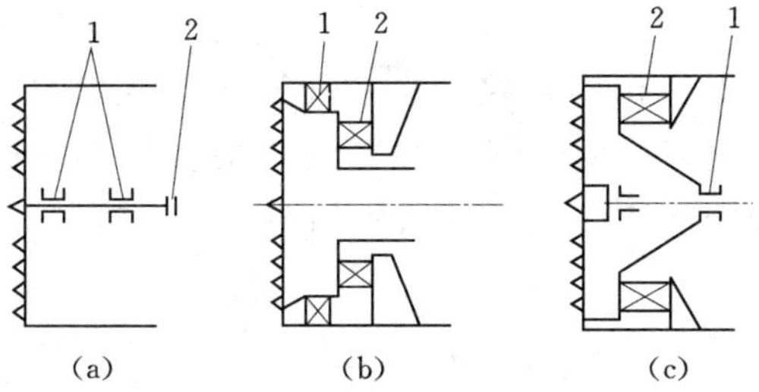

图 8-35 切削轮的支承方式
(a) 中心支承式；(b) 圆周分散支承式；
(c) 混合支承式
1—径向轴承；2—止推轴承

向力。

常用的切削轮支承方式有以下 3 种，如图 8-35 所示。

1) 中心支承方式。

切削轮中心轴是心轴又是传动轴。在轴上有径向轴承 1，轴端有轴向止推轴承 2。这种支承方式的特点是支承简单，驱动方式也简单，易于维修和保养。但是占据了盾构中心部分，导致作业空间减小，安装排渣装置困难。中心支承式以采用泥水加压式盾构为宜，适用于中小直径的盾构。

2) 圆周分散支承方式。

切削轮不是用主轴驱动，而是切削轮内侧与圆筒连接，在圆筒周围和后端面装有径向轴承 1 和止推轴承 2。在轴承处设有密封装置，防止土砂流入。

这种支承方式的特点是：径向、轴向载荷分散，盾构中心部分空间大，可保持一定的作业空间。但其缺点是：由于支承部分与盾壳靠近，对轴承的保养、维修困难。

3) 混合支承方式。

它是中心支承和圆周分散支承二者兼用的形式，因此兼有二者的优点。这种方式，径向载荷由中心轴承支承，轴向载荷则由圆周滚子轴承支承。为防止泥沙侵入轴承，都需要采用密封装置。

(4) 切削轮顶进机构。

切削轮一面切削，一面需要顶进。顶进方式有两种，一种是随盾构的推进而前进，另一种具有独立的顶进机构，也就是盾构的推进与切削轮的顶进分开。

1) 随盾构推进而顶进。

这种方式是机械化盾构上最普遍的一种形式。随着盾构推进千斤顶的推进，旋转轮进行旋转切削，因此，当在拼装衬砌管片时，停止推进，从而切削轮也就停止了顶进。掘进工效受到拼装衬砌及运输工序的影响。由于切削轮的顶进阻力仅为盾构推进阻力的 1/10～1/20，所以，这种方式无需另外占用功率，也无需单独设计切削轮的顶进机构。

2) 独立的切削轮顶进机构。

由于安装了独立的顶进机构，在安装衬砌管片、盾构停止推进时，可由独立顶推机构顶进，使切削轮仍可连续作业，从而提高了掘进工效。采用这种方式时，切削轮的顶进行程为一环衬砌管片的 1/2 宽度，也就是拼装一次衬砌管片，切削轮需顶进两次。独立的顶进装置，是在中心轴后端设置顶进千斤顶，或者在切削轮后圆筒上设置顶进千斤顶。这样的机构既要在切削轮后圆筒上安装支撑和止推轴承，又要装置顶进千斤顶，使结构复杂化。但其很大的优点是，在启动切削轮时，可将切削轮后退，减小切削轮的启动转矩。同时在切削中遇有大石、木桩等障碍物时，能退回切削轮，排除障碍后再顶进。

4. 盾壳

盾壳的作用主要是承受地层压力，起临时支护作用，保护设备及操作人员的安全；承受千斤顶水平推力，使盾构在土层中顶进；同时，它也是盾构各机构的骨架和基础。盾壳由切口环、支承环及钢板束通过铆接与螺栓连接而成，其结构如图 8-36 所示。

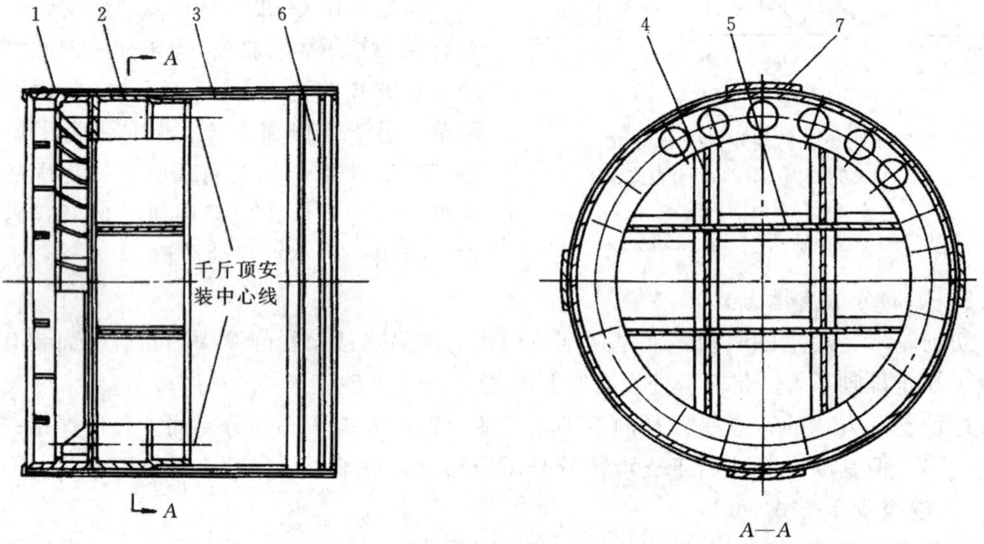

图 8-36 盾壳结构简图

1—切口环；2—支承环；3—钢板束；4—立柱；5—横梁；6—盾尾密封；7—盖板

5. 推进装置及调向原理

盾构在土层中掘进时，是靠安装在盾壳支承环内的液压千斤顶（衬砌环为支承座）推动盾体向前顶进的。由于盾构内部空间狭窄、安装条件差以及盾构的工作情况与其他机械不同，所以对于液压千斤顶有独特的要求，即结构简单、体积小、质量轻、便于安装和布置；各千斤顶之间同步性能要好；有必要的防护装置，避免灰尘、泥水、砂浆混入液压油或千斤顶内。

(1) 液压千斤顶在盾构内的布置。

盾构千斤顶的布置一定要使圆周受力均匀。千斤顶行程是一环衬砌环宽度加上适当余量。千斤顶在盾构内的布置需满足以下几点：①千斤顶轴线与盾构中心线要平行；②布置在靠近盾壳的内圆周圈上，尽量少占盾构空间，等距分布，并尽可能缩小千斤顶轴心线与砌块中心的偏心距；③安装台数一般是双数。

常用的布置方法有等分布置法、不等分布置法和斜面布置法等，如图 8-37 所示。

1) 不等分布置法。

此布置法是一般常用的方法。按盾构横断面垂直轴左右对称布置。千斤顶台数按顶力大小布置，如水平轴线下部顶力小，布置的千斤顶台数就少。

2) 斜面布置法。

为了提高盾构掘进速度，一定要提高衬砌环的安装效率。采用斜面布置法可在两处同时安装衬砌环，一部分千斤顶安装在中心线以下一半，另一部分千斤顶则在已安装好的下

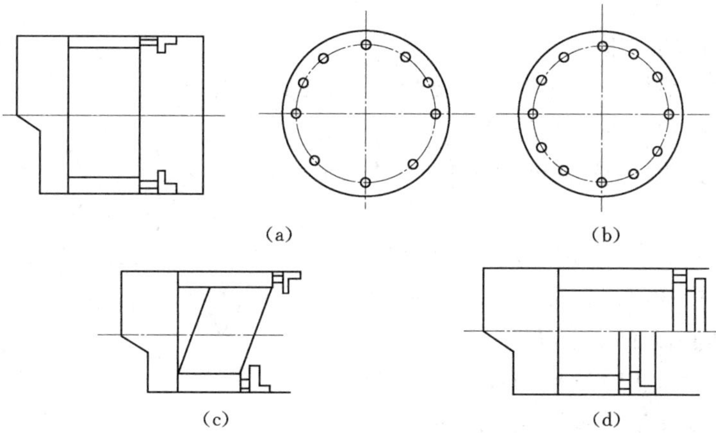

图 8-37 千斤顶在盾构内的布置方法

(a) 不等分布置；(b) 等分布置；(c) 斜面布置；(d) 上下不对称布置

环上安装上半部衬砌块，于是实现了两组同时作业，提高了安装效率。但缺点是使盾构长度增加，不太经济。

3) 上下不对称布置法。

以盾构横断面水平轴线为界，下半部正常布置千斤顶，上半部滞后一衬砌环宽度布置千斤顶，可分别安装衬砌块，上下互不干扰。因此，可提高安装效率，加快盾构掘进速度，但这种方法实际中应用较少。

(2) 盾构调向原理。

如图 8-38 所示，在盾壳支承环内装有 4 组 8 个推进油缸。如果 4 个缸组同时动作，即获得盾构的直线前进，如按表 8-1 分别动作，则获得盾构的调向运动。

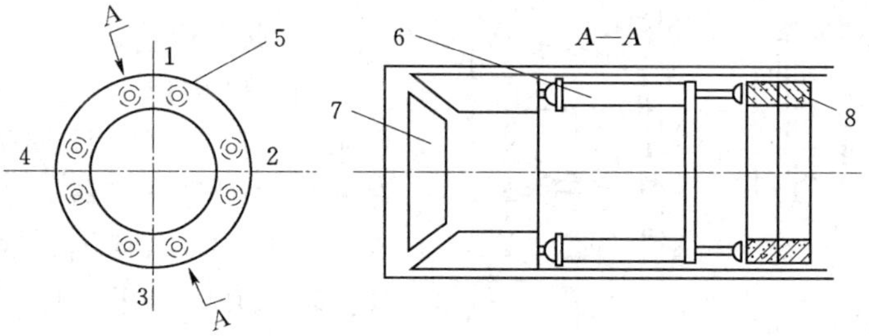

图 8-38 盾构的推进装置

1、2、3、4—四组推进油缸组；5—盾壳；6—推进油缸；7—切削轮；8—衬砌环

表 8-1　　盾构调向作业表

油缸组	直线	左转	右转	上倾	下斜	油缸组	直线	左转	右转	上倾	下斜
1	工作	工作	工作	—	工作	3	工作	工作	工作	工作	—
2	工作	—	工作	工作	工作	4	工作	工作	—	工作	工作

6. 拼装机构

（1）拼装机构的作用。

随着盾构的向前推进，隧道的永久支护需要同时进行拼装。用盾构施工法时，隧道的永久支护通常是将预制好的钢筋混凝土管片，运输到盾构尾部，然后用盾构拼装机构（即机械手）逐片进行拼装。

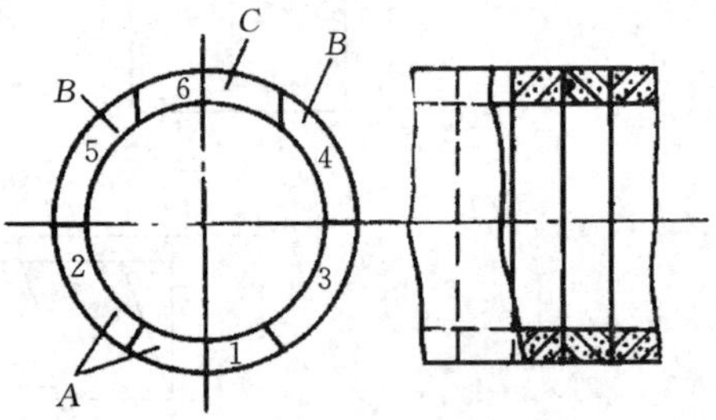

图 8－39 拱片拼装图

1、2、3、4、5、6—拼装顺序；

A—标准块；B—邻接块；C—封顶块

隧道的永久支护多为圆环形（简称为管片），是由若干个弧形拱片组成，如图 8－39 所示。为此，拼装机需具备以下 3 个动作，即提升管片、沿盾构轴向平行移动和绕盾构轴线回转。相应的拼装机构有起升装置、平移装置和回转装置。

拼装机按支承方式的不同，有两种型式。一种是圆周支承，这种型式适用于较小直径的盾构，可充分利用盾构中心空间；另一种是中心筒式支承，它又分为单臂式和双臂门架式两种，主要用于较大直径的盾构，利用中心筒安装刮板（或皮带）输送机或管道设备。

（2）中心筒式双臂拼装机。

如图 8－40 所示为中心筒式双臂拼装机，用于直径 10m 的盾构。由 3 个部分完成起升、平移和回转 3 个动作。其结构特点是 3 个主要运动部件（即起升机构、平移机构和回转机构）都采用液压马达驱动。为满足安装管片时被吊装管片的微动要求，在举重钳架上有纵向摆动、轴向摆动及环向摆动机构。这 3 个动作均以手动蜗杆操纵。

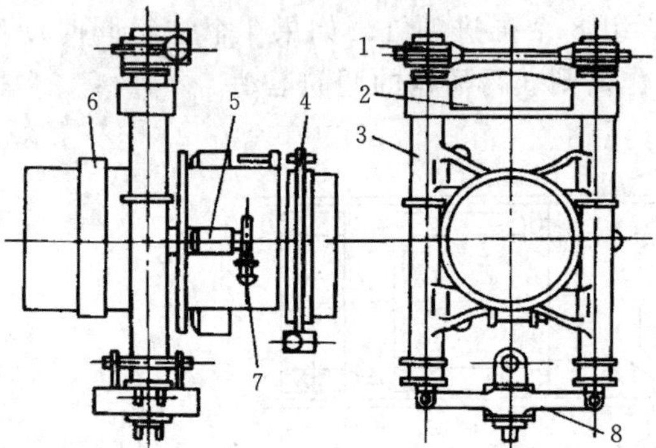

图 8－40 中心筒式双臂拼装机

1—起升驱动和减速装置；2—平衡箱；3—起升柱；

4—平移机构；5—回转机构；6—移动管柱；

7—回转液压马达；8—举重钳

拼装机安装在盾构支承环后侧的中心支承架上，用螺栓连接。出渣的输送装置装在中心筒中。

1）起升机构。

起升机构由液压马达驱动，经涡轮蜗杆减速后，驱动螺杆转动。和起升臂连接在一起的螺母套在螺杆上，因此，当螺杆旋转（不能轴向移动）时，螺母与起升臂就作轴向升降。采用同步连接轴与 4 个齿数相同的齿轮来保证使左右起升同步。

2）平移机构。

平移机构如图 8－41 所示，液压马达 1 驱动蜗杆蜗轮，在蜗轮轴上的小齿轮 4 驱动大齿圈 5，大齿圈圆周均布有三个小齿轮 6，后者的轮轴带有螺纹，螺母 7 与移动管柱 8（见图 8－41 中的件 6）刚性连接。因此，当小齿轮 6 旋转时，螺杆也旋转，螺母 7 带动整个拼装机作轴向移动。

3）回转机构。

移动管柱上安装有大齿圈，其周围均布三套液压马达、减速装置和驱动小齿轮。回转液压马达经谐波减速器驱动小齿轮，从而带动大齿圈旋转。

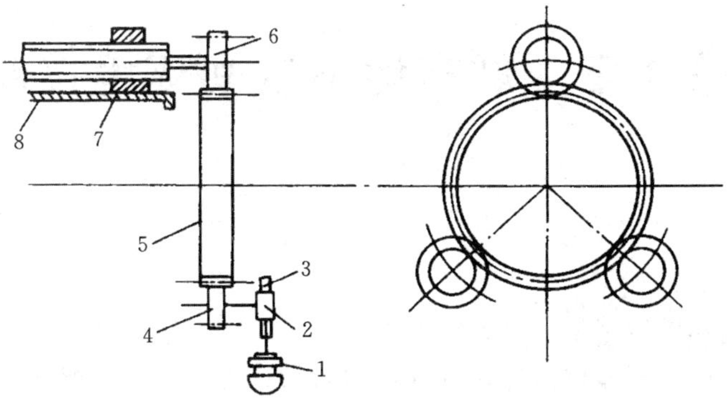

图 8-41　平移机构传动图

1—液压马达；2—蜗轮；3—蜗杆；4—驱动小齿轮；5—齿圈；
6—平移小齿轮；7—螺母；8—移动管柱

7. 盾构施工的导向装置

盾构施工的导向装置的作用是随时指出盾构的顶进方向，使司机能控制机器按预定的设计线路顶进。盾构在掘进中，由于地层阻力、刀盘切削反作用力及推进千斤顶作用力等的不均，使盾构偏离既定的中心，这在施工中是不允许的。因此，导向装置是一个重要的部分。随着科学技术的发展，激光导向技术已开始用于隧道掘进工程中。其原理就是利用有良好直线性光束的激光，投射到盾构里，使操纵者及时地了解盾构的偏离、偏转情况，并随时纠正顶进方向，保证施工质量，提高施工速度。

8. 出渣装置

盾构掘进的同时需将挖掘下来的土及时地输送出盾构及盾构作业区。无论是哪一种形式的盾构，都必须设置出渣装置。

出渣装置的形式取决于所用盾构的施工方法。一般多用皮带输送机，也有采用刮板输送机的。泥水加压式盾构则只能采用真空管道输送出渣。20 世纪 70 年代以来，出现了利用水力管道运输的方法，这种出渣方法便于设备在洞内的布置，且可与其他材料的运输互不干扰。

本章思考题

1. 地下连续墙施工成槽机，按成槽机理可分为几种？简述各种的作用机理。
2. 明挖法中常用的挖土机按作业方式分有几种？各种特点是什么？
3. 简述常用非挤土开挖方式旋转钻机的组成结构和作业过程。
4. 简述凿岩台车的工作原理及适用条件。
5. 简述衬砌模板台车的组成及适用条件。
6. 简述全断面隧道掘进机（TBM）按岩石破碎方式如何分类。
7. 简述盾构掘进机按盾构断面形状及开挖方式如何分类。

第9章 城市地下空间环境控制

9.1 概述

城市地下空间环境控制是一个系统工程，包括环境质量控制、通风空调系统、声环境控制、光环境控制以及节能控制等，只有各方面相互协调、相互配合，才能创造一个适合人在地下空间生存和活动要求的环境。但需要指出的是，地下空间环境特点与地上建筑有非常大的区别，主要体现在以下几个方面。

（1）目前绝大多数的地下建筑采用地面建筑的通风空调系统，设备处理以达到空气品质要求。由于地下空间很难利用自然通风的辅助作用，而通风口的位置、个数又受到很大限制，使得常规通风空调设计方法和设备运行极易造成地下空间内整体气流组织困难和局部通风不畅的问题，从而影响人员的舒适度和空气的品质；地下空间内污染物种类众多，不对回风进行综合高效的净化处理，会带来严重的空气品质问题。

（2）地下工程具有许多地面工程无法比拟的优点，但阻碍其发展的重要原因之一是地下工程潮湿，空间狭小。改善地下工程内空气品质的最佳途径是有效地采取通风与空调措施。地下工程通风与空调系统设计的好坏，直接关系着地下工程的使用成败。因而地下工程通风与空气调节技术的发展是城市地下空间工程开发的重要前提。

（3）随着地下空间被人们广泛利用，其噪声污染问题也突显出来。地下空间的封闭性使得声音难以扩散，如地下空间结构和装修处理不当，将会使得回声现象严重，尤其是常用的拱形结构，在吸声处理不好的地方，声音会不断的反射，形成声聚焦，使得同一噪声源在地下空间内的声压级要大于地面3～8dB。噪声污染的危害众所周知，如损害听力，有害于人的心血管系统，影响人的神经系统，使人急躁、易怒。长期在噪声环境下工作的人，还会引起神经衰弱症候群（如头痛、头晕、耳鸣、记忆力衰退、视力降低等）。另外，地下空间噪声的污染除了以上的危害之外还会导致很多意想不到的事故发生，可见，研究地下空间的声学设计方法、噪声控制标准及控制是非常必要的。

（4）天然光照环境能满足人们生理（视觉）、心理和美学需要，但天然光线不足是地下空间的一个固有缺陷，如何弥补天然光线不足的问题，克服人在地下空间中昏暗、封闭的感觉，创造一种稳定、符合人体视觉特点的光照环境就具有重要的意义。然而，目前还没有关于结合人们对于光环境的需求，完成地下空间照明设计以及利用仿真系统帮助人们获取外部环境信息等方面研究成果。

（5）地下空间的各个系统在运行过程中，都需要消耗各种形式的能源，如电能等。但是由于我国在这些系统的设计和运行方面尚缺乏丰富科学的经验和严格完善的标准规范，使得目前地下空间的照明、通风、空调、强弱电、给水排水、供燃气等系统在满足基本需要的前提下其使用能耗却居高不下，这是一个亟待解决的问题。因此，针对城市地下空间里的各个用能系统和环节，进行节能控制和能量管理方面的研究，使得在满足人们需求的同时尽可能高效低耗地消费能源，对我国的节能战略实施和地下空间的持续健康发展都具有重要意义。

综上，由于地下建筑内部空间环境质量的特殊性，与地上建筑空间环境有着较大的差异，需更多地依靠人工手段来加以控制和改善。我国以往未重视地下空间开发及其内部环境质量的改善，一些有关地下建筑空间环境质量调查的研究也表明，现有地下建筑内部空间环境的现状不能令人满意，大部分达不到应用的标准，尤其表现在空气品质差，新风供应不足，CO_2 浓度、灰尘、微生物总数偏高、室内异味明显，夏季和梅雨季湿度大，潮气促使霉菌、细菌和病毒生长，微生物污染比地上建筑严重，病态建筑综合症（SBS）的发生率高于地上建筑，噪声污染严重，天然光线不足，从而造成了长期以来形成的地下建筑环境不如地面建筑环境的认识与感受。因此，系统的研究、开发地下空间环境改善与保障技术是一个重要而紧迫的问题。

9.2 城市地下空间环境质量评价标准

9.2.1 城市地下空间空气质量现状研究

1. 地下空间空气质量主要问题

近几十年来人们逐渐认识到，高品质的空气是室内人员健康的保证。对于室内长期低浓度污染，人的机体没有抵御手段，都是在不知不觉中被动地吸入众多污染物。随着现代化建筑的不断发展，人们逐渐认识到改善空气品质是提高地下空间内部环境的重要途径。

（1）CO_2 浓度高。

地下空间室内环境中，由于人的呼吸使 CO_2 浓度含量增加的部分不能靠通风排除，会使室内的 CO_2 浓度升高。人对 CO_2 浓度变化极为敏感，一般要求室内 CO_2 浓度不超过 0.1%～0.15%。大多数地下公共建筑内空气中的 CO_2 浓度可控制在 0.15%以内，但有些工程的通风空调系统，为节省能耗，降低运行费用，新风量供应相对不足，通风换气次数低，以致工程内 CO_2 浓度偏高。

（2）CO 浓度高。

CO 是一种有害气体，但在自然界中含量很少；在地下空间中，由于各因素的影响，可能使 CO 浓度升高，超过一定限度时会对人体造成很大的危害，甚至致人死亡，应该严格加以控制。在地下建筑中除了从外界引入的空气中有少量的 CO 含量不超过 $10mL/m^3$ 外，在一般情况下，不存在使 CO 浓度升高的因素。

（3）尘埃细菌。

地下空间中的尘埃和细菌污染极为严重，可吸入颗粒浓度普遍超过容许浓度（$0.15mg/m^3$），有的超过标准数十倍。室内空气中的尘埃和细菌主要来自人体活动，呼吸、说话、咳嗽、吸烟与走动，皮肤与服装等均会散发有害物。围护结构、商品、家居与地面均易于积聚灰尘与繁殖细菌，在通风气流作用下流入室内空气中。室内空气中的尘埃和细菌本可通过空气过滤器进行过滤，但普遍为人们所忽视。多数工程中空调过滤效果不佳，有时甚至不设新风或回风过滤器。

（4）TVOC。

过去人们往往重视明显的室内污染物，却忽视了许多低浓度的挥发性有机化合物（TVOC）。随着“分子污染”这一概念的出现，室内空气控制从微粒污染扩展到化学污染控制。空气中总的挥发性有机物（TVOC），浓度可通过有机物的耗氧量反映出来，是人员异味、头昏、疲倦、烦躁等症状的主要原因，是综合性很强的空气污染指示指标。

（5）氡气污染。

人防地下工程内，氡及其子体水平的实际分布现状是非常重要的参数。空气中的氡主要来源于岩石、土壤及建筑材料中的226Ra，不同地区的地下工程，由于地质构造和性质的不同、氡浓度有很大差异。氡对人体的危害主要来自氡及其子体随气流吸入肺脏。氡子体衰变时放出α射线穿透力差，能量大，以致在体内很小范围内集中释放能量，使肺组织受损，严重时引起肺癌。因此现有大多数人防地下工程，应根据人防工程平时使用环境卫生标准中的氡防护标准，进行有效的防氡通风。

（6）微生物污染。

室内空气中的微生物种类很多，主要包括细菌、酵母菌、霉菌、病菌和噬菌体等，其大小不一，对人体的危害很大，它们的繁殖能力强，繁殖速度快，是影响室内空气品质的一个很重要的因素。室内的空调设备如风机盘管机组内的加热和冷却盘管是潮湿空气和微尘埃积累的部位，加热器缓慢漏水是微生物繁殖的一个根源。

综合以上调查结果，我国地下空间内部环境质量尤其是空气质量较差，虽然对地下空间进行的内部环境改造，使一部分地下空间内部热湿环境有所改善，但总体而言，地下空间内部环境质量大部分尚达不到应有的标准，尤其是空气质量较差。

2. 地下空间空气质量现行标准

我国在室内空气质量方面的研究主要放在室内空气污染物的成因和控制方面，早在1988年，我国就颁布了第一套比较完整的公共场所室内卫生标准。为了适应和推动人防工程开发利用中改善内部环境的需要，1990年由国家人防办组织国内从事内部环境和卫生标准的有关院校和研究所，开始制定人防工程平时利用的内部环境卫生标准。于1993年制定出6类人防地下工程（地下旅馆、地下商场、地下影剧院、地下医院、地下餐厅、地下舞厅）卫生标准，1996年又对其重新进行了修订、完善与编写，即GB 9663/9664/9665/9666/9667/ 9668/9669/9670/9671/9672/9673—1996和GB 16153—1996饭馆（餐厅）卫生标准共11套标准（旅店业、文化娱乐场所、公共浴室、理发店美容店、游泳场所、体育馆、图书馆博物馆美术馆展览馆、商场书店、医院候诊室、公共交通等候室、公共交通工具卫生标准）。1996年和1997年相继颁布了《住房内氡浓度控制标准》（GB/T 16146—1995）、《居室空气中甲醛的卫生标准》（GB/T 16127—1995）、《室内空气中细菌总数、二氧化碳、可吸入颗粒物、氮氧化物、二氧化硫卫生标准》（GB/T 17093/17094/17095/17096/17097—1997）等针对室内空气污染物的控制标准。1998年由国家技术监督局和国家卫生部颁布了针对人防工程的卫生标准《人防工程平时使用环境卫生标准》（GB/T 17216—1998）。作为专门针对地下空间重要组成部分人防工程的标准，对确定地下空间空气质量参数的标准值具有很大的指导意义。随后还相继颁布了《室内空气质量中臭氧卫生标准》（GB/T 18202—2000）、《公共场所卫生标准测定方法》（GB/T

18204.1～29—2000）。

我国在2002年11月制定了《室内空气质量标准》（GB/T 18883—2002），其中包括室内空气质量标准及污染物检测方法，作为通用性标准，地下空间同样可以参照执行。

以上卫生标准与2001年实施的10项“室内装饰装修材料有害物质限量”标准GB 18580—18588及GB 6566—2001一起构成了控制室内环境污染的相对完整的技术标准体系，并针对有关参数形成了一套相对完整的检测方法标准。

近年来，随着人防工程平时开发利用，在原有人防工程以战时功能为主的设计规范基础上，组织编制了人防工程平时使用卫生标准，以适应人防工程平时使用的要求。但没有根据卫生标准制定适应人防工程平时使用的工程设计规范、相应的技术措施、管理法规和质量监督机制。事实上，地下空间内部空气质量，依靠现有技术，应当说是完全可以达到应有标准的，关键是健全规范标准，并制定有关法规加以保证。

9.2.2 地下空间空气质量改善与保障技术措施

地下空间内的空气品质与地面建筑相比，由于受到岩石或土壤以及封闭空间等因素的影响，空气环境更加恶劣，人们长期在这里生活或工作势必会对健康造成极大的危害，因此必须对地下空间空气质量进行改善，使地下空间内部环境质量接近或超过地面环境。

地下空间空气污染物的控制可以通过以下4个主要途径求实现。

1. 污染源头控制

室内污染源是指室内人员、建筑装饰材料及商品。要控制室内人员和商品显然是不可能的，能做到的是尽可能选用无污染或低污染的建筑及其装修材料，不销售有即时污染可能的商品，以便降低TVOC的散发量，并严禁室内吸烟等。控制室内空气污染，移走空气污染源，从源头抓起，这是保证室内空气不受污染、改善室内空气品质的根本途径。

2. 气流组织控制

由于地下空间无法进行开窗通风，所以与地上建筑相比，应更如强调室内气流组织。气流组织是暖通空调技术中的重要环节之一。对于同样的系统、同样的设备，由于室内气流组织不同，会产生不同的效果，同时对系统的节能也有影响。

（1）合理组织事室内气流。

气流组织的设计至关重要，气流组织设计合理，不仅可以将新鲜空气按质按量地送到人员活动区，还可及时将污染物排出。不同的气流组织方式形成的气流流型和分布特性不同，其控制和转移污染的能力也有不同。布置送、回风口时，应注意避免风口被遮挡。合理的气流组织应保证送风气流能送到所需的任何场所，不出现死角、死片、重叠和短路等不合理的气流现象。

（2）稀释通风（见图9-1）。

传统的通风方式为稀释通风，它是以稀释原理为基础，以全室温湿度均匀为目标。以往的设计中，一般建筑很少进行气流组织设计，对一些温湿度要求高的建筑，则气流组织的目的，往往是将处理好的空气送入室内，并与室内空气充分混合后达工作区，使工作区处于回流区，工作区内的温度、湿度和气流速度达到均匀并在允许值以内。但是从室内空气品质的要求来看，送入室内的清洁空气，按照传统的稀释通风方式，首先与室内污浊空气充分混合，使室内污染空气稀释，使污染物浓度达到标准许可的浓度以下。如果以室内污染物的排除效率来描述通风效率的话，排气或回风的污染物浓度等于室内稀释后的平均浓度。这种稀释通风的效率，理论上可达 100%，但实际上在 50%～70%以下。如果气流组织得不好，气流发生“短路”，则效率将低于 50%。

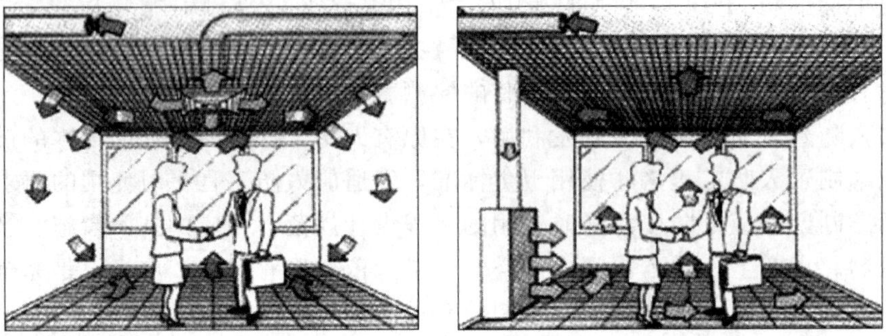

(a)　　　　(b)

图 9-1　稀释通风与置换通风原理图

(a) 稀释通风；(b) 置换通风

(3) 置换通风。

从室内空气品质的要求来看，希望污染物直接从污染源排除，而新鲜空气和洁净空气直接送入工作区或居留区，这就引出了“置换通风”方式。这是一种全新的通风方式，它是以浮力控制为动力，以工作区舒适性为目标。置换通风是将新鲜空气直接从房间下部送入，靠室内余热的热力作用，使新鲜空气以较小的扰动通过工作区，卷吸室内热量和污秽空气，在后续送风的推动下，定向地升至上排风口排出。与前面所说的稀释通风不同的是污染物浓度分布，不是用稀释的办法降低全室污染物的平均浓度，而是使污染物最快排除，最大限度地向工作区提供清洁空气，以清洁空气置换污染空气。

(4) 设备维护。

在通风空调系统运行时，应有专人负责管理，连续监测控制室内温湿度及污染物指标。定期对系统进行检测和调试等；对通风空调系统的所有构件均应定期维护保养和清洗消毒（过滤器则定期更换或再生）：对于有凝结水产生的换热器筹设善。应在系统停止工作时，保持通风直至凝结水干燥，以免滋生微生物；暖通空调工程师在工程设计时，就应考虑到为今后设备的维护和清洗消毒提供便利。

3. 污染稀释控制

尽管控制污染源是最根本的办法，但污染物不可能被完全控制，正因为如此，加大新风量，提高新风品质是改善地下空间空气品质的重要环节。

(1) 保证适度的新风量。

必要的新风量是稀释污染物，改善室内空气品质的前提。按照传统的观念来说，人是室内主要污染源，CO_2 是室内主要污染物。新风主要是用来稀释人体散发的 CO_2 等主要污染物。这样，所需新风量则由所处场所的每人新风量指标来确定，要求送入的新风量不低于该指标，以维持最低健康要求。

(2) 保证新风品质。

空调系统除了应注意新风的“量”，还必须注意新风的“质”。现行的设计规范只强调新风“量”的概念，而对新风的“质”则关注不够，实际工作中经常造成有些新风的无效供应。这就是为什么大楼内往往新风量虽达到指标，而工作人员仍然抱怨室内空气品质低劣的原因。

（3）分阶段变风量系统。

我国的商场人员密度大，为了节能，新风量取值普遍较低，再加上新风的沿途污染，其清洁和新鲜感都大打折扣，影响了室内空气品质。针对商场空调的特点，有的学者提出了分阶段变风量空调系统，该系统是在商场空调的组合机中设置两台新风机（风量按总风量的一定比例配备），根据不同气候条件，分段转换送风机、新风机和制冷枫，可以做到大（全）新风运行。这种系统的特点是尽量利用室外新风供冷，少开制冷机，既可以节能，又改善了室内空气品质。

（4）新风直接入室。

由于有的空气处理设备已成为新的污染源，而在目前情况下要完全消除空调设备的污染是很困难的。有的学者提出了避开空调系统污染，让新风直接入室的新的系统形式，这种系统是在新风机组末端设亚高效过滤器，对新风不进行热湿处理，采用适当的途径直接送入室内。这种方式是在某种特定情况下，对于改善室内空气品质的一种尝试。

4. 污染净化控制

消除室内污染和气味，除了室外新风稀释外，还可以利用室内空气净化设备，这也是控制污染的一种有效途径。目前最简单有效的自净手段是过滤和吸附。对于室内尘埃、生物气溶胶及其他一些过敏因子，其当量粒径较大时可以采用亚高效过滤器过滤，不需采用价格昂贵、阻力很高的高效过滤器。而对于人体气味、香烟烟雾及低浓度污染物 TVOC 的异味和刺激物，则采用吸附法。最常用的吸附材料是活性炭，但活性炭的种类很多，一定要和被吸附气体匹配。尽管自净器有过滤、吸附污染物的作用，可以将空气中某些污染物指标降下来，但对长期低浓度污染物，自净器是无能为力的，不可能将所有污染物除掉，因此空气自净器只能作为室内空气净化的一种补充形式。

9.2.3 地下空间视觉环境与评价

视觉环境，是通过视觉，在人们所处环境中，对空间和各种物体的认识。地面建筑与室外自然环境紧密联系，人们可以通过日光变化、气候变迁以及人们对自然环境的观察和经验来把握时空。而地下空间被封闭或大部分封闭在地下，建筑物与外界空间的联系只能通过通道，内部环境没有阳光、气候变化，无法直接把握时空，因此改善城市地下空间的视觉环境，提高地下空间的视觉环境的舒适度就显得尤为重要。

改善地下空间视觉环境，可以采取的措施有多种，包括适当增加空间尺寸，重视出入口的过渡处理，利用各种自然因素，如天然光线、外部景观、绿色植物及水体等。

目前，现行关于照明设计和视觉环境标准很多，如《民用建筑照明设计标准》（GBJ 133—90）、《建筑照明设计标准》（GB 50034—2004）、《地下建筑照明设计标准》（CECS 45：92）、《视觉环境评价方法》（GB/T 12454—2008）等。其中前几种设计标准是为了使建筑照明设计能够满足长期使用的视觉功效、保证技术先进、使用安全、维护方便而制定。《视觉环境评价方法》是评价室内视觉环境质量的基本方法。

由此可见，视觉环境和其他大部分标准中规定的照明和采光要求是有所区别的，它受更多因素影响，反映了在满足照明设计标准基础上，人群满意度的更高要求。因此，我们按照《视觉环境评价方法》(GB/T 12454—2008) 的评价思路，结合地下空间视觉环境特点，建立地下空间视觉环境评价体系，评价流程如图 9-2 所示。

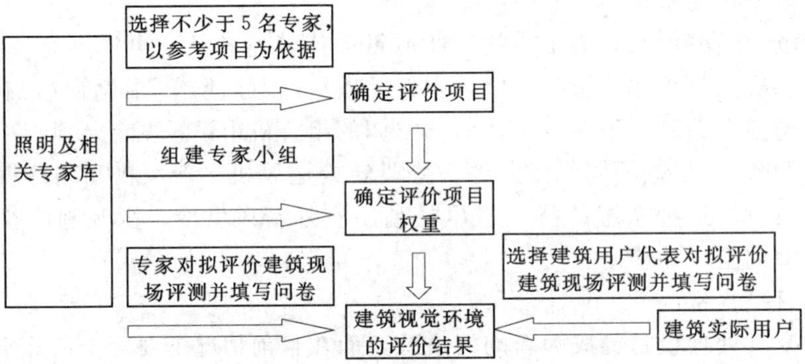

图 9-2 视觉环境评价流程图

1. 评价项目的筛选

评价项目应由专家小组根据工作场所的实际情况投票确定，最终人选项目其得票率不应低于 50%影响视觉环境质量的参考项目可分为如下几种。

(1) 照度水平。

照度的定义为被照体单位面积所受的光通量，其单位为勒克斯 (lx)。每一个不同使用目的的场所，均有其合适的照度来配合其需要。照度太低时容易导致视疲劳造成近视，照度太高则过分明亮刺眼，影响视力的同时造成浪费。

(2) 眩光。

视野中由于不适宜亮度分布，或在空间或时间上存在极端的亮度对比，以致引起视觉不舒适和降低物体可见度的视觉现象。生活中可以通过调整某些环境因素来尽量保持视野中各种光线亮度的趋向一致，才能减少这种眩光对视觉舒适度的影响。

(3) 光温。

各类人工光源发光的原理不同，所产生的光色各有不同，照明学上以光源所发出来的光源颜色与黑体在某一绝对温度下辐射出来的光线颜色相同时，便以黑体当时的涩为光源的光温，单位以绝对温度 K 表示。光温在 3300K 以下光色开始偏黄，使人感觉比较温暖；色温度超过 5300K 以上，光色转向青白，则感觉清冷。

(4) 显色性。

物体色在不同照明条件下的颜色感觉会发生变化，这种变化可用光源的显色性来描述。光源的显色性指的是与参考标准相比较时，光源显现物体颜色的特性。国际照明委员会 (CIE) 及我国制定的光源显色性评价方法中，都规定把 CIE 标准照明体 A 作为相关色温低于 5000K 的低色温光源的参考标准，它与早晨或傍晚时日光的色温相近；相关色温高于 5000K 的光源用 CIE 标准物体 D_{65} 作为参考标准，它相当于中午的日光。

(5) 闪烁。

表示由于亮度或光谱分布随时间波动的光刺激而引起的不稳定视觉现象。在电光源的闪烁频率与物体的运动速度成整数倍关系时，运动物体的运动速度就会产生静止、倒转、运动速度缓慢以及上述3种状态周期性重复的错误视觉，影响人们的作业效率。应使用高频率的电子镇流器减少人工照明的频闪效应，为地下空间提供类似天然光的稳定照明环境。

（6）天然光利用及控制。

天然采光不仅仅是为了满足照度和节约能耗的要求，更重要的是满足人们对自然阳光、空间方向感、白昼交替、阴晴变化、季节气候等自然信息感知的心理要求。同时，在地下建筑中，天然采光的形式可使空间更加开敞，并在一定程度上改善通风效果，而且在视觉心理上大大减少地下空间的封闭、压抑、单调、方向不明、与世隔离等不良心理感觉。

据中国建筑科学研究院的天然光和人工光的视功能对比试验表明，在照度2～1000lx范围内，视觉临界对比度相差约5%～20%，也就是说在天然光下工作，人的视觉功效比人工光高5%～20%，天然光的优势大于人工光源。

2. 评价项目权值确定

由专家根据所确定的评价项目，对地下空间视觉环境的影响的重要程度进行评判，对投票结果进行统计，得出不同空间类型中各评价项目的权重 Q_m。

3. 现场评价及得分计算

在确定评价项目及其权重后，即可进行现场评价并记录现场情况，主要内容包括：评价场所用途、评价日期及时间、评价人、评价时的天气条件及照明条件，现场外观特征及现场照明，以及相关视觉环境参数测量结果。

设评价项目的评价等级 $n=$ {优，良，一般，较差，差}，对应的等级分值为 $P_n=\{10, 8, 6, 4, 2\}$，则项目评分 S_m 为：

$$S_m = \frac{\sum_1^n P_n V_{mn}}{\sum_1^n V_{mn}} \tag{9-1}$$

式中 S_m——项目评分，$2 \leqslant S_m \leqslant 10$；

P_n——第 n 个等级的分值；

V_{mn}——评价项目 S_m 第 n 个等级所得的票数。

视觉环境指数 S_{visual} 可表示为：

$$S_{\text{visual}} = \sum_1^m S_m Q_m \tag{9-2}$$

式中 S——视觉环境评价指数，$2 \leqslant S_{\text{visual}} \leqslant 10$；

Q_m——评价项目 S_m 的权值。

则视觉环境舒适度等级划分与其得分的对应关系如下

$9 \leqslant S_{\text{visual}} \leqslant 10$ A级：优

$8 \leqslant S_{\text{visual}} \leqslant 9$ B级：良

视觉环境舒适度为： $7 \leqslant S_{visual} \leqslant 8$ C 级：一般

$5 \leqslant S_{visual} < 7$ D 级：较差

$2 \leqslant S_{visual} < 5$ E 级：差

9.3 城市地下空间通风空调系统

人离不开氧气。地下工程与地面通过有限的出口连接大气，但由于人员呼吸、设备耗氧，工作地点的含氧量会逐渐降低，或由于从地层中涌出的气体而造成地下工程内缺氧，这些都必须用通风的办法向地下工程不断地输入新鲜空气。地下工程开挖和掘进过程中一般都必须进行爆破作业，爆破后所产生的炮烟是多种有毒气体的混合物；人员呼出的二氧化碳，人体新陈代谢所散发的汗味和臭气；内燃机排出的尾气，蓄电池充放电时产生的氢气以及地下岩层中涌出的有毒有害气体等，都要用通风的方法加以稀释排除。同时通风也是治理地下工厂生产过程中所放出的有害物质和粉尘的基本措施。

风流运动的规律是空气由气压高的地方流向气压低的场所。地下工程通风就是利用工程内外空气压力差，促使空气按所需的方向和数量流动的一种技术措施。通风的基本任务就是，向地下各工作地点供给足够数量的新鲜空气，稀释和排除各种有害物质（包括炮烟、有害气体和粉尘）；空气调节的基本任务则是除湿、调温，保证地下工程内部要求的气象条件，创造舒适的劳动环境。人防工程还要求地下工程内部压力稍高于大气压力，形成“超压”，并具有防原子辐射、防化学毒剂、防细菌危害的“三防”能力。

9.3.1 地下工程的通风动力

1. 自然风压的形成

空气由高压的地方流向低压的地方。温度低的空气比温度高的空气密度大，即单位体积空气的质量随温度的降低而增大。由于空气自身压力和自重变化形成的风压，叫做自然风压。由于大气自然风向、风力造成工程内外压力差的自然风压叫做风力风压（也有简称风压的）；由于温度变化造成工程内外压力差的风压，叫做热力风压（简称热压）。即使在一个单一独头平直风道内，由于季节不同，风道内温度也有所差别，也会产生空气对流现象（见图 9－3）。图 9－3（a）是表示冬季洞内温度比地面温度高，风道内空气逐渐被加温，热气上升从风道顶部流出，而地面冷空气从风道下部进入；图 9－3（b）是表示夏季洞内温度比地面温度低，风道内空气逐渐降温，冷气下降由风道底部流出，而地面热空气从风道顶部进入。这是借助自然因素通风的最简单形式。

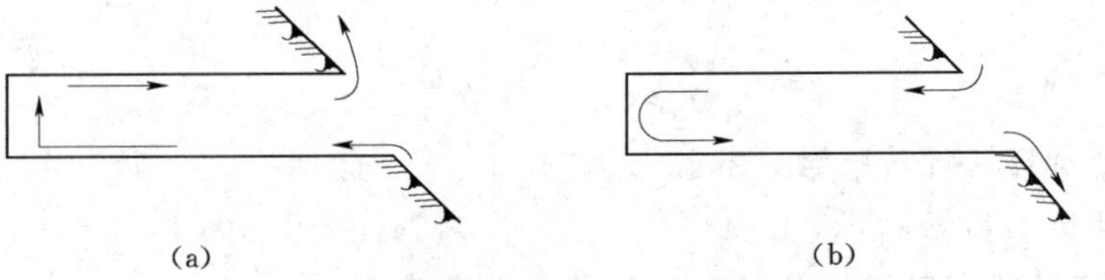

（a） （b）

图 9－3 独头风道因温度不同产生的空气对流现象

（a）冬季风对流；（b）夏季风对流

假如两个风道（平硐）开在标高不同的坡地上，可以产生自然风压，如图 9-4 所示。处于同一标高的两点 A 与 E 气压相等，冬季由于地面寒冷，因为 D 点上 ED 空气柱重量大于风道内作用于 C 点上的召 C 空气柱重量，产生了压力差，所以形成自然风压，使空气由风道 DC 流入而从 BC 风道排出地面。夏季则与此相反。

如果风道贯通了丘陵的两侧（见图 9-5），甚至在一昼夜内或昼间的上、下午都可以观察到风道内自然风流方向的变化。早晨太阳照暖了山坡东侧，西侧背阴，东暖西凉，西边空气柱比东边重，则空气由西向东流动，如图 9-5 中实线箭头所示；下午太阳西照，西暖而东背阴，东侧温度相对的降低，风道内风流便会倒转方向流向西侧，如图 9-5 中虚线箭头所示。

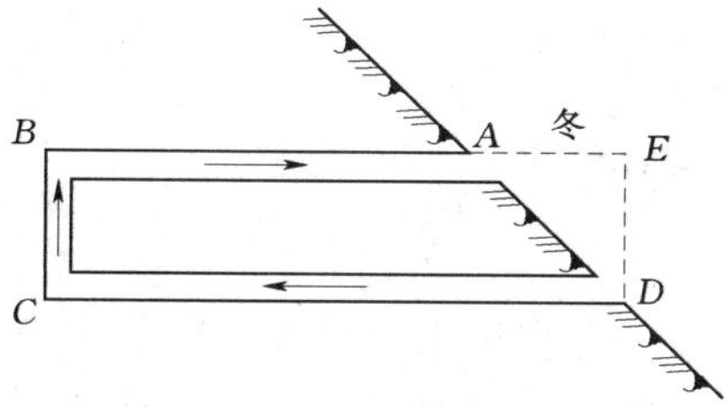

图 9-4　不同标高平硐的自然风压

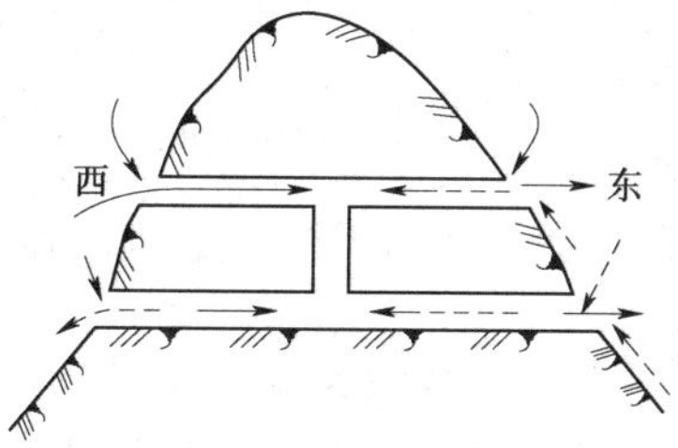

图 9-5　贯通丘陵两侧的风道的自然通风

2. 扇风机的构造与分类

地下工程用的扇风机按其构造原理可分为离心式与轴流式两大类。

（1）离心式扇风机。

离心式扇风机的结构如图 9-6 所示，它主要是由动轮（工作轮）1、螺旋形机壳 5、吸风管 6 和锥形扩散器 7 组成。有些离心式扇风机还在动轮前面装设具有叶片的前导器（固定叶轮）。前导器的作用是使气流进入动轮入口的速度发生扭曲（前导器叶片给风机导向），以调节扇风机产生的风压。动轮是由固定在主轴 3 上的轮毂 4 和其上的叶片 2 所组

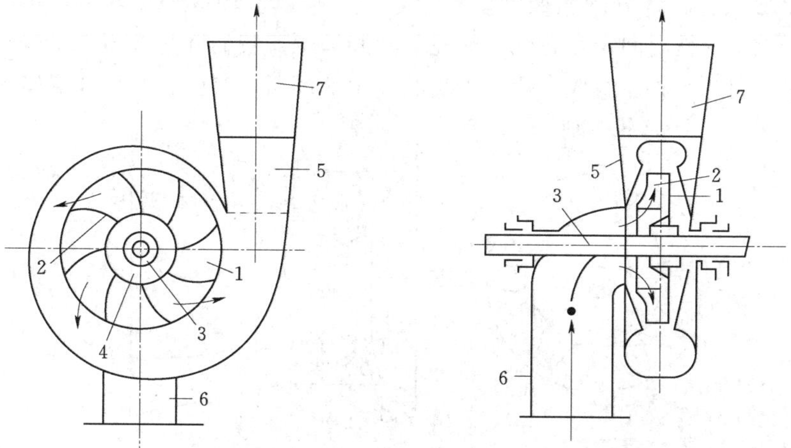

图 9-6　离心式扇风机

1—动轮；2—叶片；3—主轴；4—轮毂；5—螺旋形机壳；6—吸风管；7—锥形扩散面

成；叶片按其在动轮出口处安装角的不同，分为前倾式、径向式和后倾式 3 种，如图 9-7 所示。工作轮入风口分为单侧吸风和双侧吸风两种，如图 9-6 所示是单侧吸风式。

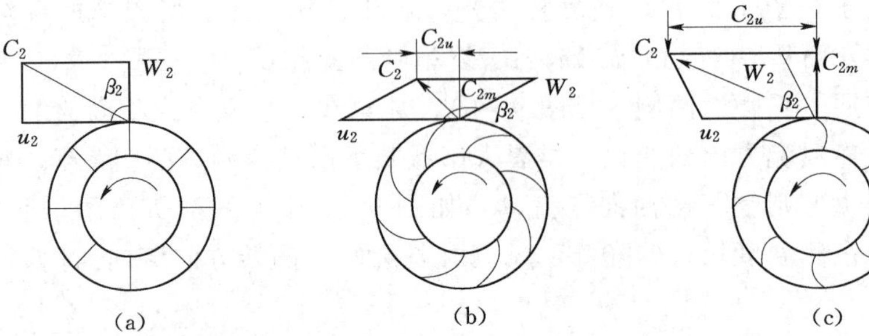

图 9-7　离心式扇风机叶轮

(a) 径向式 $\beta_2=90°$；(b) 后倾式 $\beta_2>90°$；(c) 前倾式 $\beta_2<90°$

W_2—空气沿叶片出口的相对速度；u_2—动轮外绕周速；C_2—合速度；

C_{2u}—C_2 的切向分量；C_{2m}—C_2 的径向分量

当电动机带动（或经过传动机构）动轮旋转时，叶道内的空气相互间作用力太小，不足以维持圆周运动而被甩出，动轮吸风口处的空气随即就补充流入叶道。这样就形成连续的空气滚动，空气由吸风管经过动轮、螺壳、扩散器流出。空气受到惯性力作用离开动轮时获得了能量，以压力形式表达，就是动轮的工作提高了空气的全压。空气经过动轮以后，全压就不再增加了，但是压力的形式却发生转化。空气通过螺壳和扩散器时由于其过风断面不断扩大，空气的动压转化为静压，静压增大，动压减小，直至扩散器出口静压成为大气压，动压则为出流到大气的速度所体现的动压（抽出式工作时）。

(2) 轴流式扇风机。

轴流式扇风机如图 9-8 所示，它主要由工作轮 1、圆筒形外壳 3、集风器 4、整流器 5、前流线体 6 和环形扩散器 7 所组成。集风器是一个壳呈曲面形、断面收缩的风筒。前流线体是一个遮盖动轮部分的曲面圆锥形罩，它与集风器构成环形入风口，以减小入口对风流的阻力。工作轮是由固定在轮轴上的轮和毂和等距安装的叶片 2 组成。一个动轮与其后的一个整流器（固定叶轮）组成一段。为提高产生的风压，有的轴流扇风机安有两段动轮。

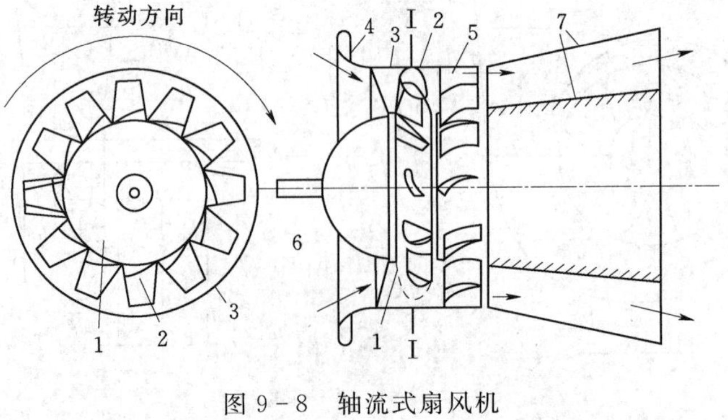

图 9-8　轴流式扇风机

1—工作轮；2—叶片；3—圆筒形外壳；4—集风器；5—整流器；

6—前流线体；7—环形扩散器

当动轮叶片（机翼）在空气中快速扫过时，由于翼面（叶片的凹面）与空气冲击，给空气以能量，产生了正压力，空气则从叶道流出；翼背牵动背面的空气，而产生负压力，将空气吸入叶道，如此一吸一推造成空气流动。空气经过动轮时获得了能量，即动轮的工作给风流提高了全压。

整流器用来整直由动轮流出的旋转气流以减小间距减小涡流损失。环形扩散器是轴流风机的特有部件，其作用是使环状气流过渡到柱状（风洞或外扩散器内的）空气流，使动压逐渐变小，同时减小冲击损失。

扇风机的附属装置，除扇风机和电动机以外，还应有反风装置、风洞和外扩散器等附属装置。

9.3.2 地下工程空气调节系统

地下重要工程，因其用途不同，对进入地下室、库的空气有一定质量要求，如温度、湿、含热量和含湿量等。为满足这些要求所进行的空气调节工程，简称为空调。

地下空间和建筑物虽然冬暖夏凉，但并不能完全满足生产、生活和贮存物品时对气象条件的要求，在某些条件下必须在地下工程进行通风的同时，还需进行空调。

一般用途的地下空间和人防工程，其空气调节的主要任务是防止潮湿和调节温度。

1. 空调系统的基本组成

空调系统主要由以下几部分组成。

（1）空气处理设备。

空气处理设备是指按照对空气各种参数的要求，对空气进行过滤净化、加热、冷却、加湿、去湿等处理的设备。主要包括过滤器、喷水室、加热器、加湿器等。

（2）空气的输送和分配设备。

空气的输送设备主要是指将处理后的空气输送到各个空调房间和从空调房间排出部分空气的设备，主要包括送、回风机，送风管等。

空气的分配设备是指为合理组织分配室内气流的设备，主要包括送风口和回风口等。

（3）供冷、供热设备。

这部分设备指的是为空调系统提供冷量和热量的设备，如锅炉房、冷冻站、冷水机组等空调系统的组成如图 9－9 所示。

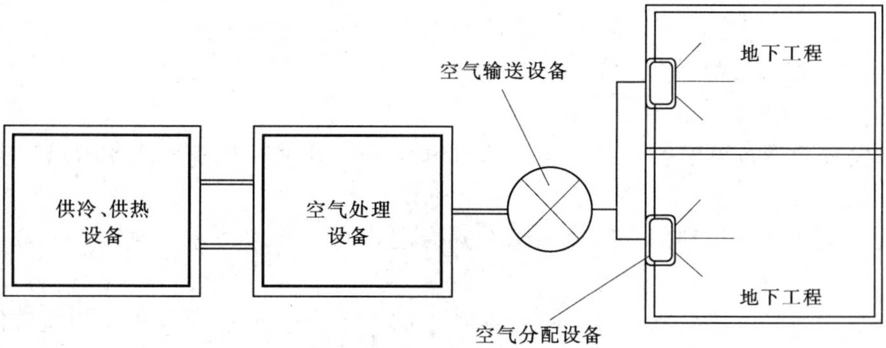

图 9－9　空调系统的组成示意图

2. 空调系统的形式及分类

随着科学技术事业的发展，空气调节技术也得到了不断的改进和提高，出现了大量的新设备和控制仪表，可用来组成多种形式的空气调节系统，为在不同的工程中选用最佳系统方案创造了条件。出于不同的要求，在空气调节系统分类也各有不同，如根据空气处理设备的集中程度分类，有集中式空调系统、半集中式空调系统和分散式空调系统。根据负担室内热湿负荷所用的介质不同，有全空气系统、全水系统、空气-水系统和冷剂系统。根据空调系统使用的空气来源不同，有直流式系统、封闭式系统和回风式系统。当前最常用的有全空气系统及空气-水系统，分述如下。

(1) 全空气系统。

全空气系统是指全部室内热湿负荷，均由经过集中处理的空气介质所吸收，不需另外的二次冷却。目前常用的集中式空调系统，就属于这种类型。其组成如图 9-10 所示。

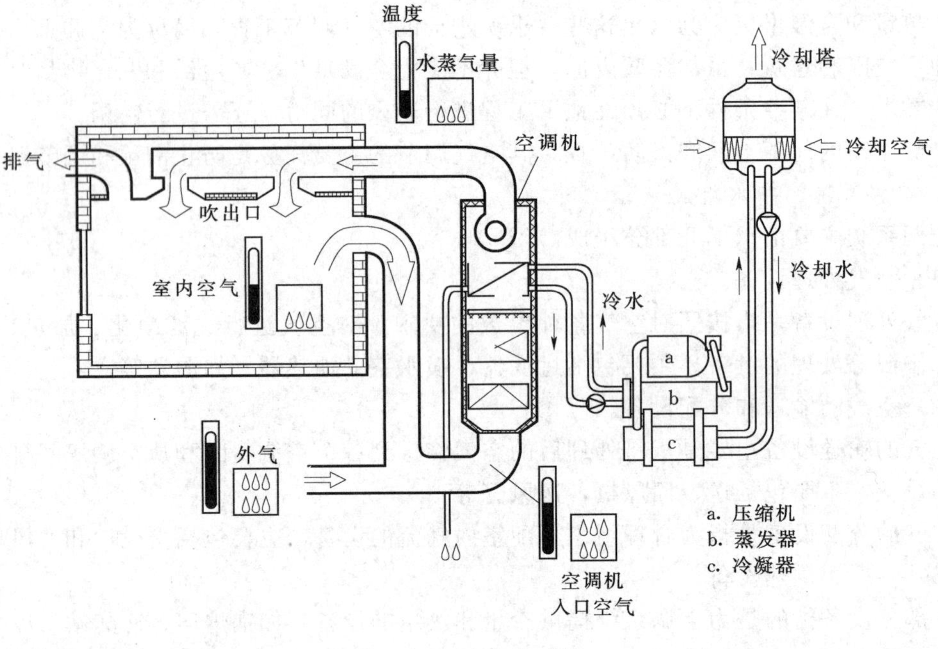

图 9-10 全空气系统

全空气系统适用生产、科研及舒适性空调工程中，可满足多种使用要求，如气流组织，温湿度控制级洁净度控制等。

1) 在一般情况下，其主要优点是：

a. 空气处理设备可集中安装，统一管理和维修，在使用地点不需敷设冷、热介质及凝结水管道。

b. 在过渡季节，可利用全新风消除余热余湿，减少冷冻机运行时数，也降低了能量消耗。

c. 全空气的双风道系统，对于同一系统中的各个空调地点具有较大的适应能力，例如在同一时间内，可以满足某些空调地点冷却而另一些空调地点加热的要求，而整个系统的运行制度不必改变。

d. 由于设备集中布置，便于能量的再生和利用。例如，利用夏季排风预冷进风，利用冬季排风预热进风等。

e. 对于装有局部排风的空调地点，便于补偿排风。

f. 可设计成为任何形式的气流组织。

2）全空气系统的缺点：

a. 作为冷热介质的空气热容量小，容积流量大，风道断面及其所占用的空间也大。

b. 一般需设单独的采暖系统，以供非生产时间使用。

c. 在无自动平衡风量的系统中（如低速的再热系统），各空调地点的风量平衡比较困难，特别是同一系统中有些空调地点关掉了送风，造成了风量的重新分配。

（2）空气-水系统。

空气-水系统利用空调机、冷水机组、锅炉和风机盘管，可对房间进行空气调节。风机盘管为末端装置，可吹送出冷、热风。系统组成如图 9－11 所示。

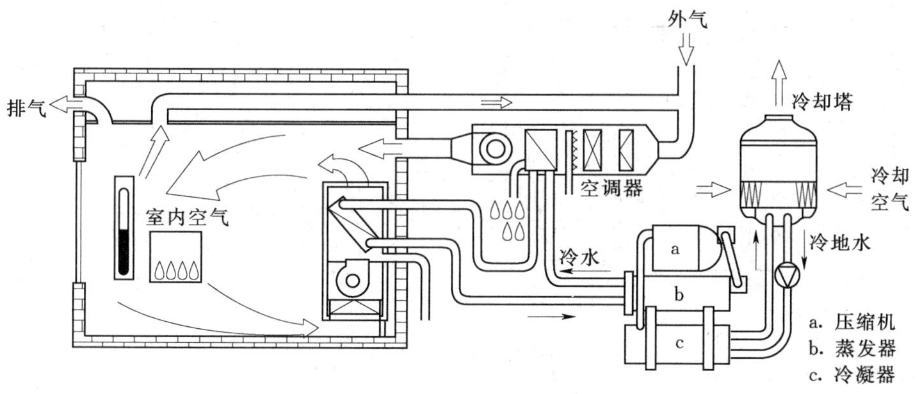

图 9－11　空气-水系统

这种系统空气介质仅处理一小部分室内负荷，大部分室内负荷则由设在空调房间中的二次冷却器处理，因而就避免了冷热抵消造成的能量浪费，同时，也解决了大风道及占用空间的问题。诱导空调器及风机盘管等，皆属于这种系统。如回风量较少，也可不设回风道，更有利于节省空间。这种系统在旅游建筑中应用较多。在地下空间或空间窄小的改建工程中，条件地采用空气-水系统，也是可行的。

在地下空间中采用空气-水系统，必须对负荷特点，可供利用的空间以及冷冻机运行时数，进行周密分析以后，确实合理时再予选用。

1）空气-水系统的主要优点：

a. 节省空间，节省投资。

b. 调节二次冷却，可以补偿室内负荷变换，有一定的节能效果。

c. 二次冷却器可用于冬季的采暖。

d. 可避免各房间的空气串通（指不设回风的空气-水系统），有利于卫生和安全。

2）空气-水系统的缺点：

a. 全年固定新风不变，因而，过渡季也无法利用新风消除室内热湿负荷，延长了冷冻机的运行时间，造成了能耗和运行费用的增加。

b. 除湿能力小（二次冷却按“干冷”设计），在湿负荷较大的地方采用，受到限制。

c. 设备分散在各使用房间中，不便于集中管理和维修。

d. 由于末端装置已固定，气流组织的灵活性受到限制。

e. 产生有害气体、粉尘的房间不能采用。

（3）其他方式。

除了全空气系统和空气水冷却系统外，还有全水方式、直接冷却方式等。

1）全水方式。

全水方式是利用冷冻机制造出的冷水（或锅炉制出的热水）通过空调硐室的风机盘管中对室内空气进行冷却或加热的，如图9－12所示。这种方式多用于饭店的客房系统或商场的空调场合。

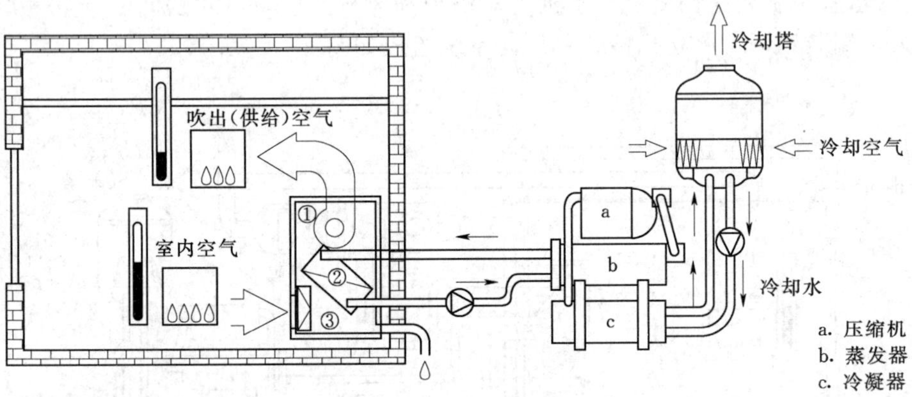

图9－12　全水方式

2）直接冷却方式。

直接冷却方式是利用直接蒸发式表面冷却器热交换器中的制冷剂，汽化蒸发吸热来冷却室内空气，所以叫直接冷却方式。这种方式广泛应用在各种房间空调器（窗式、分体式）和小面积的中央空调系统。直接冷却（或加热）方式如图9－13所示。当热交换器内通以锅炉房来的热水或低压蒸汽时，交换器可用于对空气的加热。这种供热方式广泛用于恒温恒湿空调机和中央式空调系统。

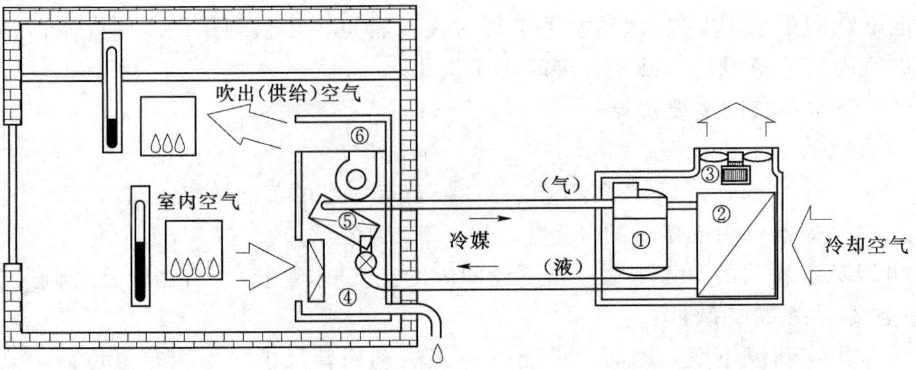

图9－13　直接冷却方式

9.4 城市地下空间噪声控制技术

地下空间的声学设计在国外、尤其是欧美等国家越来越受到重视，在地铁站等人员密集的地下空间中，正确、适宜的声学设计不仅可以给使用者提供舒适的声环境，更能保证在紧急情况下公共广播系统高效率地发挥引导人员快速、安全疏散的作用。目前我国较为常见的地下空间分别为地下停车库、地铁站以及地下商业建筑，对这些地下空间室内噪声的控制技术及相应的声学设计策略展开研究是十分必要的。

9.4.1 地下停车库噪声控制技术

地下停车库的室内净高度与一些公共建筑相比，虽然不算高，但由于其平面尺度较大，因此从空间容积的角度看，还是比较巨大的；另外由于其室内空间的各内表面大都是混凝土或砂浆抹面，吸声系数很小，因此室内的声能衰减极其缓慢，混响时间很长，会严重影响语言清晰度，但由于经济性的要求，不可能运用过多的吸声材料来消除车库内的混响声，因此地下停车库中的应急广播系统，应采用警铃声而非语言声，同时配合其他视觉上的提醒与指示，以满足紧急状况下的安全疏散。

在噪声控制方面，一是要控制地下停车库内部空间的噪声水平；二是要控制其对相邻建筑空间的噪声干扰。地下停车库与相邻建筑的关系主要可以分为以下 3 个类型。

1. 独立型

地下停车库与周围的建筑在室内没有联系，平面空间完全独立。这类地下停车库全部或大部分埋入土壤中，顶部上方为室外空间，即在 6 个方向上与其他建筑均无空间或功能上的直接联系。

由于空间的独立性，车库内部的噪声几乎不会对其他建筑空间产生干扰，但在设计中需要注意的是车库出入口的处理，以免对外部空间形成噪声源。地下停车库的出入口分为汽车疏散出入口和人员安全出入口两类：车行出入口的数量与车位数有关，一般每个地下停车库设置 1～2 个，采用坡道的形式将室外地面与车库地面相连接；人行出入口按国家规范规定，在设有火灾自动灭火系统时每 4000m^2 设置 2 个由地下车库直接通往室外地面空间的疏散楼梯，并应采用封闭楼梯间的形式。首先，在确定车行出入口的位置时，应尽量临近基地的外部交通道路或基地内部的主要交通道路，并且应尽量远离住宅、医院、旅馆等对声环境要求较高的建筑，如距离较近时，应在坡道上方设置封闭式的隔声雨棚，在车道内侧墙面上增设吸声板，并避免将开口部位正对主要门窗。其次，应选择隔声性能好的车库门和防火门，并应具有自动闭门装置。另外，坡道不应过陡，并应铺筑低噪声防滑面层。

2. 毗邻型

地下停车库与相邻建筑的地下室相连，一般是与周围的住宅地下室通过走廊相连，地下停车库的顶部上方力室外空间。这类地下停车库的噪声通常会通过走廊传播到住宅地下室，进而影响到居室空间，因此除了在出入口的处理方式上参照独立型的设计要求外，还要处理好走廊处的隔声。通常出于防火设计的要求，会在走廊的一端设置满足耐火要求的防火墙和钢制防火门，以使地下车库和住宅地下室的防火分区独立；为了提高隔声效果，应在走廊的另一端再设置一道隔墙和密闭性较好的门，形成类似“声闸”的形式，同时两道门均应具有自动关闭装置。通常一道门的空气隔声量在 20dB（125Hz～4kHz 倍频程中心频率平均隔声量）左右，200mm 厚空心砌块墙体的空气隔声量可达 45dB（计权隔声量与 A 计权交通噪声频谱修正量之和）以上，因此用双层门、墙的构造形式，可以大大提高隔声效率，减小对相邻地下空间的噪声干扰。

3. 附建型

地下停车库是地面建筑的地下室（或是其中的一部分），即车库正上方为地面建筑的室内空间，这类地下停车库对其上层建筑室内空间的噪声干扰相对较大。根据《建筑隔声评价标准》（GB/T 50121—2005）中的规定，200mm 厚钢筋混凝土楼板（含双面抹灰）的空气隔声量约达 50dB（计权隔声量与 A 计权交通噪声频谱修正量之和），因此如果车库上部的空间为商场、餐饮等对安静程度要求不高的公共空间时，可不做其他的隔声处理；但如果上部为住宅、会议等对安静程度要求较高的空间时，楼板的空气隔声量最好能达到 70dB（同上），此时应在车库的顶棚下做隔声吊顶。隔声吊顶要求有良好的密封性，吊顶板上不应开设孔洞，同时应采用弹性吊钩。另外，应优先选择面密度较大的材料，同时还应具有良好的防潮、耐火、保温及吸声的性能，以满足地下空间的特殊要求。在建筑空间布局上，应尽量不在地下停车库的正上方安排安静程度要求高的房间，如在局部位置实在无法避免时，可考虑在该房间的地面用弹性垫块架空，再铺设一层混凝土板，即双层楼板的构造形式。并且，应尽量减少地下停车库与上部空间的竖向穿越管线，当必须敷设时，应在管道井中集中敷设并有可靠的隔声措施。

9.4.2 地铁站噪声控制技术

地铁站中的噪声源主要可以分为两大类：一类是“规律性噪声”，比如空调、自动扶梯等设备噪声，列车制动、运行等交通噪声。这类噪声在地铁站开放运营的时间内是始终存在的，并且在一般情况下产生的声压级相对稳定，比如设备噪声基本是稳态的，而列车虽然从进站到出站噪声级变化范围很大，但每一次都是相同的规律，声压级的峰值也非常接近，这类噪声一般不随客流量发生变化。还有一类是“随机性噪声”，主要是与人相关的声音，包括交谈声、脚步声等，这类噪声随着客流量的变化，动态范围比较大。在地铁站的主要声源中，列车噪声和交谈噪声是地铁站噪声控制的重点内容。

首先，对于列车噪声应以隔声为主，吸声为辅。目前，我国大部分地铁站使用了屏蔽门，主要可以降低地铁空调环控系统的能耗，同时还起到了一定的隔声降噪作用。另外，站台区域的列车隧道内表面应铺贴吸声材料（如超细玻璃棉毡等耐火且 500Hz 中高频吸声性能好的材料），以降低隧道内的混响声。

其次，应该根据站厅和站台的具体情况，进行有针对性的声学设计。一般来说，如果大空间各围合界面的吸声系数都很小的话，声能衰减非常慢，混响声会严重影响语言清晰度。地铁站内部空间的墙面、地面出于使用方面的需求，通常采用强度大、光滑耐磨、易清洁的装饰材料，这类面层材料的吸声系数一般都很小，因此在吊顶的装修设计中，应选用适当的声学材料或构造，来达到吸声降噪、控制混响、提高声场均匀度的作用，尤其是在空间容积大、形态复杂、客流量大的地铁站，将声学设计视为建筑设计必不可少的一部分，并与室内装修较好地结合，才能达到预期的综合效果。

最后，应该组织更合理的公共广播系统，避免设计过于程式化。我国地铁站公共广播系统的扬声器布置方式比较单一，一般布置在顶棚位置，且距离轨行区和公共区交界处0.5～1m。地铁站室内净高约为4m，吊顶距离顶棚大约1m，方便在顶棚布置各种设备管线。因此，我国地铁站内扬声器一般布置在距离地面3m处，所以收听距离应为1.5m左右。由此可见，扬声器的布置间距应为3m左右，也就是说一个扬声器的有效覆盖距离约为3m。目前我国地铁岛式站台宽度从6m到14m不等，侧式站台宽度约为3.5～4m，可见：在侧式站台中，每侧布置一列扬声器可以基本满足扬声器覆盖范围的要求；但是在平面宽度比较大的岛式站台中，仅仅在轨行区和公共区临界处布置2列扬声器势必会导致中间区域的乘客无法有效地接收到来自广播的信息，应在中间加设一列扬声器，以保证中间区域乘客可以有效地接收到广播信息。同时，通过扬声器的位置与朝向的调整可以对声音的指向性进行控制，以达到提高语言清晰度的作用。

总体来说，地铁站是对安全性要求非常高的地下公共空间，而准确有效的声学设计是其重要保障之一。然而在我国，对于非声学公共建筑、尤其是地下公共空间的声学设计，始终缺乏强制性的条文规定以及细致有效的设计指导，这一方面的空白亟待填补。

9.4.3 地下商场噪声控制技术

地下商业空间人员密度较大，顾客与售货员以及顾客相互之间存在着大量的近距离语者交流，因此地下商业空间内部的声环境不仅要保证PA系统的语言清晰度，而且还要保证近距离交谈的语言清晰度；同时还应把背景噪声的声压级控制在一定的水平，既不会对使用者的身体健康产生不良影响，又能使购物者获得良好的心理与生理舒适度。

地下商场的空间尺度一般都比较大，容易带来混响时间过长的声学缺陷；另外如果室内装饰材料的吸声性能较差，空间内部的声能在各围合界面间多次反射而不衰减，也会导致混响声能对语言清晰度的影响。总体来说，地下商场内部的噪声控制措施可以从以下几个方面考虑。

(1) 结合商品的展示与销售形式适当分隔小空间。

目前，很多地下商场采用按品牌划分销售空间的业态形式，一般采用玻璃或其他一些轻质隔断围合成若干半封闭的独立小空间，这种方式在一定程度上起到了隔声以及控制混响的作用，部分地改变了由空间形态与尺度决定的声场特性。

(2) 结合室内装修合理地运用吸声材料。

地下商场的天花吊顶是室内装修处理的重点，为了达到较好的视觉造型效果，目前使用较多的为纸面石膏板和铝镁合金等金属材质的吊顶。从声学的角度看，大部分吊顶的材质及构造吸声性能都较差，应兼顾艺术性与实用性，更多地运用各类穿孔吸声板作为面层材料，或是在装饰性吊顶内粘贴矿渣棉等无机纤维状多孔吸声材料，尤其应优先选用语言声频率范围内吸声性能好的材料，以达到吸声降噪的目的。

(3) 做好设备的隔声、吸声降噪处理。

很多人在主观上都对地下空间抱有偏见，为了营造舒适的购物环境，地下商场的通风、空调系统负担着重要的作用，通常会带来以低频为主的设备噪声，由于存在声能衰减缓慢这样的声场特性，地下商场应该采用更严格、更全面的方式来控制设备噪声。从设备的选择、机房的布局、管道的设计等多角度做好隔声、消声、吸声的措施，保证设备运行的低噪和高效。

(4) 对中庭等容易产生声学缺陷的部位进行合理的声学设计与处理。

附建型的地下商场通常会结合自动扶梯、观光电梯等组织一处或多处中庭空间，通过引入天然罩的方式使室内环境更自然，同时形成上下各层竖向上的连通空间，有助于削弱地下空间的封闭感。在中庭部位的声学设计中，应避免产生声聚焦等声学缺陷，同时应避免在中庭部位出现大功率、高分贝的噪声源，并尽量在中庭的围合界面采用吸声材料，减弱混响声对语言清晰度的干扰。

(5) 针对声源的设计对策。

通过对空间的设计和材料的选择来营造良好的声环境，比如调整空间的形状和比例，使用一些吸声效果好的材料，来降低地下商业街的整体声压级及混响。同时通过控制、设计或增加声源种类，来提高地下商业空间的声环境质量，使其具有多样性及趣味性，减少人们在地下空间中的压抑感。可以有针对性地削弱一些人们不喜欢的声音，而保留人们喜欢的、有意义的声音。当然，需要注意不要因为增加声源种类而使地下空间声压级增加，而显得更为嘈杂。在此基础上可以适当地引入声景设计，利用人们喜好自然的室外环境的特点，来提升地下商业街的声景品质。

综上所述，地下空间的声环境质量一方面会影响使用者的心理和生理的健康，另一方面直接决定了地下空间的安全住，关系到使用者的生命财产得以有效保障，因此对人员密度较大的地下空间必须予以合理、必要的声学设计与处理。在我国，必须形成严谨有效的设计、施工、验收规范以及相关行政法令，并且应制定可操作性强的技术措施与指南。

9.5 城市地下空间采光及照明设计技术

9.5.1 城市地下空间工程采光及照明设计现状

城市地下空间工程的光环境与地面建筑有明显的不同，衡量光环境质量的指标有照度、均匀度、色彩的适宜度等。地下空间工程在后两个方面存在一些缺陷，但通过采取一些适当措施可使这些缺陷得到一定程度的弥补。

当前建筑向地下空间的发展与人类对光的需求已成为所有设计人员必须面临和亟待解决的矛盾。人对照明光和自然光的感觉不同，自然光因为太阳光的变化能够使人感知到外部环境的变化。从心理学分析，研究怎样将自然光引进地下空间是非常重要的课题。因此，自然采光的设计对改善地下建筑环境具有多重作用，不仅仅停留在满足人的生理需求层面。传统采光法主要是通过使用不同类型建筑窗户进行采光的方法；近年来随着采光技术的日益发展，则出现了可利用集光、传光与散光等装置及其配套的控制系统将自然光传送至需照明部位的采光法。

9.5.2 城市地下空间工程光环境的评价系统

1. 城市地下空间工程光环境的评价原则

城市地下空间光环境评价是城市地下空间系统工程的重要组成部分，它运用系统工程的评价技术对地下空间光环境的优劣做出描述。为了使评价更具科学性，评价指标体系的建立须遵循一些基本原则。

（1）指标系统的系统性原则。

指标系统的设计既要综合和全面，又要避免指标系统过于复杂，避免指标之间出现重复现象。设计指标系统时要将城市地下空间看作一个整体，去考虑各个影响因素，全面、综合地反映被评价对象的整体情况。同时，也要注意指标系统的结构，弄清影响因素间的区别和联系。

（2）指标系统的科学性原则。

指标系统的科学性要求所选取的指标客观且合理，同时要求对评价对象有深入了解，要有一定的专业基础。评价指标系统必须要有科学的理论依据，能充分反映城市地下空间工程光环境的复杂性和多样性。

（3）指标系统的可操作性原则。

设计的指标既要符合理论要求，又要符合实际操作需要。考虑数据的可获得性，建立的指标系统应简洁明了，容易理解并易于在实际工作中得以实现。指标应尽可能采用通用的名称、概念和计算方法，这样，有利于和国内外相似城市或地区的比较。如果评价指标设置简洁、明了、操作性很强，一方面使得评估人员易于接纳，更便于在实际评价领域中应用；另一方面，由于在指标设置上不存在歧义，又可以避免在指标口径问题上理解的不一致性。

（4）指标系统的可测性原则。

建立指标系统的目的是为评价方法服务，评价指标系统要能够测量，无论是定量指标还是定性指标，在评价方法中都要以数量的形式进行表示，故要求评价指标具有可测性，更易于数据的收集，这样更有利于实际应用。

以上总结了城市地下空间工程光环境评价指标系统的设计原则，每一种原则都具有代表性。但光环境评价指标系统的建立是一个综合的过程，不仅需要评价者有良好的专业知识和敬业精神，同时要求评价者具有很强的综合分析问题的能力，有很好的领悟力。在遵循上述所有原则的基础上，还要不断对建立的评价指标系统进行反复研究，经过不断筛选确定最合理的城市地下空间工程光环境评价指标体系。

2. 城市地下空间工程光环境的评价要素

优良的光环境质量由以下5个要素组成：适度的照度水平、舒适的亮度分布、宜人的光色和良好的显色性、没有眩光干扰、正确的投光方向与完美的造型立体感。

（1）照度水平。

1）照度。

为特定的用途选择恰当的照度时，要考虑的主要因素有：视觉功效、视觉满意程度、经济水平和能源的有效利用。

视觉功效是人借助视觉器官完成作业的效能，通常用工作的速度和精度来表示。增加作业照度（或亮度），视觉功效随之提高，但达到一定的照度水平后，视觉功效的改善就不明显。

而就视觉满意程度而言，根据相关研究表明，大部分受测者在高对比度情况下认为最佳照度水平为1000lx，而在低对比度情况下则为1800lx。在更高的照度水平下

(5000～10000lx)，虽然视觉功效提高，但满意度则开始减少。

在实际应用中，无论根据视觉功效或是视觉满意度选择照度，都要受到经济条件和能源供应的制约。故综合上述3方面因素确定的照度标准往往并不是理想的，而只能是适当的折中的标准。

北美照明学会（IESNA）于2000年将推荐照度值分为3类，7级。第Ⅰ类是简单的定向要求和视觉作业，主要是指公共空间；第Ⅱ类是普通视觉作业，包括办公、商业、住宅和工业等大多数场所；第Ⅲ类是特殊视觉作业，包括尺寸很小、对比度很低，但视觉效能又极其重要的作业对象。表9-1列出了IESNA推荐的各级照度值。

表9-1　IESNA推荐照度分级

类　别	级　别	项　　目	照度（lx）
Ⅰ	A	公共空间	30
	B	短暂访问和简单定向	50
	C	进行简单视觉作业的工作空间	100
Ⅱ	D	高对比度、大尺寸的视觉作业	300
	E	高对比度、小尺寸的视觉作业或低对比度、大尺寸的视觉作业	500
	F	低对比度、小尺寸的视觉作业	1000
Ⅲ	G	进行接近阈值的视觉作业	3000～10000

2）照度均匀度。

室内照明并不是越均匀越好，适当的照度变化才能形成比较活跃的气氛。但是，工作岗位密集的房间中也应保持一定的照度均匀度；室内照明的照度均匀度通常用一般照明系统在工作面上产生的最小照度与平均照度之比表示，它不应小于0.7；工作房间中非工作区的平均照度不应低于工作区平均照度的1/3；直接连通的两个相邻工作房间的平均照度差别也不应大于5：1。

（2）亮度分布。

室内的亮度分布是由表面反射比和照度分布决定的。视野内的亮度分布不适当会损害视觉功效，且过大的亮度差别会产生不舒适眩光。

作业区内的亮度比。与作业贴邻的环境亮度可低于作业亮度，但不应低于作业亮度的2/3。非工作房间，通常根据室内环境创意决定，其目的是突出结构或空间的形象特征，渲染环境气氛或是强调某种装修效果。这类光环境亮度水平的选择和亮度图式的设计也要是考虑视觉舒适感的。

（3）光色和显色性。

光源的颜色质量包含光的光源显色性能及表观颜色两个方面。

1）光源显色性能。

为特定的用途选择适当的照度时，要考虑的主要因素有：照明光源对物体色表的影响，是由光源的光谱功率分布所决定的。显色性用显色指数（CRI）定量地表示。CRI显色指数是14种特殊规定的颜色中任一色样，在等测光源下的颜色与在参照光源下的颜色一致程度的度量值。CRI将灯的显色性能分为4类，作为评估室内照明质量的指标。

2）光的表观颜色（色表）。

光源的色表可用色温或相关色温描述，光源色表的选取由光环境所要形成的氛围决定。我国照明设计标准按照国际照明委员会（CIE）的建议将光源的色表分为3类，并提出了典型的应用场所，见表9-2。

表9-2　光源的色表类型

色表类型	色 表	相关色温（K）	应用场所举例
Ⅰ	暖	＜3300	客房、卧室、病房、酒吧、餐厅
Ⅱ	中间	3300～5300	办公室、阅览室、教室、诊室、机加工车间、仪表装配
Ⅲ	冷	＞5300	高照度场所、热加工车间，或白天需补充自然光的房间

人对光色的爱好与照度水平有对应关系，不同色表的荧光灯照明所产生的一般印象。光源的色温影响照明的气氛：色温低，感觉温暖；色温高，感觉凉爽。一般色温小于3300K为暖色，色温在3300～5300K之间为中间色，色温大于5300K为冷色。光源的色温应与照度相适应，即随着照度增加，色温也相应提高。否则，在低色温、高照度下，会使人感到酷热；而在高色温、低照度下，会使人感到阴森的气氛。

（4）眩光。

如果灯具或者其他区域的亮度比室内一般环境的亮度要高得多，人们就会感受到眩光。眩光产生不舒适感，严重的还会损害视觉功效，所以工作房间必须避免眩光干扰。

（5）阴影和造型立体感。

一个房间的照明如果能使它的结构特征及室内的人和物清晰，而且令人赏心悦目地呈现出来，那么这个房间的整体面貌就得到美化。为此，照明光线的指向性不宜太强，以免阴影浓重，造型生硬；灯光也不能过于漫射和均匀，以免缺乏亮度变化，致使造型立体感平淡无奇，室内显得索然寡味。

9.5.3　城市地下空间采光设计研究

近年大量的地下商场、博物馆、车库以及交通设施的建成，大大提高了土地资源的利用效率，但同时也为环境控制方面带来了诸多的问题。从光环境角度而言，由于地下建筑缺乏与外界的联系，没有阳光的射入，缺少自然光，使人很难察觉自然环境的变化，无法直接把握时空。容易使人们由于缺乏与外界的联系而产生视觉上的封闭感和心理上的压抑感。甚至还会影响人的生命节律以及造成心理抑郁等诸多心理问题。在进行地下空间光环境设计时，应利用地下空间采光及导光技术，充分利用天然光，从而构建适宜的地下空间光环境，提高空间光环境质量，有利于地下空间工作人员的身心健康。

1. 城市地下空间充分利用天然光的意义

从功能上讲太阳光最大的用途就是建筑的自然光照明，随着城市化进程的发展，城市地下空间开发利用已经成为提高城市容量、缓解城市交通、改善城市环境的重要手段。我国地下空间的建筑面积迅速发展，以北京为例，目前北京地下空间建成面积已达到3000万m^2；全市地下空间今后平均每年将增加建筑面积约300万m^2，占总建筑面积的10%，到2020年北京市地下空间建成面积将达到9000万m^2，人均拥有面积达到5m^2。根据资料统计，在办公、商业等几种类型的建筑中，其总能耗的 30%～60%是供给照明用的，因此，在地下空间建筑面积快速发展的同时，充分利用天然光对于节约能源、保护环境起到了积极的作用。

2. 适用于城市地下空间的被动式天然采光方式

被动式采光法是通过或利用不同类型的建筑窗户进行采光的方法。根据采光窗的种类不同可以归纳为侧窗和天窗两类。

（1）侧窗与高侧窗采光法。

对于地下空间建筑，这种采光方式的利用受到建筑形式、地形等条件的制约，多用于半地下室地下空间、依附于坡地的台阶式地下建筑、覆土式窑洞侧墙采光及竖井侧墙采光等。根据地下空间的开发形式和侧窗的利用方式不同，天井式和下沉式广场的地下空间侧墙采光也属于此类。

比较常见的地下空间的侧墙与高侧墙采光方式是，在半地下室高出地面部分（约占半地下室高的 1/3）的外墙上开设侧墙高窗采光，或沿着地下室外墙开设与地面相通的采光井，并朝向采光井开窗以获取自然光线，如图 9-14 所示。此种地下建筑自然采光形式适用于地下仓库、车库或某些业务办公等空间，此类空间通常附建于主体地面建筑，并且对自然采光在照度及视觉环境技术上的要求不高。

居住建筑、文化建筑、商业建筑等对自然光照度和室内视觉环境要求较高的公共建筑，通常也会采用天井和下沉广场等对地下空间利用侧窗采光的方式进行天然光照明。

天井式采光方式是地下建筑围绕一个与地面相通的下沉式小庭院或天井布置，并朝向庭院天井开设大面积的玻璃门窗以摄取自然光线。我国传统的下沉式窑洞，又称天井窑洞或地坑窑洞就是利用下沉庭院进行采光的一种古老的居住建筑类型，这种住宅位于黄土高原地势比较平坦的地带，由于没有可直接利用的地形条件，故先从地面挖一个坑，形成一个下沉的庭院，再由庭院四周人工形成的黄土陡崖向里挖洞，形成窑洞。窑洞的采光口都朝向庭院，利用下沉庭院进行采光，如图 9-15 所示。

图 9-14　采光井采光

图 9-15　下沉式窑洞

大型公共建筑通常利用下沉广场的方式对建筑的地下部分进行采光，其原理与下沉天井和下沉庭院相同。而且，采用下沉式广场的地下建筑多为购物、文娱、休闲、步行交通等多功能公共活动类型。

（2）天窗采光法。

天窗采光，又称顶部采光。它是在房间或大厅的顶部开窗，将自然光引入室内。这一采光方法在工业建筑、公共建筑（如博展建筑和建筑的中庭采光）应用较多。由于应用场所不同，天窗的形式不一。对于地下空间建筑采光法，根据不同的建筑功能，通常意义上天窗形式主要有矩形天窗、锯齿形天窗、平天窗、横向天窗、下沉式（或称井式）天窗，如图 9－16 所示。

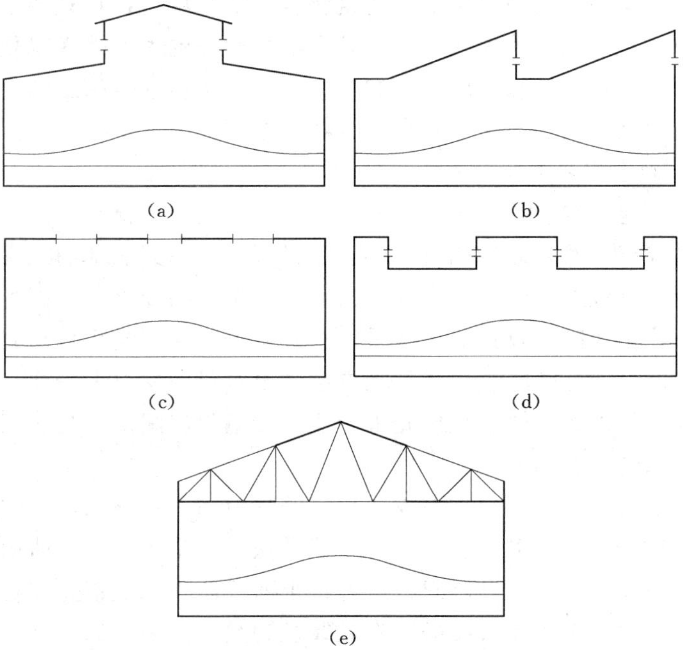

图 9－16　天窗采光的开窗形式

(a) 矩形天窗；(b) 锯齿形天窗；(c) 平天窗；(d) 横向天窗；(e) 井式天窗

1）矩形天窗［图 9－16（a）］。具有高侧窗特点，采光系数平均值可达 5%。窗口如为南北朝向，直射阳光不易进入室内。

2）锯齿形天窗［图 9－16（b）］。为单侧采光天窗，由于有倾斜的顶棚反光，因而采光效率比矩形天窗高 15%～20%，采光系数平均值可达 7%。在北半球，窗口如朝北，可避免阳光直接射入室内，有利于控制室内温湿度和避免眩光。

3）平天窗［图 9－16（c）］。用平板玻璃作成平面形式或用合成材料作成壳体形式的天窗。平天窗构造简单，布置灵活，采光效率比矩形天窗高两倍以上，在各类建筑中广泛采用。但平天窗处于水平位置，应采取适当的遮阳措施，防止阳光直射室内。

4）横向天窗［图 9－16（d）］。直接在屋架垂直面上安设窗扇，可节省天窗架，降低建筑高度，节省建筑费用。横向天窗的采光效率同矩形天窗近似，但施工较复杂，屋顶整体刚到较差。

5）其他天窗。包括井式（下沉式）天窗［见图 9－16（e）］、避风天窗等，一般不安装玻璃，采光系数不超过 1%，采光效率较低，主要用于需要通风良好的车间。

按照结构、位置以及同屋顶的关系，天窗的形式又可概括为天顶型、凸起型和凹陷型 3 类。天顶型天窗是在屋面上直接开设采光口，安装透光材料的天窗。凸起型天窗是指突出在屋面之上的天窗。做法是在屋顶称重结构上设立天窗架，上搁天窗屋面板，侧设窗口构建。做法是将部分屋面下沉于屋架下弦上，在上下屋面高差处开口，用以通光和采光，通称下沉式天窗、横向下沉式天窗和井式天窗。

(3) 地下中庭共享空间式。

地下中庭共享空间是由大型多层地下建筑综合体的各层、各相对独立的功能空间围合并垂直叠加而形成的直通地面的中庭空间，其顶部所覆盖的大型采光穹顶，一般由空间网架加上采光玻璃面构成，既能躲避风雨、烈日、严寒等恶劣气候的影响，又能使中庭空间充满阳光，并能使围绕中庭的地下空间在一定程度上摄取自然光线。

3. 适用于城市地下空间的主动式天然采光方式

在很多情况下，地下空间是完全隔绝的，因此无法利用侧窗和天窗采纳自然光，这就需要主动太阳光系统将自然光通过孔道、导管、光纤等传递到隔绝的地下空间中。主动太阳光系统的基本原理是根据季节、时间计算出太阳光位置的变化（太阳光角度，方位角），采用定日镜跟踪系统作为阳光收集器，并采用高效率的光导系统将自然光送入深层地下空间需要光照的部位。目前已有的主动式采光方法主要有镜面反射采光法、利用导光管导光的采光法、光纤导光采光法、棱镜组传光采光法、光电效应间接采光法等 5 类。

(1) 镜面反射采光法。

所谓镜面反射采光法就是利用平面或曲面镜的反射面，将阳光经一次或多次反射，送到室内需要照明的部位。这类采光法通常有两种做法：一是将平面或曲面反光镜和采光窗的遮阳设施结合为一体，既反光又遮阳；二是将平面或曲面反光镜安装在跟踪太阳的装置上，作为定日镜，经过一次或二次反射，将光线送到室内需采光的区域。

(2) 利用导光管导光的采光法。

用导光管导光的采光方法，具体做法随系统设备形式、使用场所的不同而变化。整个系统实际上可归纳为阳光采集、阳光传送和阳光照射 3 部分。阳光收集器主要由定光镜、聚光镜和反射镜 3 大部分组成；阳光传送的方法很多，归纳起来主要有空中传送、镜面传送、导光管传送、光线传送等；阳光照射部分使用的材料有漫射板、透光棱镜或特制投光材料等，使导光管出来的光线具有不同配光分布，设计时应根据照明场所的要求选用相应的配光材料。

(3) 光纤导光采光法。

光纤导光采光法就是利用光纤将阳光传送到建筑室内需要采光的部分。此法是结合太阳跟踪，透镜聚焦等一系列专利技术，在焦点处大幅提升太阳光亮度。通过高通光率的光导纤维将光线引到需要采光的地方。

(4) 棱镜传光的采光方法。

棱镜传光采光的主要原理是旋转两个平板棱镜，产生四次光的折射。受光面总是把直射光控制在垂直方向。这种控制机构的原理是当太阳方位角、高度角有变化时，使各平板棱镜在水平面上旋转。当太阳位置处于最低状态时，两块棱镜使用在同一方向上，使折射角的角度加大，光线射入量增多。另外，当太阳高度角变大时，有必要减少折射角度。在这种情况下，在各棱镜方向上给予适当的调节，也就是设定适当的旋转角度，使各棱镜的折射光被抵消一部分。当太阳高度最大时，把两个棱镜控制在相互相反的方向。根据太阳位置的变化，给予两个平板棱镜以最佳旋转角。被采集的光线在配光板上进行漫射照射。为实现跟踪太阳的目的，对时间、纬度和经度进行数据的设定，操作是利用无线遥控器来进行的。驱动和控制用电由太阳能蓄电池供应，不需要市电供应。

（5）光伏效应间接采光照明法。

光伏效应间接采光照明法（简称光伏采光照明法），是利用太阳能电池的光电特性，先将光转化为电，而后将电再转化为光进行照明，而不是直接利用自然采光的照明方法。

总之，在地下空间设计中，应尽可能多地考虑自然光线的引入。在条件允许的情况下，采用被动式采光法，充分利用自然光线；在条件相对较差的情况下，利用现有技术手段，采用主动采光法，将自然光通过孔道、导管、光纤等传递到隔绝的地下空间中。充分满足工作、生活在地下空间的人们对自然光的渴望。

9.5.4　城市地下空间照明设计研究

（1）合理选择照度标准值。

新的《建筑照明设计标准》（GB 50034—2004）修订了原标准的低、中、高 3 档照度范围值，根据国际照明委员会新照度标准的规定，只规定一个固定的照度标准，其照度值基本与国际标准接轨。在新照明标准中，根据视觉工作的特殊要求以及建筑等级和功能的不同，不论满足几种条件，按照度标准值分级只能提高或降低一级的规定，选用照度值，贯彻“该高则高”或“该低则低”的原则。此外，还规定了设计的照度值与照度标准可有±10 的误差，使照度标准值的选择具有一定灵活性。

（2）合理选择照明方式。

1）尽量采用混合照明。在照明要求高，但作业密度又不大的场所，若只安设一般照明，会大大增加照明安装功率，因而不节能，故应采用混合照明方式，即用局部照明来提高作业面的照度，以节约能源，在技术经济方面是合理的。

2）采用分区照明。在同一场所不同区域有不同照度要求时，为节约能源，贯彻所选照度在该区“该高则高”或“该低则低”的原则，应采用分区一般照明方式。

3）采用加强照明。在高大的房间或场所可采用一般照明与加强照明相结合的方式，在上部设一般照明，在柱子或墙壁下部装壁灯照明，比单独采用一般照明更节能。

4）采用高强度气体放电灯（HID 灯）间接照明。因 HID 灯光通量大、发光体积小，在低空间易产生照度不均匀和眩光。利用灯具将光线投向顶棚，再从顶棚反射到工作面上，没有照度不均匀、眩光和光幕反射等问题，照明质量提高，也不失为一种节电的照明方式。

（3）严格执行照明功率密度值。

为了照明节能，在新修订的照明设计标准中，专门规定了各种建筑房间或场所的最大允许照明功率密度值（W/m^2），作为建筑照明节能的评价指标。当房间或场所的照度高于或低于该标准规定的照度时，为了节电，其照明功率密度应根据标准中所规定的数值按比例增减。在新标准中规定了居住、办公、商业、旅行、医院、学校与工业建筑的照明功率密度值。除居住建筑外，其他建筑的照明功率密度均为强制性条文。

(4) 推广使用高光效光源。

选择电光源首先要满足照明设施的使用要求，如所要求的照度、显色性、色温、启动时间、再启动时间等；然后要考虑使用环境的要求，如使用场所的温度、是否采用空调、供电电压波动情况等；最后根据所选用光源一次性投资费用以及运行费用，经综合技术经济比较后，确定选用何种光源为最佳。

高压钠灯光效最高，主要用于对显色指数要求不高的场所道路照明；金属卤化物灯，室内、外均可应用，一般为低功率，用于室内层高不太高的房间；荧光灯光效较低；而卤钨灯和白炽灯光效为最低。

(5) 推广使用节能镇流器。

由于普通电感镇流器的自身能耗大，系统的功率因数低，以及启动电流大等缺点，同时又有温度高和在市电电源下有频闪等效应，但其价格较低，寿命较长，普通电感镇流器的功耗大于节能型电感镇流器和电子镇流器。

(6) 采用高效率灯具。

尽可能选用具有配光合理、高效率、光利用系数高、高光通量维持率等特点的灯具。

9.6 城市地下空间节能控制与能量管理系统

9.6.1 建筑能耗分项计量

人类利用天然洞穴已有悠久的历史，远在人类能够建造房屋之前，就已经开始利用它遮风挡雨，借以生存。世界各国在城市中建造地下空间已经有100多年的历史，在二次世界大战后得到比较快的发展。近年来，兴建地下建筑的国家越来越多，规模越来越大，应用范围越来越广。我国从20世纪80年代中期以后，一批原有的用于战备的人防工程开发或改造成平时可以使用的各种设施，如地下街、地下商场、地下娱乐场、高层建筑地下室等。近10年来，城市已经有很多的地下街、地下轨道交通等地下空间。随着城市经济的发展，对城市土地资源的需求也越来越大，发展和利用好地下空间已经成为城市发展的必然趋势。

(1) 分项能耗数据的采集。

分项计量系统通过对建筑能耗的实时计量、分析，全面清楚地了解建筑内的能耗。通过比较分析建筑能耗数据，得到建筑当前所存在的问题，并提出相应的解决方案。

能耗数据采集指标——根据建筑用能类别，分类能耗数据采集指标可分为以下5项：

1) 电量。

2) 水耗量。

3) 燃气量（天然气量或煤气量）。

4) 集中供热耗热量。

5) 集中供冷耗冷量。

其他能源应用量，如集中热水供应量、煤、油、可再生能源等。

分类能耗中，电量分为4项，包括照明插座用电、空调用电、动力用电和特殊用电。电量的4项分项是必分项，各分项可根据建筑用能系统的实际情况灵活细分为一级子项和二级子项，是选分项，其他分类能耗不再分项。

（2）能耗数据的采集方法。

能耗数据采集方式包括人工采集方式和自动采集方式。

通过人工采集方式采集的数据包括建筑基本情况数据采集指标和其他不能通过自动方式采集的能耗数据，如建筑消耗的煤、液化石油、人工煤气、汽油、煤油、柴油等能耗量。

通过自动采集方式采集的数据包括建筑分项能耗数据和分类能耗数据。由自动计量装置实时采集，通过自动传输方式实时传输至数据中转站或数据中心。

（3）能耗的监测系统。

能耗监测系统由数据采集子系统、数据中转站和数据中心组成。

数据采集子系统由监测建筑中的各计量装置、数据采集器和数据采集软件系统组成。数据中转站接收并缓存其管理区域内监测建筑的能耗数据，并上传到数据中心。数据中转站可不具备处理分析数据和永久性存储数据的功能。分项能耗数据的采集频率为1次/15min到1次/1h之间，数据采集频率可根据具体需要灵活设置。数据中转站向数据中心上传数据的频率为1次/6h，上传数据为本数据中转站管理区域内各监测建筑原始能耗数据的汇总。数据中心所上传的数据为建筑逐时分类能耗数据和分项能耗数据。建筑逐时分类能耗数据和分项能耗数据是对各监测建筑原始能耗数据按照1h的时间间隔进行汇总和处理后的数据。

（4）能耗数据的处理方法。

能耗数据传输系统由数据采集子系统、监测建筑到数据中心（或数据中转站）传输子系统、数据中心到上一级数据中心传输子系统等部分组成。数据采集子系统包括监测建筑中各计量装置、数据采集器和数据采集通道。

（5）建筑电能分项计量的设计及安装。

用电分项计量系统采用的电能表主要采用电子式、精度等级为1级及以上的有功电能表，不考虑无功电能表。按测量电能类别分类中的三相三线系统，一般用于不接地系统中。目前一般办公建筑的接地大多数采用TN－S系统，电能表采用三相四线，但在医院等特殊区域会采用IT系统，即不接地系统，电能表采用三相三线，这种情况须特别注意。

电能表分类见表9－3。

表9－3　　接入线路的方式和测量的电能量类别

接入线路方式	测量电能量类别		
	单相	三相三线	三相四线
直接接入式	有功	有功及无功	
经互感器接入式	有功	有功及无功	

按工作原理可分为机电式和电子式。按测量电能的准确度等级分为0.2级、0.5级、1级等。按结构形式可分为分体式和整体式。

9.6.2 城市地下空间用能系统分析与能耗诊断技术

在能源消耗中，建筑能耗占很大的比重。在欧美一些发达国家，建筑消耗大约占全国能耗的30%左右；我国建筑能耗占全国总能耗的11.7%。随着我国国民经济的发展和人民生活质量的提高，以及气候的变化，将使建筑能耗进一步增加，而空调能耗一般要占到整个建筑能耗的40%以上，因此空调系统的节能对于降低能耗有重要作用，其经济和社会环境效益十分明显。

开发利用地下空间具有以下几个方面的优势：促进城市土地的高效利用并达到改善城市环境的目的；促进城市的美化；促进城市的可持续发展；节约能源；保持良好的气候条件和安全目的。地下空间良好的热稳定性使其具有冬暖夏凉的特性，大大减少了对采暖和空调的依赖，从而减少了能耗。据预测，地下建筑比地面建筑可节省热能25%～80%。另外，合理开发浅层半地下空间不但可以扩大建筑面积、提高土地的利用率，还能达到节能的效果。

（1）城市地下空间用能设计及运行通病分析与改善的策略。

目前，在城市地下空间的利用中，属于有人活动的场所主要有3大类型：地下车库、地铁、地下商场及商业街。为了保证这些空间内人类的正常活动，势必要设置相应的空调通风和电气照明系统，形成一定的用能现象。目前，国内外对于城市地下空间用能现状的研究远远落后于地面建筑，因此有必要对其进行系统的研究。

（2）城市地下空间与地面建筑用能系统设计和运行差异性。

1）热湿负荷的差异。要使城市地下空间的开发利用具有强大的生命力，推动地下空间的利用和发展，吸引人们从地上走入地下，首要条件是要保证地下空间的热湿环境和空气质量符合人的生存和活动需求，为人们在地下营造一个理想的健康舒适的生活和活动环境。通风空调系统对地下建筑内部环境的优劣起着重要的作用，而合理地确定地下建筑热湿负荷是设置通风空调系统的基础。由于地下空间与地面建筑所处的环境不同，人们长期生活在地面，已经适应了地面的环境条件，要使人们乐于进入地下空间，就必须提高并使地下空间内部环境质量接近地面建筑。因此，必须采取有效措施，为地下空间内部创造适宜的热湿环境，保证良好的空气品质，使各种污染物降低到允许范围，建立起比较完善的内部环境保障体系。

2）围护结构的差异。在室内热湿环境的创造过程中，建筑围护结构和空气之间的传热传质起着重要的作用。与地面建筑相比较，地下建筑的一个显著的特点，是它的围护结构（被覆结构和基岩或土壤）“无穷厚”（埋深）或大部分“无限厚”及局部有限厚（浅埋）。这是构成地下建筑传热过程区别于地面建筑的一个重要条件。在“无穷厚”的建筑墙体的热、湿传递过程中，伴随地下建筑物内部的空气流动，使温度场、湿度场及空气流动场耦合在一起相互作用。

3）照明采光的差异。照明可以人为地创造良好的光照条件，使人眼既无困难又无损伤、舒适而高效地识别所观察的对象，从事相应的活动，并保证身心健康，提高劳动生产率，提高产品质量，减少各种事故。用不同形式、不同大小的灯具，利用光照的方向性和层次性等特点还可以渲染建筑的功能，烘托环境的气氛。与地面建筑相比，地下建筑最大的特点是没有天然采光，主要依赖人工照明，潮湿对灯具及线路影响较大。因此，地下建筑对照明使用时间长、照度和可靠性要求高。长期以来，地下建筑的照明设计沿用地面建筑的设计标准，照明效能一直没有得到很好的利用，工作人员长期在这种环境中工作，不但使工作效率下降，而且会出现视觉疲劳、头昏、神经衰弱等症状，严重影响了地下建筑战略功能和经济效能的发挥，因此，必须对地下建筑的照明效能做具体深入的研究。

（3）城市地下空间能耗诊断措施的分析。

当前，随着我国城市化水平的不断提高，能源的匮乏和社会对能源的需求逐渐增大成为制约社会不断进步发展的突出矛盾之一。建筑能耗不断提高，对我国能源供应和环境保护造成巨大压力。建筑节能是一项综合性的工作，涉及建筑材料、建筑设计、建筑构造、建筑物理、建筑施工、暖通空调、建筑的运行管理及维护诸多方面。在建筑节能的重点由早期的居住建筑向公共建筑的转变过程中，由于设计过程中没有充分考虑实际运行，使得系统不具备可调性，也就造成了建筑运行能耗逐年增加和“节能建筑不节能”的现象。在此背景下，建筑能耗测试及能效诊断最近几年在我国很快发展起来。通过能耗系统运行状况，提高能源利用率。相应的建筑能耗测试诊断技术及能效评价方法便成为其中的关键。

因此，建立评价指标体系是进行建筑综合节能评价的基础性工作，其科学合理性直接影响评估结果的准确性。传统的建筑节能和节能评价主要是分专业、分工种、分材料或技术门类进行的，这对新型建筑材料和再生能源的推广利用起到了一定的作用，但是从建筑整体技能效果的评价来说，则显现出极大的片面性和不足，在使用中往往顾此失彼，结果影响到节能技术和新型节能材料推广的速度。

本章思考题

1. 如何改善地下空间的空气质量？
2. 评价地下空间视觉环境有哪些参考项目？
3. 地下空间空调系统有哪些？它们都有什么优缺点？
4. 如何合理控制地下停车库、地铁车站以及地下商业建筑的噪声？
5. 地下空间采光方法有哪些？
6. 地下空间能耗具体有哪些？

第10章 地下空间工程灾害防护与安全技术

10.1 概述

从我国已有的建设成果看，城市地下空间的综合开发利用是解决城市人口、环境、资源三大难题的重大举措，并且能充分利用地下空间良好的外部防灾功能，使之成为城市抵御自然灾害和战争灾害的重要场所。尽管如此，由于地下空间的外围是土壤或岩石，只有内部空间没有外部空间，导致了地下空间的隐蔽性和封闭性，使得在地下空间中更容易出现某类灾害，并且当地下空间内部出现某种灾害时，所造成的危害又将超过地面同类事件。因此，针对地下空间内部灾害的防灾问题更加复杂，所要求的防御能力更远高于地面建筑。

地下空间工程灾害防护应首先明确地下空间灾害的分类和特点，加深对地下工程灾害发展规律的认识。通过坚持"安全第一、预防为主"的方针，建立完善管理机制，提高灾害防范意识和安全生产管理，最后通过研发并采用先进的防灾减灾技术及配备先进的装备，共同将地下空间灾害损失减少到最小的程度。

10.2 灾害风险分析与评价

10.2.1 灾害风险分析的目的

风险是指灾害发生时，在某一特定环境下，某一特定时间段内，某种损失发生的可能性。风险是由风险因素、灾害事故和风险损失等要素组成。比如某人在一个大雪天，在下班的车流高峰期，骑着他的没闸没铃的自行车从家里出发，准备去超市购物，不幸半道出了交通事故。这里让我们分析一下：大雪天、车流高峰期、没闸没铃的自行车等属于风险的因素；交通事故就是灾害事故；当事人在事故中的生命或财产损失就是本次灾害事故所导致的损失。

目前，关于对地下工程中风险的认识还没有达到认识上的统一，究竟什么是风险，不同的人在不同部门不同阶段都有不同的见解。更有甚者，有人将风险与危险和事故相混淆，认为是一样的。事实上，危险只是意味着一种坏兆头的存在，而风险则不仅意味着这种坏兆头的存在，而且还意味着有发生这个坏兆头的渠道、可能性和后果。

自然界中的规律运动为人类的存在和发展提供了条件，然而它的不规则运动给人类带来了损失，即风险具有自然属性；随着人类对自然资源的需求，过度的开发利用导致环境不断恶化，由此导致灾害风险的增多，而风险的结果往往又要由整个社会来承担，这就是风险的社会属性；同时风险还表现出经济属性，因为灾害风险事故造成人员伤亡和国家、社会与个人的财产损失，必然对经济造成破坏。正是由于风险的属性使得风险具有客观性、普遍性、必然性、可识别性、可控性、损失性、不确定性和社会性。

风险分析是对人类社会中存在的各种风险进行风险识别、风险估计、风险评价，并在此基础上优化组合各种风险技术，做出风险决策。对风险实施有效地控制和妥善处理风险所致损失的后果，期望以最小的成本获得最大的安全保障。

从定义可以看出，灾害风险分析的目的在于，以最小的成本实现最大安全保障的效能。由于风险本身的动态性质，人们认识水平以及风险管理技术处于不断完善的过程中，因此灾害的风险分析是一动态过程，管理者必须根据实际情况随时修改决策方案，才能达到以最小的成本实现最大安全保障的目的。

对于地下工程而言，可能面临各类地质灾害、自然灾害和由于人们对工程状况认识不足，管理不善等人为灾害。将灾害风险分析与评价引入地下工程中，可以对灾害引起的工程损伤进行定性和定量的两方面评估，对于揭示灾害的发生发展过程、灾害的预防机制等有十分重要的意义，同时有利于减少地下工程灾害事故的发生，帮助决策者进行科学化的灾害风险管理。

10.2.2 风险分析的内容

风险分析的一般程序是风险识别、风险估计与评价、风险处理和和风险决策的周而复始的过程。风险分析之所以是一个周期循环过程，是由于风险分析的动态性所决定的。风险分析的一般过程如图 10－1 所示。

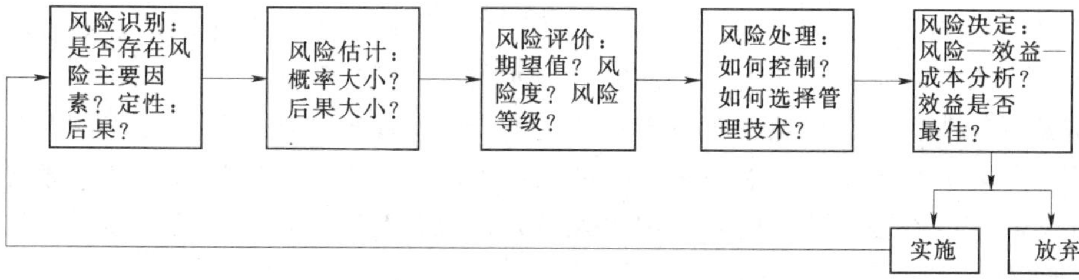

图 10－1　风险分析的一般过程

1. 风险识别

风险识别又称风险辨别，是风险分析的第一步。风险识别就是要找出风险之所在和引起风险的主要因素，并对其后果做出定性的估计。以地下工程为例，在施工阶段，可能会出现塌方，地下水涌入和有毒气体爆炸等事故，造成结构坍塌、设备和人员被掩埋的风险；在运营使用阶段，地下工程可能受到地下水渗入、冻胀、高温燃烧使得钢筋混凝土结构剥落，从而耐久性丧失。这些风险都需要通过搜集类此工程的历史经验及教训的数据资料，通过各类风险识别方法将潜在的风险识别出来。

2. 风险估计与评价

风险估计是在风险识别的基础上，通过对所收集的大量损失资料加以分析，运用概率和数理统计方法，对风险发生的概率及其后果作出定量的估计。

风险评价是根据风险估计得出的风险发生概率和损失后果，把这两个因素结合起来考虑，用某一指标决定其大小，如期望值、标准差、风险度等，再根据国家所规定的安全指标或公认的安全指标去衡量风险的程度，以便确定风险是否需要处理和处理的程度。

3. 风险处理

风险处理是根据风险评价的结果，选择风险管理技术，以实现风险分析的目的。风险管理技术分为控制型技术和财务型技术。前者指避免、消除和减少意外事故发生的机会，限制已发生的损失继续扩大的一切措施，重点在于改变引起意外事故和扩大损失的各种条件，如回避风险、风险分散和采取工程措施等；后者则在实施控制技术后，对已发生的风险所做的财务安排，如对已发生的风险损失及时进行积极补偿。

4. 风险决策

它是风险分析的一个重要阶段。在对风险进行识别、做出风险估计与评价，并对其提出若干种可行的风险处理方案后，需要由决策者对各种处理方案可能导致的风险后果进行分析，做出决策，即决定采用哪一种风险处理的对策和方案。因此，风险决策从宏观上讲是对整个风险分析活动的计划和安排，从微观上讲是运用科学的决策理论和方法来选择风险处理的最佳手段。

10.3 地下工程自然灾害与防护

地下工程在施工和运营期间可能发生的灾害大致分为两大类：自然灾害和人为灾害。其中自然灾害主要有洪涝、水灾、地震、台风、泥石流、滑坡等；人为灾害主要有战争、交通事故、火灾、泄毒、化学爆炸、环境污染、工程事故等。一般大的灾害往往同时伴随一种或几种次生灾害，如大地震过后自然以及社会原有的状态被破坏，常常紧随其后的有山体滑坡，泥石流，水灾，火灾，爆炸，毒气泄漏，放射性物质扩散，瘟疫等一系列对生命产生威胁的次生灾害。对地上地下资源的过度开采，使得“地陷”危机频频出现。地下工程四周为围岩介质包裹，虽然对来自外部的灾害防御能力好，但是对来自内部灾害抵御能力则相对较差。在地下狭小的空间内，人员和设备高度密集，一旦发生灾害，疏散和抢救都会十分困难。

随着城市地下空间开发利用的深入，人们对灾害认识的提高，地下工程的自然灾害与防护在今后相当长的时间内应予以足够的重视。

10.3.1 火的危害与防护

火在人们的生产和生活活动中是不可缺少的，但是火如果失去控制，就会形成火灾危害人类，造成生命和财产损失。对地下空间来说，可燃物、适当的通风和供氧条件以及足以引起燃烧的火源构成了地下工程火灾的主要因素。火灾的直接产物是热能、粉尘和有毒有害气体。火灾的直接危害是破坏地下工程中的风流结构和通风系统的风流状态；烧毁材料、设施、设备和工程建筑；引起瓦斯爆炸，刺激人的感官，阻碍人的视线，使污染区域的人员被烧伤、引起中毒和窒息，破坏正常的生产和生活秩序。火灾的间接危害是造成人们的恐慌心理，降低人们的工作效率和生活质量。

1. 地下工程火灾的原因

(1) 地下工程电气设备引发火灾。

对于地下工程中的电气设备与线路应注重安装和使用过程中的规范操作，当由于短路、电气线路过载、电器连接部分接触不良、电器散热措施受到破坏等引起电气设备过热时，都容易引发火灾。例如：2008年深圳舞王俱乐部由于舞台照明线路短路及同时施放烟火引起的火灾，导致44人死亡，64人受伤，经济损失达7000万元。

（2）焊割时电火花或电弧引发火灾。

由于地下结构经常需要检修，当检修用到电器进行切割和焊接时，会产生电火花或电弧，电火花或电弧不仅能引起绝缘物质燃烧，而且可以引起金属熔化、飞溅，构成火灾、爆炸的火源。

（3）生产、生活用火不慎。

在地下工程中一般存在比较多的可燃物，而许多人没有安全意识，常常违反操作规程，在作业中吸烟或生活中用火不慎，从而引发火灾。

（4）爆炸引发火灾。

在地下隧道中，常有装有易燃易爆和一些特殊化学物质的车辆通过。这些物质在遇到高温、碰撞等条件时就会发生爆炸。爆炸后的次生灾害之一就是火灾，这种火灾的危害性往往是毁灭性的。

图10-2 韩国大邱焚烧过的地铁

（5）人为纵火出或恐怖袭击。

这一类事故发生的概率虽然比较小，但是由于它是有预谋或有组织的人为破坏活动，所以一旦发生，后果将不堪设想。在韩国和俄罗斯的地铁都发生过此类事故，如图10-2所示。

（6）地下变配电站。

变配电站的工作环境比较恶劣，配电器在潮湿、多粉尘以及通风散热不良的环境下长期工作，也会导致设备故障引发火灾事故。

2. 地下工程火灾燃烧特性及其危险因素

（1）烟雾密度大，中性平面低。

地下建筑火灾烟雾密度大的原因主要有两个方面：一是烟雾扩散渠道有限，生成的烟雾多数积存在有限的空间内，因此，地下建筑火灾在单位立体空间内，烟的密度大于其他建筑物火灾的密度；二是由于在地下建筑内空气补充缓慢，物质受热汽化后得不到充分燃烧，导致大量不完全燃烧产物生成，从而又增加了烟在空气中的含量。由于地下建筑火灾形成了大量烟雾，出现的另一个特点是，烟雾向外流动时，在其流动通道横截面上烟雾占有面积大，造成烟雾同空气接触的水平面低，烟雾流动通道几乎变成了一个大烟囱，使战斗人员深入内部进行火情侦查和灭火战斗十分困难。

（2）烟雾温度高，易引发新的燃烧。

火灾中烟雾温度取决于易燃物质燃烧所放出的能量。例如：木柴在燃烧时单位发热量为18840kJ/kg：橡胶在燃烧时单位发热量为27681kJ/kg；羊毛织物的单位发热量为20934kJ/kg。目前，大部分地下建筑用于娱乐、商贸、仓储等业务，因此，可燃物质数量大，货物种类复杂，单位火灾荷载大大高于地面建筑，如哈尔滨市部分地下商业街的火灾荷载密度约为100～200kg/m^{2}一旦发生火灾，火源点附近的温度往往接近于1000℃左右，由此造成烟雾的温度很高。另外存在的两个因素是，由于生成的大量烟雾难以扩散，造成内部压力较大；受地下建筑特点的影响，冷空气补充量又受到一定制约，致使内部温度下降缓慢，由此造成带有一定温度的烟雾，在扩张过程中可加热周围的可燃物质，使其达到燃点形成新的燃烧。

(3) 阴燃面积大，隐蔽火点多。

地下建筑在火灾中由于冷空气补充缓慢，物质在燃烧过程中得不到充分的燃烧，故绝大多数物质都处于阴燃状态，特别是地下商场中成垛的棉毛纤维织物最容易形成阴燃，且这些部位又最容易产生的烟雾，短时间内很难被扑救人员发现，这对迅速消灭火灾产生一定的困难。同时，阴燃状态一旦与外界空气接触，会瞬间形成猛烈的有焰燃烧，给扑救工作造成一定的困难。

(4) 毒性气体与不完全燃烧产物含量大。

在地下商场、仓库中，由于储存大量的棉、毛、麻、化学纤维、橡胶、塑料、有色金属、木材、油漆、高分子化合物等原料制作的商品，这些物质燃烧时在得不到充分氧气助燃的情况下，将产生大量有毒气体和其他不完全燃烧产物，特别是化纤地毯中的主要原料聚丙烯和泡沫，海绵中的主要原料聚丙酯，这些物质在燃烧时会产生氯化氢剧毒气体，其毒性是一氧化碳的20倍，极微量气体的吸入就会造成人员伤亡，这是地下建筑火灾中人员伤亡的主要原因。

(5) 火场内部压力大，易形成“轰燃”现象。

地下建筑发生火灾后，由于密闭的空间内烟雾相对稳定，有燃烧产生的热量得不到及时的传播，故使室内温度逐步升高且居高不下，从而导致建筑物内压力增大，在这种情况下会出现两种形式的“轰燃”现象：一是当某一部位突然同外部形成空气对流，大面积阴燃火势突然形成猛烈的燃烧，形成“轰燃”现象；二是阴燃到一定程度的堆垛火势，当受到外力作用倒塌或自然倒塌时，突起的火势形成“轰燃”会疾速地沿着通道向四周扩展，将人员退路封死，造成人员生命危险。

3. 地下工程火灾的防护

(1) 建筑设计中的防火处理。

1) 合理布局。地下工程虽深埋地下，但其安全状况与地面及其毗邻建筑息息相关。在火灾发生时，极易造成周围建筑物的连锁反应，产生火灾、爆炸，甚至更大的灾害性事故。为此，地下工程在规划时，应严格限制使用性质，按照规范要求与其他建筑物保持足够的防火间距，并避免贴近有燃烧、爆炸危险的场所建造。

2) 规范设计。地面建筑采用“围”的形式组成特定空间，而地下工程则是通过“挖”的方式组成特定空间，这一差异使地下工程在平面布置上变化的可能性相对较小一些，而且很难按意图扩建或改造原有空间。也就是说，地下结构系统一旦形成，则不能随意更改。因此，在设计时应对地下工程的防火措施考虑得周全。

3) 设置防火分区，严格按规定面积划分防火分区。控制防火分区的面积，主要是为了控制火灾范围，防止火灾蔓延扩大到相邻防火分区，以至蔓延到整个工程，防止火烧一大片，减少火灾损失。由于地下空间火灾疏散困难和扑救困难的特点，设置防火分区这一点就显得更加重要和有效。但是由于划分防火分区对平时使用用途带来一定的限制，有的用途希望面积大空间开阔，这就需要妥善处理好这一矛盾。可以采取增设自动灭火设备来扩大防火分区的使用面积，或者用防火卷帘加水幕保护进行分割。

4）严格设置防烟分区，并要有防、排烟措施。当火灾发生时，要关闭正常的送、回、排的通风系统，启用防排烟系统。通过防烟分区内的排烟口用排烟风机强制性地将烟气排至室外，限制及改变烟气扩散方向，防止烟气任意蔓延扩大，为人员疏散创造安全条件或争取时间。防烟分区的面积、排烟口的位置以及排烟风机风量的选择，要按规范规定的要求设计，确保排烟措施的有效。防排烟措施是地下空间火灾中解决人员疏散难题的一条十分重要的保险措施。

5）内部装修材料要选用不燃材料。由于火灾的蔓延速度、爆燃出现的时间及所产生的烟气种类与装修材料的类型有很大的关系，因此地下建筑的装修材料应尽量采用不燃材料。如果部分家具等采用可燃性材料制作时，应尽量用阻燃剂处理。前些年有不少地下建筑内部装修用可燃材料，如大量使用钙塑板，也有一部分使用自熄性铝塑板，但都用的是木龙骨，导致发生火灾后烟量大，燃烧速度快，如图10－3所示。1983年8月19日某地下会场发生火灾，从发现起火后，仅10分钟，540m^2的钙塑板吊顶就全部烧毁，30分钟观众厅吊顶和舞台的装修及照明灯具全部烧毁，洞口的烟往外涌，刺激味大，消防队接到报警后3分钟赶到现场时，已无法进去扑救。

图10－3 上海地铁11号线火灾现场浓烟滚滚

图10－4 起火点距离地面过深，内部结构复杂，救援工作非常困难

（2）火灾预防措施。

1）设置火灾自动报警和自动喷水灭火系统等建筑消防设施。由于地下建筑火灾从外部进攻时难度很大，在一定程度上和高层建筑一样，要依靠其自身的建筑消防设施控制并扑灭火灾，如图10－4所示。因此，大型地下仓库、地铁、隧道和地下公共活动场所等，都应设置火灾自动报警设备，以便及时发现火灾事故，并利用自动报警装置启动相应的灭火设施的排烟设备，控制火势的蔓延和烟气的扩散，为迅速有效地扑灭火灾和疏散被困人员奠定基础。按同一时间内在同一处发生火灾的情况设置健全的消防系统，尽可能把火灾限制在最小范围内，并能及时扑灭，除设置火灾探测装置外，还应设有与火灾有关的手动报警按钮、紧急广播、警铃及给人员车辆提示的警报装置等。

2）消防中心的火灾报警控制器接收并确认火灾信号后，立即向各消防设施发出灭火指令。如：开启紧急广播、警铃发出疏散通知；开启防止后续车辆驶入隧道的警报装置；消火栓内设手动按钮，并在消防中心显示启动泵的按钮位置和能自动开启的消火栓消防泵；开启喷淋泵和泡沫泵，启动电动消防控制阀，开启隧道内的排烟系统等。消火栓、消防泵、喷淋泵、泡沫泵、排烟机的启停，在消防控制中心除自动控制外还应能手动直接控制；把火灾报警系统通过联网送至管理系统，将火灾报警系统作为隧道监测系统的子系统，在监测中心进行信息监测。

3）提高相关人员的消防素质。地下建筑无论其用途如何，都应根据其特点对主管人员和有关的工作人员进行消防知识培训，使其具备一定的消防安全知识，懂得火灾的预防、扑救和逃生方法。尤其是对于一些日常的火灾隐患，能够及时地发现和消除，把火灾的发生遏制在萌芽状态，同时，要制定切合实际的火灾事故应急疏散预案，并定期进行演练，提高火灾的扑救和救援能力。

10.3.2 地震灾害与抗震

地震是自然界常见的一种自然灾害。地震产生的地层震动不但对各类地下结构物的主体部分带来危害，导致结构出现裂缝、错位甚至引起坍塌，从而危及地下建筑物的安全和正常使用；同时也会导致附属设施及地下共同沟、地铁等生命线工程的损坏，给国计民生带来重大损失和人员伤亡。过去，由于地下工程规模小、形式简单及数量少等原因的限制，其震害事故较少，加之地下结构本身由于受到周围地层的约束，即使发生地震其震害程度也相对较轻，因此人们普遍认为地下结构具有较好的抗震能力，在地震作用下不易遭受破坏，故地下结构的抗震长期未得到重视，导致地下结构的抗震设计和研究起步较晚。

然而，随着地下空间的开发和地下建筑规模的不断扩大，地下结构也相继出现了各种震害。1923 年日本关东 7.9 级大地震，震区内 116 座铁路隧道，有 82 座受到破坏，1971 年美国圣菲南多市发生 6.6 级地震，结果造成煤气管、水管等生命线工程严重破坏。1985 年墨西哥近海 8.1 级地震致使墨西哥市地铁出现混凝土剥落、裂缝等轻度破坏。此外，1964 年美国阿拉斯加 8.3 级地震、1970 年苏联达格斯坦地震和 1975 年我国海城地震中，地下工程（水工涵洞、交通隧道、矿山井巷和人防工程）也受到程度不同的损坏和毁坏。

特别引起人们对地下工程抗震关注的是 1995 年的日本阪神大地震（图 10-5），地震中神户市内 2 条地铁线路的 18 座车站中，有 6 个站均发生严重的破坏，它也是世界范围内大型地下结构遭受最严重破坏的首例。阪神地震给地铁造成的严重破坏及由此带来巨大的生命和财产损失，引

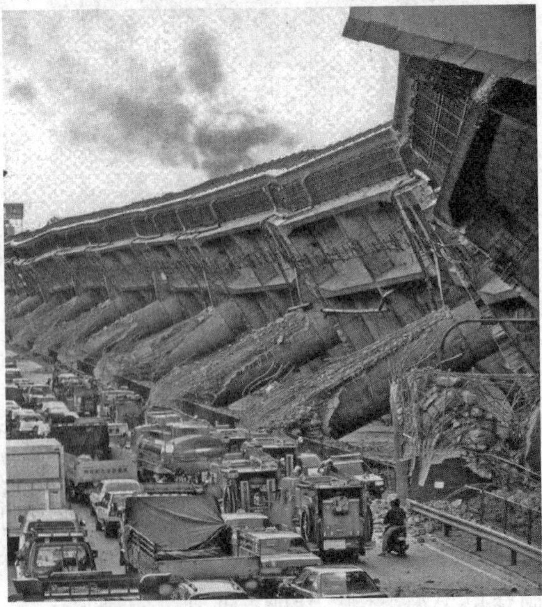

图 10-5 日本阪神大地震

起了世界各国对地下结构抗震设计和研究的重视。

地下结构不同于地面结构的抗震性能和破坏特征，在某些情形下，同样会发生严重的，甚至强于地面结构的破坏。要想对地下工程地震灾害开展抗灾研究，首先必须对以往的地震反应进行总结，以把握其规律，才能有针对性地进行抗震救灾。

1. 地下结构震害原因及类型

对于地下工程而言，引起工程结构破坏的原因主要是由于地下岩层错动而产生的构造地震。地震发生时，地下介质中的巨大应变能会得到突然释放，给地下工程安全带来极大风险。目前大量国内外学者的研究表明，地下结构的震害类型主要为以下4类：第一类是由于断层所引起，造成地层的错动和位移，致使地下结构遭到严重破坏。第二类是由地震引起的土壤振动，使地层产生位移和地震力，作用在结构上，使结构产生应力和变形。第三类是由结构本身的特性（如结构强度、材料性质等）导致其在地震力作用下的破坏。最后一类是由地震引起的其他不稳定因素（如砂土液化，软化震陷等）造成的地下结构破坏。

最常见的地下工程震害有：洞口滑坡、崩塌、地基砂土液化、地面沉降等导致洞口或洞口附近浅埋地段损坏。其次是地下工程扭曲变形、衬砌脱落、围岩松动以及由此导致的洞内崩塌、涌水、岩爆和诱发地震等次生灾害。

2. 地下结构工程地震反应的特点

当地震发生时，地面建筑的地震反应主要是建筑物本身的动力反应，而地下结构由于受到土体的约束，会与周围的土地之间发生动态的相互作用，地震波传来时，地震波由基岩经软土层传至结构物，引起结构运动和变形，部分地震波经过反射传至土层，对土层产生反作用。所以总结出地下结构地震反应的特点：

（1）地下结构的振动变形受周围地基土壤的约束作用显著，结构的动力反应一般不明显表现出自振特性的影响。

（2）地下结构的存在对周围地基震动的影响一般很小（指地下结构的尺寸相对于地震波长的比例较小的情况）。

（3）地下结构的振动形态受地震波入射方向的影响很大，地震波的入射方向发生不大的变化，地下结构各点的变形的应力可以发生较大的变化。

（4）地下结构在振动中各点的相位差别十分明显，地面结构各点在振动中的相位差不很明显。

（5）地下结构在振动中的应变一般与地震加速度的大小联系不很明显。

（6）由于土层构造不同，地下结构的地震反应随埋深发生的变化不很明显。

3. 地下结构地震破坏的主要特征

根据对已有震害的调查资料分析，地下结构的破坏主要体现在以下几方面：

（1）在地质条件有较大变化的区域容易发生破坏。

（2）修建在软弱土层中的地下工程比修建在坚硬岩石中的破坏大。

（3）地下结构上部覆盖土层越厚，破坏越轻。

（4）衬砌厚度较大的结构破坏的几率大于衬砌厚度较小的结构。

（5）在结构断面形状和刚度发生明显变化的部位容易遭到破坏，地面洞口也是经常受到地震破坏的部位。

(6) 在同一地震烈度条件下，地下结构的破坏程度远远小于地面建筑物的破坏程度。

(7) 对称结构发生破坏的程度要比非对称结构发生破坏的程度轻。

4. 地下空间工程抗震设计方法的演变

由于地下结构所处环境的复杂性及地震本身的不确定性，使得地下结构地震响应及抗震研究困难重重。同时，地下结构抗震设计的计算方法是随着人们对地下结构动力响应特性的认识而不断完善的，并随着历次震害中结构震害的调查、分析总结以及相关研究的不断深入而发展的。

20 世纪中期以前，地下空间还未得到较大规模的开发，地下结构的建设也未有大的发展，无论是单体规模还是总体数量，都处于一个较低水平。与此同时，与地面建筑相比，大地震中地下结构的破坏实例及调查研究都较少，因此在进行地下结构的设计计算中，地震因素还未成为一个必须考虑的因素，更没有系统的地下结构抗震计算的理论和方法。上世纪五六十年代以后，随着各国经济建设的发展，城市化进程加速，为解决城市建设中的各种问题，地下空间开发逐渐得到重视，地下结构的建设也逐渐增多，如地下街、地下停车场、地铁以及各种地下管道等。地下结构的抗震设计也进入人们的视野，各类地下结构的设计计算中也开始考虑地震的影响。这一阶段中对地震荷载或者说地震影响的考虑还是处于较为初级的阶段，大致可分为两种：一种是从安全系数的角度（增大安全系数）进行考虑，另一种是借鉴了地面结构的抗震计算方法，即等效静力法。

增大安全系数的考虑方法是以普通的方法进行荷载计算，将得出的荷载乘以一个放大系数，来笼统地考虑地震的影响，即认为尽管不确切地知道地震因素是如何对地下结构产生影响的，也不知道该影响是多大，但通过荷载放大一定的倍数，把结构设计得更加安全一些，也会在一定程度上增加抗震能力。

等效静力法大致与地面结构的抗震设计中所使用的方法类似，即把地震影响或地震荷载考虑为地震加速度在结构上产生的惯性力。与地面结构中使用的等效静力法不同的是，对于地下结构的抗震计算还需考虑周围地层的动土压力，然后按照静力计算方法对结构内力进行计算。

随着对地下结构在地震荷载下相应特征的进一步研究，一些新的概念和一些更加符合地下结构动力响应实际的设计计算理论和方法也得以提出。通过调查和模型实验研究等手段发现地震中地下结构主要是跟随周围地层一起运动，其变形也是随着地层一起进行。地层中地下结构存在的范围内，不同位置处之间会产生相对位移，该相对位移迫使地下结构产生变形。这种层间相对位移达到一定程度时就会引起结构物的破坏。因此这种地层中相对于结构物的不同位置处的相对位移是主要的地震效应，在设计计算中有必要加以考虑。依据以上的原理，地层相应变形法随之产生。该方法首先计算出周围地层的变形，将变形量作为强制变形施加在结构上，从而计算出结构物的内力。

以上几种抗震计算方法基本上属于静力计算方法。随着有限元计算技术的发展，尤其是动力有限元的发展，使用平面有限元整体动力计算进行抗震设计的方法也有了很大的发展。

目前等效静力法虽然仍在使用，但主要用于结构形式较为简单，重要程度不高或仅需粗略估算地震荷载的情况。平面有限元整体动力计算法主要适用于地质条件较为复杂，结构形式也较为复杂的结构物。该方法计算成本高，方法复杂，在使用上受到一定的限制。

另外，目前已有采用三维动力有限元进行抗震计算研究。一般情况下，三维是最能反映对象物体的真实受力情况的状态，三维计算可以省去将物体简化为二维时的种种假设，地层条件的适应范围也更广，结果较二维的可信程度高。但由于其工作量巨大，前后处理技术复杂，花费计算时间长，成本高，因此，一般还仅限于研究中使用。

地下结构抗震设计计算的理论分析方法按解析法和数值法的应用程度可分为解析法、半解析半数值法和数值法。按分析对象的空间考虑情况，其大致可分为横断面抗震计算方法、纵向抗震计算方法和三维有限元整体动力计算方法等。

5. 地下结构抗震设计的基本原则

地下结构抗震设计的基本原则主要包括以下 5 个方面。

(1) 在地下结构抗震设计中，重要的是保证结构在整体上的安全，保护人身及重要设备不受损害，个别部位出现裂缝或崩坏是容许的。因为与其使地震作用下的地下结构完全不受震害而大大增加造价，不如在震后消除不伤元气的震害更为合理。

(2) 就结构抗震来说，出现裂缝和塑性变形有一定的积极意义。一方面，吸收震动能量；另一方面增加了结构柔性，增大了结构的自振周期，使动力系数降低，地震力减小。

(3) 抗震设计的目的是使结构具有必要的强度，良好的延性。强度和延性是钢筋混凝土结构抗震的基点。实际产生的地震力，可能超过设计中规定的地震力，当结构物的强度不足以承受大的地震力时，延性对结构的抗震起重要作用，它可以弥补强度的不足。也就是说，即使结构物弹性阶段的抗力不大，但只要构件在屈服后仍具有稳定的变形能力，就能继续吸收输入的震动能量。经济的、节省材料的抗震结构就是根据这一原理设计出来的。

(4) 使结构具有整体和连续性，成为两次超静定结构。这种结构整体刚度大，构件间变形协调，能产生更多塑性铰，吸收更多的震动能量，而且能消除局部的严重破坏。

(5) 抗地震的地下结构，除了采用现浇整体的钢筋混凝土结构外，为了施工工业化，也不限制使用装配式钢筋混凝土结构。关键是采取必要的措施，加强构件间的联系，使之整体化。

原则上讲，主要针对地面结构提出的“小震不坏、中震可修、大震不倒”的抗震设计原则对地下结构来说，应适当提高标准。因为对地下结构来说，一旦在相当于设防地震（中震）的作用下发生损坏，一般说修复相对是比较困难的，代价也较高。

6. 地下结构抗震设计总体思想

(1) 设计成柔性结构。

地下结构抗震设计应遵循使结构尽可能适应地震时地层变形的能力而又不失去静力稳定的原则，也就是说，在保证静力稳定的前提下，应适当增加柔性。针对地下结构承受来自地层水平剪切振动，导致剪切破坏，对于地铁、隧道这样的长条形结构，则是应考虑地震力在其横向产生的弯曲变形及在其纵向产生的轴向变形。

(2) 考虑水平、竖向荷载叠加的作用。

对于浅埋的地下结构，要考虑地震水平剪切作用及竖直上载土重的地震惯性力的共同作用，抗震设计时要考虑两种荷载的叠加。

虽然目前在地下结构抗震领域的研究热度较高，成果也日益增多。但地下结构的抗震设计仍然停留于经验阶段，关于地下工程抗震、减震具体技术措施的研究较少，抗震理论与工程实际的联系不太紧密，很难把理论研究成果转化为技术成果，这与我国地处于多震区的国情以及高速发展的地下工程建设规模极为不符。工程实际中，关于地下结构尤其是大跨度、复杂结构地下洞室，如大型地下厂房、商业街、地下储存库以及一些国防工程等，在不同埋深、不同地质条件下的地震动力响应的认识还不够清晰。相对于我国复杂的地理环境和地质条件而言，只针对于极少的几种岩（土）体介质进行研究，范围远不够广泛。这些地下工程都关乎国家经济发展或是国防安全，必须对此进行深入研究。

特别需要指出的是，我国大部分地区为地震设防区，根据地震烈度分布资料，在全国三百多个城市中，有一半位于地震基本烈度为7度或7度以上的地震区，23个百万以上人口的特大城市中，有70%属7度和7度以上的地区，像北京、天津、西安等大城市都位于八度的高烈度地震区。我国地下空间开发利用的潜力巨大，因此在人防工程、地下结构的设计及建设中贯穿抗震减灾思想更显得极其重要。

10.3.3　水的危害及其防治

地下空间工程处于地面高程以下，一方面是地上泛滥河水极易流入的封闭性空间，极易受到地面洪涝灾害和积水回灌的危害，即使发生水淹后的经历的时间相同，但水淹深度的上升速度会比地面快得多，地下空间是水灾危险性极高的空间。另一方面，地下空间工程时刻受到地下水的渗漏浸泡危害。如果地下工程防水性能不好，致使地下水渗漏到工程内部，将会带来混凝土腐蚀、钢筋生锈、地基下沉、内部装饰材料和电气设备霉变与损坏等一系列危害。

1. 地下空间水灾事故危害

国内外城市地下空间的水患灾害每年都有发生：2000年9月，日本名古屋市受东海水灾的影响，河水泛滥流入地下空间，该市地铁受淹严重。2006年1月28日，巴西一地下车库遭水灾。里约热内卢地区2006年1月27日晚开始突降暴雨，造成商场外面的地下排水管道突然大量涌水，大水冲破地下车库的铁门，涌入车库，最高水位竟高达2.2m。当时在车库的3名男子和3名女子不幸被淹死。2005年11月29日上午9时许，兰州市博物馆的工作人员突然发现馆内办公楼地下室里有大量的积水。经过消防、供热、自来水、市政等部门救援人员十多个小时的联合施救，馆内地下室积水最终被抽空，但地下室内存放的部分馆藏珍贵文物却遭到不可挽救的损毁。这些文物包括各历史时期的瓷器、彩陶、名人书画作品和各种珍贵古籍资料等，数量约在几千件。2007年7月18日，特大暴雨淹了济南银座地下广场。由于水势太猛，玻璃门全部被冲碎，洪水冲倒了所经过的柜台。虽然身处地下的1万多人全部安全撤离，但造成的财产损失巨大。2010年5月，广州一场暴雨造成35个地下车库遭受不同程度水淹，1409辆车受淹或受到影响，造成重大损失。与火灾相比，地下水灾事故虽然不多，但一旦发生之后，它在地下空间中所造成的危害将远远超过地面同类事件，因而地下空间中水灾的防范及处置应是地下空间开发中必须解决的重要问题（图10-6、图10-7）。

图 10－6 受水灾的地下车库

图 10－7 地铁入口水患泛滥

2. 地下空间水灾事故原因

(1) 洪涝灾害引起的地下空间水灾。

洪涝灾害引起的地下空间水灾，主要有暴雨积水及江河洪水泛滥；设施透水灾害主要为结构损坏、不均匀沉降变形导致地下透水和地下水库失控、上水压力管消防管爆裂形成的水灾。

一个城市发生洪灾后，首先会殃及城市地下空间。水往低处流的特点，使得在洪水到来时，地面建筑尚属安全的情况下，地下空间会发生出入口部灌水，乃至波及整个相连通的地下空间。若地下空间是多层的，灌入地下一层的水还将漫流到更下一层空间，直至最深处。即是说，如果不立即设法堵截，那么地下空间设施内部就有被淹没的危险，对于内部设备和储存物质将会造成严重的损失。在发生灌水事故中，应尽快让人员沿着楼梯或通道逆水转移到地面安全处，减少人员伤亡。

洪涝自然灾害往往具有季节性和地域性，尽管水量大、来势猛、持续时间长，但水位升高到形成倒灌有一定的时间和预见性，关键取决于挡水措施的可靠性和持久性。现阶段我国地下空间开发利用的热潮主要集中在沿海发达城市，做好地下空间的防洪工作更加显示其重要性和迫切性。从长远来看，如果能在深层地下空间建成大规模的贮水系统，则不但可以将这些多余的水贮存起来，有效地减轻地面洪水压力，而且还可以利用这些贮存起来的水解决城市枯水期缺水的问题。

(2) 地下水的渗漏浸泡。

地下水是存在于地表以下岩（土）层空隙中的各种不同形式水的统称。地下水主要来源于大气降水和地表水的入渗补给，同时以地下渗流方式补给河流、湖泊和沼泽，或直接注入海洋。

常用的砖、石、混凝土等建筑材料，都是非均质的多孔材料，在水中有很强的吸湿作用。不仅地下水对有孔的材料产生毛细管吸水现象，湿润的土壤也能通过毛细作用，引起潮气上升，对地下结构产生危害。同时地下工程中不密实的混凝土、不坚固的石材等也易受到地下水中酸、盐和有害气体的侵蚀。除此之外寒冷地区的地下结构还会受到多次冻融的作用而导致破坏。

在地下水位以下开挖基坑、构筑的地下室、竖井、隧道等穿过含水地层时，均会有地下水渗入基坑或洞内的可能，在施工中应注意地下水的影响。在运营阶段，地下水常从混凝土衬砌的施工缝、变形缝、裂缝甚至混凝土孔隙等通道，渗漏进地下建筑。这将造成建筑物（构筑物）内通信、供电、照明等设备处于潮湿环境而发生霉变锈蚀。

总之，对于有一定预兆的设施透水，并不构成威胁，一般通过事先采取措施予以解决。往往是没有预兆或一般经验难以觉察的水害，其突发性危害极大，往往在事态扩大后才被发现，上述两种类型的水灾，都严重威胁到人身财产安全，倘若地下水灾若处理不好，还会诱发二次和三次灾害。

3. 地下工程防水设计基本原理与方法

(1) 地下工程防水的分类。

地下工程防水的分类，可根据设防的部位、设防的方法，所采用的防水材料性能和品种来进行分类。

1) 按设防方法分类。

地下防水按设防方法可分为：复合防水和构造自防水。

复合防水是指采用多种防水材料和多种防水方法进行综合防水的防水技术。在设防中利用各自具有的特性，发挥各种防水材料的优势，做到刚柔结合、综合治理。如在节点部位，可用密封材料或性能各异的防水材料与大面积的一般防水材料配合使用，形成复合防水。对于防水级别高的地下工程，采用单一的方法难以奏效，常采用复合的方法。如除整体的结构进行钢筋混凝土自防水外，局部采用涂料防水和外贴卷材防水。

构造自防水是通过改善混凝土级配达到结构自防水，在纵横向一定间距设置变形缝释放构造应力，防止开裂渗漏水。如地铁车站为防止侧墙渗水，常采用叠合墙结构，即在连续墙和内衬墙之间夹防水层。其内衬墙为补偿收缩防水混凝土，侧墙有时设诱导缝，顶板和底板有时设置后浇带。当地下水位很高时，为解决地下结构漂浮问题，可在底板下设置渗排水层代替抗拔桩。

2) 按设防材料的品种分类。

地下防水按设防材料的品种可分为：卷材防水、涂膜防水、密封材料防水、混凝土和水泥砂浆防水、塑料板防水、金属板防水等。

3) 按设防材料性能分类。

按设防材料性能可分为刚性防水和柔性防水。

刚性防水是指采用防水混凝土和防水砂浆作为防水层。防水砂浆防水层是利用抹压均匀、密实的素灰和水泥砂浆分层交替施工，以构成一个整体防水层。由于分层相互抹压，各层残留的毛细孔道互不贯通，因此具有较高的抗渗能力，但其抗变形能力较差。

柔性防水是利用具有抵抗一定变形的能力，又有防水作用的防水材料做外包防水层，如卷材防水、涂抹防水层、密封材料防水层。

(2) 地下工程防水原则。

1) 地下工程防水设计总体原则是"防、排、截、堵相结合；多道防线，刚柔并举；因地制宜，综合治理"。

"防"是工程结构自防水或采用附加防水层等防水设施，使工程具有一定防水渗入的能力。

"排"是采用自流排水或机械排水的方法，将地下工程内外积水及时排走，降低水头压力，为防水创造有利条件。

“截”是指在工程所在地周围，设置排水沟、导排水系统，将地表水、地下水流经通道截断，防止和减少雨水下渗，减少地下裂隙水进入工程。

“堵”是指在围岩有裂隙水存在时，采用注浆和嵌填等方法堵住空洞和裂缝。在工程建成后对渗漏水段，采用注浆、嵌填、防水抹面等方法将渗水通道堵塞。

在总体应用上，宜按实际情况进行分解与细化。如防排结合，包括截、堵、导等措施。而多道防线，刚柔并举，则包括材料防水与构造防水并举，结构自防水与柔性防水材料并举，以及与解封密封材料、止水或堵漏材料互补并用等措施。

2）地下工程的防水，应积极推广和采用经实践检验行之有效的新材料、新结构、新技术。

3）地下工程防水要体现综合设防原则，防水设计必须贯穿勘察、设计、施工和维修及选材的每个环节，灵活比较各类防水方法，以达到不同等级地下工程的防水要求。

地下工程防水大体可以分为三类。其一是从围岩、结构或附加防水层着手，拒水于工程之外，采取种种办法，千方百计不使水进入工程内部，称之为密水型。其二是从疏水、泄水着手，将地下水有意识地导入工程内部的排水系统，使之不施虐于结构本身，称之为泄水型或引流自排型。其三是两者结合，在同一工程中既有泄水的一面又有密水的另一面，称之为混合型。

对于具体工程，采用何种形式，则须根据水文地质条件、周围地形地貌、工程性质、施工方法以及造价高低来确定。

（3）地下工程防水设计的一般规定。

1）地下工程施工前应进行防水设计，工程防水等级应定级准确、方案可靠、施工简便、经济合理。

2）地下工程的防水设计，应考虑地表水、地下水、毛细管水等的作用，以及由于人为因素引起的附近水文地质改变的影响。单建式的地下工程应采用全封闭、部分封闭的防排水设计；附建式的全地下或半地下工程的防水设防高度，应高出室外地坪高程 0.5m 以上；地下铁道车站的出入口及通风亭的门洞下沿，一般应高出室外地面 0.15～0.45m。

3）地下工程的钢筋混凝土结构，应优先采用防水混凝土，并根据防水等级的要求采用其他防水措施。

4）地下工程的变形缝、施工缝、诱导缝、后浇带、穿墙管、预埋件、预留通道接头、桩头等细部构造，应加强防水措施。

5）地下工程的排水管沟、地漏、出入口、窗井、风井等，应有防倒灌措施，寒冷及严寒地区的排水沟应有防冻措施。

（4）地下工程防水的非工程措施。

根据水灾应急响应预案既定的疏散方案，对疏散方向、步骤，行走路线，迅速组织指挥，迅速组织管理人员和志愿者队伍，帮助老弱病残优先疏散；在狭窄通道或停电时派专人在主要节点指挥，防止人流方向拥堵、踩踏伤害发生，并对次生灾害发生做好充分的准备。在向“110”求援同时，积极组织自救，在防洪闸门关闭的情况下，指挥人群向地下高层面转移。有条件的，可通过采光井、气窗组织逃生；没有其他逃生条件的，滞留人群应集中到通风管附近，采用外部电源强制通风向地下空间供氧。

保证地下空间防水的管理科学、合理实施，不仅需要政府部门的依法管理，更需要个人或企事业单位提高地下空间防水意识，严格遵循地下空间防水管理的有关法律法规，积极参与地下空间的水灾防护工作。

10.4　地下空间工程事故与防治措施

随着城市地下空间的开发与利用，地下工程的规模越来越大，数量越来越多，同时施工条件和环境越来越差，加上相应工程理论的不成熟，如何对地下空间工程事故实现有力的防控，是工程建设中的重点与难点。

10.4.1　城市地下工程事故及危害

2003 年 7 月 1 日，上海地铁 4 号线浦西联络通道发生特大涌水事故。大量流砂涌入隧道，引起隧道部分结构损坏，周边地区地面沉降严重，导致黄浦江大堤沉降并断裂，周边建筑物倾斜、倒塌，对周围环境造成严重破坏。事故造成直接经济损失约 1.5 亿元人民币。

2004 年 9 月 25 日，广州地铁 2 号线延长段区间工地基坑旁的地下自来水管被运泥重型工程车压破爆裂，大量自来水注入基坑并引发大面积塌方，塌方面积超过 $400m^2$，此事故导致琶洲村和教师新村数千居民的用水近 8 小时处于停水状态。

2006 年 1 月 3 日，北京东三环路京广桥东南角辅路污水管线发生漏水断裂事故，污水大量灌入地铁 10 号线正在施工的隧道区间内，导致京广桥附近三环路南向北方向部分主辅路坍塌，车辆被迫绕行，虽未有人员伤亡，但造成了重大经济损失和恶劣的社会影响。

2007 年 2 月 5 日，江苏南京牌楼巷与汉中路交叉路口北侧，南京地铁 2 号线施工造成天然气管道断裂爆炸，导致附近 5000 多户居民停水、停电、停气，金鹏大厦被爆燃的火苗“袭击”，8 楼以下很多窗户和室外空调机被炸坏。

2007 年 11 月 29 日，北京西大望路地下通道施工发生塌方，导致西大望路由南向北方向主路 4 条车道全部塌陷，主辅路隔离带和部分辅路也发生塌陷，坍塌面积约 $100m^2$，此事故虽未造成人员伤亡，但导致该路段断路，交通严重拥堵。

2008 年 11 月 15 日，杭州地铁萧山湘湖段发生施工塌方事故，导致萧山湘湖风情大道 75m 路面坍塌，并下陷 15m，正在路面行驶的约有 11 辆车辆陷入深坑，造成 21 人死亡，这是中国地铁建设史上最为惨重的事故。导致坍塌的直接原因是施工技术的不合理以及设计单位缺乏设计经验，深层次原因也包括施工行业普遍存在的转包分包的顽疾以及建设单位不按科学办事的态度。

以上几起事故仅仅是中国城市地下工程建设事故的缩影，实际发生事故的数量是惊人的，其中造成巨大经济损失、引起严重社会影响的例子不胜枚举，这使我们深刻认识到在城市地下工程建设中面临着巨大的挑战（图 10－8～图 10－11）。

图 10-8　广州海珠城广场基坑坍塌事故

图 10-9　上海地铁 4 号线涌水事故

图 10-10　北京西大望路地下通道施工塌方

图 10-11　杭州地铁 1 号线塌方

10.4.2　地下空间工程事故原因

1. 工程地质及水文地质条件异常复杂

由于地下工程的隐蔽性，地质构造、土体结构、节理裂隙特征与组合规律、地下水、地下空洞及其他不良地质体等在开挖揭示之前，很难被精细地判明。此外，城市地下工程埋深一般较浅，而表土层大多具有低强度、高含水率、高压缩性等不良工程特性，甚至有的土层呈流塑状态，不能承受荷载。大量的试验统计结果表明，岩土体的水文地质参数也是十分离散和不确定的，具有很高的空间变异性，这些复杂因素的存在给城市地下工程建设带来了巨大的风险，也蕴含了导致安全事故的根本因素。

2. 工程结构自身复杂

根据城市发展的需要，城市地下工程建设面临着开挖断面不断增大、结构形式日益复杂、结构埋深越来越浅的技术难题。地铁车站、地下商场、地下停车场和地下仓库等地下工程，其跨度尺寸均达到10m甚至20m以上，而且结构复杂，施工中力学转换频繁。随着地下工程埋深的减小，施工对地面的影响越来越大，在超浅埋条件下，开挖影响的控制与开挖方式、施工工艺、支护方法等众多因素有关，是地下工程施工中极为复杂的问题。

3. 设计理论不完善

由于地质条件异常复杂，地下结构形式多样，地下结构体与其赋存的地层之间的相互作用关系至今仍不明确，使得目前的城市地下工程的设计规范、设计准则和标准均存在一定程度的不足，导致工程设计中所采用的力学计算模型及分析判断方法与实际施工存在一定的差异，因此，在设计阶段就可能孕育导致工程事故的风险因素。

4. 工程建设周边环境复杂

城市地下工程所处的地理位置决定了其建设过程中几乎不可能与周围环境完全隔离，往往是在管线密布、建筑物密集、大车流和大人流的环境下进行施工，在这种客观环境条件下，决定了城市地下工程施工的高风险性，一旦发生事故，后果将非常严重。

5. 工程建设决策及管理难度大

城市地下工程与其他工程项目相比，会遇到很多决策、管理和组织问题。从工程立项规划开始，就会涉及到如何选择合理的工程建设地址和技术方案，如何减少工程施工对周围环境的影响，如何评估工程建设的经济效益和社会效益等一系列问题，而每个问题的决策与执行都需要综合各种风险和效益后才能确定。

6. 施工设备及操作技术水平参差不齐

城市地下工程建设队伍众多，施工设备及技术水平参差不齐。由于工程施工技术方案与工艺流程复杂，不同的施工方法又有不同的适用条件，因此，同一个工程项目，不同单位进行施工可能会达到完全不同的施工效果。施工设备差、操作技术水平低的队伍在施工中容易发生安全事故。通过以上分析可以看出，由于城市地下工程赋存于高风险的地质环境和城市环境中，其致险因子多而复杂，一旦工程建设中某个环节出了问题，就有可能引发各类事故。

10.4.3 地下空间事故的防治措施

1. 建立城市地下工程建设的安全风险管理体系

相对于结构本身而言，城市地下工程建设中，周边环境的安全风险更高，更应引起充分重视。城市地下工程建设的环境安全风险管理体系，应包括以下内容：①岩土工程勘察和环境调查；②环境安全分级；③邻近建（构）筑物的现状评估；④环境影响预测和安全控制标准的制定；⑤环境安全的专项设计；⑥环境安全专项施工方案的编制；⑦风险管理专家决策系统。

2. 制定科学合理的安全控制标准

就目前的施工建设情况来看，在所有暗挖车站地表沉降均超过现行控制标准值（30mm）的情况下，无论是对工程结构自身，还是对周边环境的安全都没有造成明显的影响。由此可见，30mm的地表沉降控制标准不但不能为城市地下工程施工提供安全保障，相反，超过30mm的地表沉降控制标准后，施工需要继续进行，而此时却处于无标准可依的状态，这对施工本身及周边环境的安全控制极为不利，因此建立更加合适的控制标准是非常必要的。

3. 采用信息化施工及动态控制

考虑到地下工程特别是大断面城市地下工程分步施工的特点，施工前应采用数值模拟及工程类比等技术手段，对施工引起的地层及周边建（构）筑物的变形进行预测分析，并基于变形的总体控制标准值，给出各阶段施工所允许的阶段变形控制标准值，在施工过程中，依据分阶段控制标准和总体控制标准，对施工进行动态调整，通过变形的分阶段控制，使得施工安全始终处于受控状态，从而最终达到变形控制的总体目标，以确保施工本身及周边环境的安全。

地下工程是高风险、多事故的工程。确保工程的质量与安全是一项复杂的工程。由于它涉及包括勘察、设计、施工、监测和管理等诸多方面，不仅要充分了解相关学科的知识，也要及时了解地质、水文和工程进度中的信息变化，而且要求有丰富的施工经验和科学合理的管理方法。如果能够做到正确勘察、精心设计和精心施工，绝大部分地下工程事故是可以避免的。

10.5 战争灾害

战争是一种特殊的社会历史现象，是人类社会集团之间为了一定的政治、经济目的而进行的武装斗争。战争自出现以来就给人类带来了深重的灾难，给人民的生命和财产造成重大损失。特别是进入 20 世纪以后，随着科学技术的进步，现代的作战方式以信息化战争为核心，以非接触空中打击为主的战争手段不断丰富。由于高技术常规武器的破坏力空前提高，在局部战争中，除核武器外的常规武器也可以达到核袭击同样的破坏效应。在高技术常规空袭是当前主要战争威胁的同时，核武器的威胁也不能完全排除，毕竟世界上还存在着庞大的核武器库，主要核国家仍把核武器作为其重要的战争筹码，并继续进行新型核武器的研发。我国一些周边国家正在加速发展核武器，进行核武装。战争对人类造成的破坏愈加巨大。除此之外，战争中的生物和化学武器，在相对密闭环境下也能造成防护工程内部有生力量的伤害。因此，地下空间工程在开发与利用过程中必须考虑战争带来的各种威胁和灾害。例如，北京时间 1999 年 5 月 8 日凌晨 5 时，以美国为首的北约公然袭击中国驻南斯拉夫联盟使馆，就是一架 B－2A 隐形轰炸机一次投了 6 颗 908 千克重的 GBU－31JDAM 制导炸弹，从不同方位击中我驻南使馆建筑物的不同部位并穿入内部和地下爆炸，使我驻南使馆遭到严重破坏，制造了 3 名中国新闻工作者死亡，近 30 人受伤的惊世血案。

近年来，由于各国政治和经济发展的不平衡，以及民族和宗教矛盾的尖锐化，恐怖活动在全球范围内蔓延，其手段多样，规模不断扩大。1995 年 3 月 20 日东京地铁内发生了一起震惊全世界的投毒事件。发动恐怖袭击的人，在东京地铁三线共五列列车上发放沙林毒气事件造成 12 人死亡，约 5500 人中毒，1036 人住院治疗。2001 年 9 月 11 日在美国纽约的 911 恐怖袭击事件中，地铁虽然没有成为恐怖主义者直接攻击的目标，但是倒塌了的世贸中心大楼（WTC）的正下方有地铁车站，而地铁车站也因为建筑的倒塌而被破坏，部分人因此死亡。2003 年 2 月 18 日，韩国大邱市地铁中央路站由于人为纵火发生火灾，造成198人死亡，147人受伤。2010年3月29日莫斯科地铁发生连环爆炸案。死亡人数已上升至34人，初步判断为恐怖袭击。2011年4月11日17时56分发生在白俄罗斯首都明斯克“十月”地铁站爆炸案被定性为恐怖事件。

10.5.1 常规武器和核武器的破坏作用

常规武器中的炮弹、航弹和导弹主要是利用冲击和爆炸的破坏效应来实施打击。在常规武器中，命中目标的弹丸中装的药可以是各种炸药。弹丸命中目标时，在其巨大的动能作用下，冲击、侵彻、贯穿目标，继而炸药爆炸以震塌和破坏工程结构和杀伤人员。榴弹是火炮的基本弹种之一，它对坚硬介质如钢筋混凝土、岩石等侵入作用较差，但对土壤侵彻较深，从而在土中爆炸对土中结构产生危害。相对于榴弹而言，混凝土爆破弹（半穿甲弹）这类炮弹弹壳比榴弹厚，命中钢筋混凝土结构及岩石介质时，弹壳不会破裂；炸药装填系数比榴弹小，一般安装延期引信。因而，它可以在钢筋混凝土结构及岩石介质中爆炸，并具有相当大的爆炸威力。它主要用于破坏钢筋混凝土防护结构。除此之外，燃烧空气弹（云雾弹）这种填装液化气体的炸弹，在距地面一定高度的空中炸开弹体，使液化气体汽化并与空气混合成爆炸气体，然后自动引爆该爆炸气体，造成人员的大面积杀伤及工程结构的炸毁。由于这种混合气体比空气重，在引爆前可能钻进壕沟、地下室或由通风口进入地下建筑、电站，并在人防结构内爆炸，爆炸威力很高。而燃烧弹虽然不具备对目标的侵彻爆炸能力，但燃烧的高温可造成木质结构及地下工程入口受损及火灾发生。

核武器作为大规模的杀伤武器，其杀伤威力、范围和作用均比常规武器大很多。核武器在爆炸时，不仅释放的能量巨大，而且核反应过程非常迅速，微秒级的时间内即可完成。因此，在核武器爆炸周围不大的范围内形成极高的温度，加热并压缩周围空气使之急速膨胀，产生高压冲击波。地面和空中核爆炸，还会在周围空气中形成火球，发出很强的光辐射。核反应还产生各种射线和放射性物质碎片；向外辐射的强脉冲射线与周围物质相互作用，造成电流的增长和消失过程，其结果又产生电磁脉冲。这些不同于化学炸药爆炸的特征，使核武器具备特有的强冲击波、光辐射、早期核辐射、放射性沾染和核电磁脉冲等杀伤破坏作用。核武器的出现，对现代战争的战略战术产生了重大影响。

从军事理论上讲，攻击特别重要的军事地下工程可能采用核武器触地爆炸方式，因为触地爆产生的强烈的地冲击是摧毁埋设地层内较深的坚固防护工程的有效手段。而地下核爆炸用于攻击深埋地下的导弹发射井和特别重要的战略防护工程。同时，核武器爆炸时产生的空气冲击波沿地面传播时，一部分能量传入地下在地层内部形成岩（土）中冲击波，进而破坏岩土中的防护工程和其他地下工程。

此外，核爆炸时伴随的电磁脉冲可以透过一定厚度的钢筋混凝土及未经屏蔽的钢板等结构物，使位于地下工程内的电气、电子设备系统受干扰损坏。冲击与振动也会同时造成人员伤亡和设备损坏。

10.5.2 地下工程的战争灾害防护

1. 地下工程的防护设计

当前，由于战争潜在威胁的存在和恐怖组织活动的频繁，对地下工程的建筑和结构设计提出了新的要求。地下工程的防护设计应一直贯穿从方案设计阶段到工程竣工的全过程。通过全过程的防护概念设计，建筑和结构总体布置应做到以下几个方面。

地下工程应合理选址。重要的工程或在特殊条件下需发挥重要作用的工程应避开城市闹市区，避开主要的经济、政治、军事目标以及重要危险物储藏地，因为这些环境是恐怖袭击的主要目标。而对于根据城市功能需要的地铁、地下商场、地下停车场等地下建筑，一般都建在闹市区和居民小区内，这些地点应注意加强安全检查，加大监控力度，配备齐全的防灾报警和救援装置。

为防止结构的受力构件在各种爆炸后产生的破坏引起结构的连续坍塌，设计上应使结构体系具备整体牢固性，结构应具有多次超静定，这是抗倒塌所必需的。当部分结构或构件产生严重破坏，甚至局部倒塌时，不应导致整个结构丧失承载力，绝不允许出现结构的渐进连续倒塌。

在地下结构或隧道等穿越江河等危险地段处，为防止爆炸产生局部破坏造成江河大水灌入地下工程引起人员伤亡，在穿越江河的两端应安装防淹门，当有大水进入时，防淹门自动关闭，可以有效地保护人民生命财产安全。

为防止爆炸引发的火灾和恐怖分子纵火，地下工程应严格按消防要求设计。

对遭受爆炸袭击后会产生锋利尖角或飞屑的材料，如玻璃、陶瓷制品及石料等也应谨慎使用。装饰应尽量简洁，切勿使用多种材料进行堆砌，以免遭受灾害时造成大量的坍塌和堵塞，并造成人员伤亡及影响人员的及时疏散。

针对化学毒剂、生物制剂和放射性物质等，应将地下工程进行合理的密闭。可将地下工程划分为若干个防护单元，每个单元自成系统且相互密闭，以有效地缩小有害物质的扩散范围。防护单元可以结合消防单元一起考虑。

地下工程内的电力、电子系统对电磁脉冲的防护，最有效的办法是在工程结构上采取必要的屏蔽措施。可用钢板等金属板材将需要屏蔽的房间乃至整个工程结构封闭式的包起来并良好接地，或对需要屏蔽的房间用一定细密程度的钢丝网包起来。

由于地下工程上部的建筑或覆盖的土层对削弱早期核辐射是有力的，为减少从出入口进入并穿透防护门到达室内的核辐射量，各道防护门、密闭门加起来要有一定的厚度，通道也要有一定的长度，同时可增加通道拐弯数来削弱来自口部的辐射。

为减弱光辐射的危害，地下工程的入口的防护门等采用密度大的材料制作如钢筋混凝土、钢板制作，刷涂浅色涂料或裹以隔热耐高温材料。

2. 人防工程在各类灾害中发挥重要作用

人防工程是为防止遭敌空中打击，保护人民生命财产安全而修建的地下防护工程。它有着严格的设计规范和标准，它的受力是较均匀的，在整个结构中不存在薄弱环节，较之普通地下室在结构刚度和整体性上都有明显的优势。在战争爆炸的作用下，人防工程良好的整体性为上部结构提供了安全可靠的支撑，不会产生因个别部位破坏导致建筑物整体破坏的严重后果。而且，人防工程的各个出入口也都有防倒塌设施，即使个别出入口发生堵塞，人防工程里也有完备的通风、水电、隔离、防护等系统，人员和物资在工程内仍然是安全的。人防工程对核武器、化学武器、生物武器和各种杀伤因素和对常规武器的袭击都有较好的防护作用。

据估算，某城市遭到 500 万 t 当量的核弹地面爆炸袭击时，人防工程可使核弹对人员的破坏半径缩小到原半径的五分之一。海湾战争中，伊拉克抵抗以美国为首多国部队30多天的狂轰滥炸，就是靠坚固的人防工程。

此外，人防工程的防护密闭和通风滤毒设备，在城市突发的化学事故和毒气泄漏事件中，完全可以为群众提供安全的避难场所。

3. 城市地下空间开发利用应考虑人防功能

为确保必要的人防工程建设按照国家长期坚持、平战结合、全面规划、重点建设的人防建设方针和有关规定要求，人防工程必须在地下空间的开发利用中保持一定的地位，占有一定的数量。应在确定灾害背景的情况下，根据城市留城人口数量，测算各类人防工程的总数量；再根据核袭击条件下的城市危险区的划分，以及战备、社会、经济、环境等综合效益的优化，提出合理布局各类人防工程的方案。

城市建设与人防工程建设相结合对于城市中心、居住区中心和机场、码头、车站等城市政治、经济、文化活动中心，对外交通枢纽和人群相对较为集中的地区的开发建设，要坚持地上、地下综合规划，统一施工，必须考虑防空、防灾的地下人员掩护空间，避免自然灾害和空中袭击所造成的人员大量伤亡。在规划建设城市生命线工程时，如地下水库、地下输配电站、地铁工程、主干输水管道等，应保证它们有足够的防灾抗震、防空抗毁等防护能力，提高城市综合抗御灾害能力。

加强地下工程平战功能转换的研究工作要积极开展地下建筑工程的平战转换规划、设计、建筑材料和施工等技术的开发和研究工作，做到非人防工程在战时、自然灾害情况下能顺利、限时、安全地转换为地下掩护体。

本章思考题

1. 地下空间工程灾害防护的目的和内容是什么？
2. 城市地下空间工程火灾灾害的特点是什么？如何进行有效防护？
3. 针对地下工程的地震灾害，地下结构抗震设计的总体思想是什么？
4. 分析地下空间工程事故频发的原因，并指出有哪些可行的防治措施？

参 考 文 献

[1] 宋帅奇，潘巧红，郭金敏．城市地下空间工程专业人才培养之我见 [J]．2011.

[2] 徐帮树，刘健，王清标．城市地下空间工程专业建设探析 [J]．2012.

[3] 陈海明．城市地下空间工程新专业的机遇与挑战 [J]．2012.

[4] 胡毅夫．城市地下空间工程规划设计 [M]．长沙：中南大学出版社，2009.

[5] 李夕兵．岩石地下建筑工程 [M]．长沙：中南大学出版社，2009.

[6] 唐礼忠．城市地下空间工程新专业的设置与建设 [J]．2002.

[7] 吉迪恩·S·格兰尼，尾岛俊雄．城市地下空间设计 [M]．北京：中国建筑工业出版社，2005.

[8] 郑怀德．基于城市视角的地下综合体设计研究 [J]．2012.

[9] 李相然．城市地下工程实用技术 [M]．北京：中国建材工业出版社，2000.

[10] 魏秀玲．中国地下空间使用权法律问题研究 [M]．厦门：厦门大学出版社，2011.

[11] 李显忠．城市地下空间建设政策与标准体系研究 [M]．北京：海洋出版社，2011.

[12] 肖军．城市地下空间利用法律制度研究 [M]．北京：知识产权出版社，2008.

[13] 代明．城市地下空间开发利用与规划设计 [M]．北京：中国水利水电出版社，2012.

[14] 姬永红，王敏，朱忠隆，等．城市地下空间现行建设标准的梳理和分析 [J]．地下空间与工程学报，2010 (04)．

[15] 刘伟庆，曹飞，陆伟东．我国城市地下空间建设综合标准化研究 [J]．地下空间与工程学报，2009 (S2)．

[16] 束昱，路姗，朱黎明，等．我国城市地下空间法制化建设的进程与展望 [J]．现代城市研究，2009 (08)．

[17] 赵鹏林，顾新．城市地下空间利用立法初探——以深圳市为例 [J]．城市规划，2002 (09)．

[18] 郭翔，佘廉，张艾荣．我国城市地下空间运营管理问题的分析与探讨 [J]．城市轨道交通研究，2009 (05)．

[19] 陈刚，李长栓，朱嘉广著．北京地下空间规划 [M]．北京：清华大学出版社，2006.

[20] 上海市规划和国土资源局．上海市控制性详细规划成果规范 [M]．2010.

[21] 陈志龙，刘宏，等．城市地下空间总体规划 [M]．南京：东南大学出版社，2001.

[22] 陶龙光，刘波，侯公羽．城市地下工程（第二版）[M]．北京：科学出版社，2011.

[23] 童林旭，祝文君．城市地下空间资源评估与开发利用规划 [M]．北京：中国建筑工业出版社，2009.

[24] 李春．城市地下空间分层开发模式研究 [D]．上海：同济大学，硕士学位论文，2007.

[25] 孔令曦．城市地下空间可持续发展评价模型及对策的研究 [D]．上海：同济大学，博士学位论文，2006.

[26] 陈立道，朱雪岩．城市地下空间规划理论与实践 [M]．上海：同济大学出版社，1997.

[27] 耿永常，高伯扬．城市地下空间结构 [M]．北京：科学出版社，2009.

[28] 曾亚武．地下结构设计模型 [M]．武汉：武汉大学出版社，2006.

[29] 张庆贺，朱合华，黄宏伟．地下工程 [M]．上海：同济大学出版社，2005.

[30] 贺少辉．地下工程 [M]．北京：北京交通大学出版社，2006.

[31] 孙钧，侯学渊．地下结构 [M]．北京：科学出版社，1987.

[32] 重庆建筑工程学院，同济大学，等．地下建筑结构 [M]．北京：中国建筑工业出版社，1982.

[33] 吴能森．地下工程结构［M］．武汉：武汉理工大学出版社，2010.
[34] 关宝树．地下工程概论［M］．成都：西南交通大学出版社，2011.
[35] 周爱国，等．隧道工程现场施工技术［M］．北京：人民交通出版社，2004.
[36] 梁波，洪开荣，梁庆国．城市地下工程施工技术在我国的现状、分类和发展［J］．现代隧道技术，2008.
[37] 周文波．盾构法隧道施工技术及应用［M］．北京：中国建筑工业出版社，2004.
[38] 郭力，王剑波，陈新胜．地下工程中常用开挖方法［J］．工程机械与维修，2005.
[39] 刘招伟，赵运臣．城市地下工程施工监测与信息反馈技术［M］．北京：科学出版社，2006.
[40] 吴从师，阳军．隧道施工监控量测与超前地质预报［M］．北京：人民交通出版社，2012.
[41] 韩志强．乌竹岭隧道施工监测与信息反馈［D］．吉林大学硕士学位论文，2007.
[42] 关宝树．隧道工程施工要点集［M］．北京：人民交通出版社，2003.
[43] 杨其新，王明年．地下工程施工与管理［M］．成都：西南交通大学出版社，2009.
[44] 姜玉松．地下工程施工技术［M］．武汉：武汉理工大学出版社，2008.
[45] 洪开荣，吴学松．盾构施工［M］．北京：人民交通出版社，2009.
[46] 仇文革．地下工程利用［M］．成都：西南交通大学出版社，2011.
[47] 陈豪雄．隧道工程［M］．北京：中国铁道出版社，2003.
[48] 江玉生，杨志勇，蔡永立．盾构/TBM隧道施工实时管理信息系统［M］．北京：人民交通出版社，2007.
[49] 陈忠汉，程丽萍编著．深基坑工程［M］．北京：机械工业出版社，1999.
[50] 北京照明学会照明设计专业委员会编．照明设计手册（第二册）［M］．北京：中国电力出版社，2006.
[51] ［日］照明学会编．照明手册［M］．李农，杨燕 译．北京：科学出版社，2013.
[52] 建筑照明设计标准（GB 50034—2013）［S］．北京：中国建筑工业出版社，2004.
[53] 城市轨道交通照明（GB/T 16375—2008）［S］．北京：中国标准出版社，2008.
[54] 姚杨．城市地下空间环境质量保障关键技术［M］．北京：中国建筑工业出版社，2009.
[55]《地下建筑暖通空调设计手册》编写组．地下建筑暖通空调设计手册［S］．北京：中国建筑工业出版社，1983.
[56] 郑竺凌，朱伟峰，罗凯，金群乐．用电分项计量系统的研究及工程应用［C］．华东、华南计量学术交流会，2009.
[57] 李义文，毛清希，戴菇．地下商场空调节能设计与管理［J］．建筑热能通风空调，2003，22（4）：23-25.
[58] 江亿．我国建筑能耗状况及其有效地节能途径［J］．暖通空调，2005，35（5）：30-40.
[59] 江见鲸，徐志胜．防灾减灾工程学［M］．北京：机械工业出版社，2005.
[60] 王茹．土木工程防灾减灾学［M］．北京：中国建材工业出版社，2008.
[61] 崔京浩．地下工程与城市防灾［M］．北京：中国水利水电出版社，2007.
[62] 张庆贺，廖少明，胡向东．隧道与地下工程灾害防护［M］．北京：人民交通出版社，2009.
[63] 黄胜，陈卫忠，杨建平，等．地下工程地震动力响应及抗震研究［J］．岩石力学与工程学报，2009（3）．
[64] 王景明．1976年唐山地震地下工程震害的分布规律［J］．地震学报，1980（03）．
[65] 叶世强，肖扬．地下工程地震灾害与防治［J］．中国地质灾害与防治学报，1993（04）．
[66] 周云，汤统壁，廖红伟．城市地下空间防灾减灾回顾与展望［J］．地下空间与工程学报，2006（03）．
[67] 孔军，赵雷．地下空间的危险性与安全防灾对策［J］．山东建筑工程学院学报，1995（01）．
[68] 郭少侠．浅谈城市地下空间火灾预防与管理［J］．企业技术开发，2009（08）．